# 农电工
## 实用操作技能

NONGDIANGONG
SHIYONG CAOZUO JINENG

辛长平　主编

中国电力出版社
CHINA ELECTRIC POWER PRESS

## 内 容 简 介

本书主要介绍了电工安全操作制度与安全保护、电工测量仪表与基本技能、农村配电系统与建筑物布线、电力变压器相关知识、农用电动机相关知识、电动机的控制方式与起动设备、实用电路的接线技巧、农村常用电路的接线技巧等。

本书适用于农电初、中级安装工和维修工，也可作为专业技校及再就业技术培训上岗的教学参考书。

**图书在版编目（CIP）数据**

农电工实用操作技能／辛长平主编．—北京：中国电力出版社，2013.6（2019.7 重印）
ISBN 978-7-5123-4258-3

Ⅰ．①农…  Ⅱ．①辛…  Ⅲ．①农村－电工技术－基本知识  Ⅳ．①TM

中国版本图书馆 CIP 数据核字（2013）第 063128 号

中国电力出版社出版、发行
（北京市东城区北京站西街 19 号  100005  http://www.cepp.sgcc.com.cn）
三河市百盛印装有限公司印刷
各地新华书店经售

\*

2013 年 6 月第一版    2019 年 7 月北京第四次印刷
710 毫米×980 毫米   16 开本   18.25 印张   313 千字
印数 4001—5000 册    定价 46.00 元

# 前言

　　随着我国现代农业技术和新农村建设的飞速发展，电力工程、电力设施的发展与开发也突飞猛进，从事电气、电力工程设备、设施的管理、安装、维修工作的人员倍增，尤其以青年电工居多。农电工已经成为农电队伍的重要组成部分和农电工作的重要力量。目前，农电部门对农电工进行了择优聘用和岗位培训，健全了管理制度和考核办法，使农村电工队伍的水平有了整体性的提高，也基本适应农电管理工作的需要。专业电工缺编现象严重，多数受聘人员身兼数职，工作职责多，劳动强度大。在这些工作人群中，由于没能系统的完成电工、电气、电力工程等学科的系统学习与技能培训，使所掌握的基础知识和实际工作技能不系统、不全面；在实际工作中，常常遇到不少的难题。为此，我们有针对性的编写了此书。

　　本书在编写上以农电初、中级专业电工读者为对象，量比读者人群的知识结构，对照当前电力设施、电气设备的现代技术应用程度。其内容上系统性、完整性、先进性、实用性，文字上力求简明扼要、文字精练、通俗易懂的叙述方式，把基础电工知识、正确的专业操作技能介绍给广大读者。对必要电气原理、部件的结构绘制了精练的插图，并提供了常用的技术参数图表，以利于实际工作中的即查即用。

　　本书是初、中级专业电工必备之读物，也是技校学生参考用书。

　　本书由辛长平主编，葛剑青、马恩慧、辛星老师参与了组稿和完成了部分章节的编写，单茜完成了全书稿的录入和插图、图表的整理与校对。

　　本书在编写中，得到了许多朋友提供的一手资料和实践经验，并参阅了大量的优秀作品，引用了部分珍贵资料，在此表示由衷的感谢。

编　者

2012.6

# 目 录

# 电工安全操作制度与安全保护

## 1.1 安全操作制度

### 1.1.1 工作票制度

（1）作业人员在电力线路上工作时，应严格遵守工作票制度，填写第一、二种工作票，具体格式如下。

1）填用第一种工作票。

**第一种工作票格式**

编号：

1. 工区、所（工段）名称： _____

2. 工作负责人姓名： _____

3. 工作班人员： _____ 共___人

4. 停电线路名称（双回线路应注明双重称号）： _____

_____

5. 工作地段（注明分、支路名称，线路的起止杆号）： _____

_____

_____

6. 工作任务： _____

_____

_____

7. 应采取的安全措施［包括拉开的隔离开关（刀闸）、断路器（开关）、应停电的范围］： ___

_____

_____

保留的带电线路或带电设备： _____

_____

应挂的接地线：

| 线路名称及杆号 | | | | |
|---|---|---|---|---|
| 接地线编号 | | | | |

8. 计划工作时间：自＿＿年＿＿月＿＿日＿＿时＿＿分

　　　　　　　　至＿＿年＿＿月＿＿日＿＿时＿＿分

9. 许可开始工作的命令：

| 许可的命令方式 | 许可人 | 许可工作的时间 |
|---|---|---|
| | | 年　　月　　日　　时　　分 |

10. 工作终结的报告：

| 终结报告的方式 | 许可人 | 终结报告的时间 |
|---|---|---|
| | | 年　　月　　日　　时　　分 |

工作票签发人（签字）：　　　　　　　　　　　　年　　　月　　　日

　　　　　　　　工作负责人（签字）：

　　　　　　　　　　　　备注栏

　　　　　　　　　　　　　　　　　　　　年　月　日

2）填用第二种工作票。

## 第二种工作票格式

　　　　　　　　　　　　　　　　　　　　　　编号：

1. 工区、所（工段）名称：＿＿＿＿＿＿＿＿＿＿＿＿＿＿＿

2. 工作负责人姓名：＿＿＿＿＿＿＿＿＿＿＿＿＿＿＿＿＿

3. 工作班人员：＿＿＿＿＿＿＿＿＿＿＿＿＿＿＿＿＿共＿＿人

4. 工作的线路或设备名称：＿＿＿＿＿＿＿＿＿＿＿＿＿＿＿＿

工作范围：＿＿＿＿＿＿＿＿＿＿＿＿＿＿＿＿＿＿＿＿＿＿

工作任务：＿＿＿＿＿＿＿＿＿＿＿＿＿＿＿＿＿＿＿＿＿＿

5. 计划工作时间：自＿＿年＿＿月＿＿日＿＿时＿＿分

　　　　　　　　至＿＿年＿＿月＿＿日＿＿时＿＿分

6. 执行本工作应采取的安全措施：＿＿＿＿＿＿＿＿＿＿＿＿

7. 通知调度：（工区值班员）

工作开始时间＿＿年＿＿月＿＿日＿＿时＿＿分

工作完工时间＿＿年＿＿月＿＿日＿＿时＿＿分

工作票签发人：　　　　　　　　　　工作负责人：

3）口头或电话命令。

（2）需要填用第一种工作票的工作如下：

1）在停电线路（或在双回线路中的一回停电线路）上的工作。

2）在全部或部分停电的配电变压器台架上或配电变压器室内的工作。全部停电是指供给该配电变压器台架或配电变压器室内的所有电源线路均已全部断开者。

（3）需要填用第二种工作票的工作如下：

1）带电作业。

2）带电线路杆塔上的工作。

3）在运行中的配电变压器台上或配电变压器室内的工作。

（4）测量接地电阻，涂写杆塔号，悬挂警告片，修剪树枝，检查杆根地锚，打绑桩、杆、塔基础上的工作，低压带电工作和单一电源低压分支线的停电工作等，按口头和电话命令执行。

（5）工作票签发人可由线路工区（所）熟悉人员技术水平、熟悉设计情况、熟悉 DL 409—1991《电业安全工作规程（电力线路部分）》的主要生产领导人、技术人员或经供电局主管生产领导（总工程师）批准的人员来担任。工作票签发人不得兼任该项工作的工作负责人。

（6）工作票所列人员的安全责任。

1）工作票签发人的安全责任：审查工作的必要性；审查工作是否安全；审查工作票上所填安全措施是否正确完备；审查所派工作负责人和工作班人员是否适当和充足。

2）工作负责人（监护人）的安全责任：正确安全地组织工作；结合实际进行安全思想教育；工作前对工作班成员交代安全措施和技术措施；严格执行工作票所列安全措施，必要时还应加以补充；督促、监护工作人员遵守 DL 409—1991《电力安全工作规程（电力线路部分）》；工作班人员变动是否合适。

3）工作许可人（值班调度员、工区值班员或变电所值班员）的安全责任：审查工作必要性；审查线路停、送电和许可工作的命令是否正确；审查发电厂或变电所线路的接地线等安全措施是否正确完备。

4）工作班成员的安全责任：认真执行本规程和现场安全措施，互相关心施工安全，并监督本规程和现场安全措施的实施。

（7）工作票应用铅笔或圆珠笔填写，一式两份，应正确清楚，不得任意涂改。如有个别错、漏字要修改时，应字迹清楚。工作票一份交工作负责人，一份留存签发人或工作许可人处。

（8）一个工作负责人只能发给一张工作票。第一种工作票，每张只能用于一条线路或同杆架设且停送电时间相同的几条线路。第二种工作票，对同一电压等级、同类型工作，可在数条线路上共用一张工作票。在工作期间，工作票应始终保留在工作负责人手中；工作终结后交签发人保存三个月。

（9）第一、二种工作票的有效时间以批准的检修期为限。

（10）事故紧急处理不填工作票，但应履行许可手续，做好安全措施。

### 1.1.2　工作许可制度

（1）填用第一种工作票进行工作，工作负责人必须在得到值班调度员或工区值班员的许可后，方可开始工作。

（2）线路停电检修，值班调度员必须在发电厂、变电所将线路可能受电的各方面都拉闸停电，并挂好接地线后，将工作班、组数目，工作负责人的姓名，工作地点和工作任务记入记录簿内，才能发出许可工作的命令。

（3）许可开始工作的命令必须通知到工作负责人，可采用当面通知、电话传达、派人传达的方法。

（4）对于许可开始工作的命令，在值班调度员或工区值班员不能和工作负责人用电话直接联系时，可经中间变电所用电话传达。中间变电所值班员应将命令全文记入操作记录簿，并向工作负责人直接传达。电话传达时，上述三方必须认真记录，清楚明确，并复诵核对无误。

（5）严禁约时停、送电。

（6）填用第二种工作票的工作，不需要履行工作许可手续。

### 1.1.3　工作监护制度

（1）完成工作许可手续后，工作负责人（监护人）应向工作班人员交代现场安全措施、带电部位和其他注意事项。工作负责人（监护人）必须始终在工作现场，对工作班人员的安全应认真监护，及时纠正不安全的动作。

分组工作时，每个小组应指定小组负责人（监护人）。在线路停电时进行工作，工作负责人（监护人）在班组成员确无触电危险的条件下，可以参加值班工作。

（2）工作票签发人和工作负责人对有触电危险、施工复杂、容易发生事故的工作，应增设专人监护。专责监护人不得兼任其他工作。

（3）如工作负责人必须离开工作现场时，应临时指定现场负责人，并设法通知全体工作人员及工作许可人。

（4）在工作中遇雷、雨、大风或其他任何情况威胁到工作人员安全的情况时，工作负责人或监护人可根据情况，临时停止工作。

### 1.1.4　工作间断制度

（1）白天工作间断时，工作地点的全部接地线仍保留不动。如果工作班须暂离工作地点，必须采取安全措施并派人看守，不让人、畜接近挖好的基坑或未竖立稳固的杆塔以及负载的起重和牵引机械装置等。恢复工作前，应检查接地线等各项安全措施的完整性。

（2）填用数日内有效的第一种工作票，每日收工时如果要将工作地点所装的接地线拆除，次日重新验电装接地线恢复工作，均须得到工作许可人许可后方可进行。

如果经调度允许的连续停电、夜间不送电的线路，工作地点的接地线可以不拆除，但次日恢复工作前应派人检查。

### 1.1.5　工作终结和恢复送电制度

（1）完工后，工作负责人（包括小组负责人）必须检查线路检修地段的状况以及在杆塔上、导线上及绝缘子上有无遗留的工具、材料等，通知并查明全部工作人员确由杆塔上撤下后，再命令拆除接地线。接地线拆除后，应即认为线路带电，不准任何人再登杆进行任何工作。

（2）工作终结后，工作负责人应报告工作许可人，报告方法如下：

1）从工作地点回来后，直接向工作许可人口头报告；

2）用电话报告并经复诵无误。电话报告又可分为直接电话报告或经由中间变电所转达两种。经中间变电所转达报告，应按照 1.1.2（4）规定的手续办理。

（3）工作终结的报告应简明扼要，内容包括工作负责人姓名，某线路上某处（说明起止杆塔号，分支线名称等）工作已经完工，设备改动情况，工作地点所挂的接地线已全部拆除，线路上已无本班组工作人员，可以送电。

（4）工作许可人在接到所有工作负责人（包括用户）的完工报告后，确认工作已经完毕，所有工作人员已由线路上撤离，接地线已经拆除，并与记录簿核对无误后方可下令拆除发电厂、变电所线路侧的安全措施，向线路恢复送电。

# 1.2　操作电工的安全保护

　　自我保护是指在严格遵守 DL 409—1991《电业安全工作规程（电力线路部分）》和执行集体安全作业措施的前提下，在个人作业的范围内，确保自身安全。

　　具体说就是每个电工应该养成"一停、二看、三想、四动手"的习惯。"一停"就是开始工作以前，特别是触及带电设备以前，必须先停顿一下，不要上去就动手干。"二看"就是看一看两侧的隔离开关是否确已断开并接地，对一对线路或设备的名称和编号是否正确无误。"三想"就是想一想是否存在不安全的因素或疑问。"四动手"是指确认安全无疑，再动手工作。如果每位电工都真正养成这一安全作业习惯，就可防止发生意外伤亡事故。

## 1.2.1　安全用电操作的一般常识

　　1. 外线电工的安全操作常识

　　（1）在六级以上大风、大雨和雷电等恶劣天气下，严禁登杆工作和倒闸操作。雨后杆上、线上和地上积水未干时，也不得上杆工作，以防滑摔或漏电而引起触电等事故。

　　（2）登杆前，应先检查杆根是否牢固，杆身是否歪斜，新立电杆在杆基未完全牢固以前严禁攀登。

　　（3）登杆前，应检查登杆工具，如脚扣、安全带、梯子等是否完好、牢靠。

　　（4）在电杆上工作必须使用安全带。安全带应系在电杆和牢固的构架上，不得系在横担上或电杆顶梢上，以防止横担断裂后安全带从杆顶上脱出。系好安全带后，必须检查扣环是否扣牢。杆上作业转位时，不得失去安全带保护。

　　（5）上横担时，应先检查横担是否牢固、良好，检查时安全带应系在主杆上。

　　（6）登杆作业人员应佩带工具袋（包），使用的工具、材料应用绳索传递，不得抛上抛下。工作时应防止落物伤人。

　　（7）在带电电杆上，只允许在带电线路下方进行修补混凝土杆裂纹，加固拉线，拆除鸟巢，紧固螺栓，查看导线、金具、绝缘子等工作。作业人员活动范围和所携带的工具、材料等，与低压带电导线距离不得小于 0.7m。

　　（8）在杆上进行作业时，地面应由专人监护。地面人员应戴安全帽，不得站在杆上作业人员的垂直下方，杆下应禁止人员逗留。

（9）在同杆并架的多回路中，其中任一条回路检修，其他并架的所有线路都必须停电和挂接地线。

（10）登杆倒闸操作应由两人完成，一人操作，另一人监护。

（11）杆上工作完毕，应使用脚扣下杆，严禁甩掉脚扣而从线绳上或抱杆快速滑溜下杆。

**2．内线电工的安全操作常识**

（1）检修电路时，应穿绝缘性能良好的胶鞋，不可赤脚或穿潮湿的布鞋；脚下应垫干燥的木板或站在木凳上；身上不可穿潮湿的衣服（如汗水渗透的衣服）。

（2）在建筑物顶部工作时，应先检查建筑物是否牢固，以防止滑跌、踏空、材料折断而发生坠落伤人事故。

（3）无论是带电作业还是停电作业，因故暂停作业再恢复工作时，应重新检查安全措施，确认无误后再继续工作。

（4）移动电气设备时，应先停电后移动，严禁带电移动电气设备。将电动机等有金属外壳的电气设备移到新位置后，应先装好接地线再接电源，经检查无误时，才能通电使用。

（5）禁止在导线、电动机和其他电气设备上放置衣物、雨具等。电气设备附近禁止放置易燃易爆品。

（6）禁止使用有故障的设备。设备发生故障后应立即处理。

（7）禁止越级乱装熔体。

（8）不同型号的电器产品不可盲目的互换和代用。

（9）数人同时作业时，必须有人负责和指挥，不得各自为政、各行其是。

### 1.2.2 防止触电措施

**1．防止直接触电的措施**

直接触电是指直接触及或过分接近正常运行带电体所引起的触电。为避免直接触电，应采取以下防护措施：

（1）绝缘。即用绝缘物防止触及带电体。但应注意，单独靠涂漆、漆包等类似的绝缘来防止触电是不够的。

（2）屏障报护。即用屏障或围栏防止人员触及带电体，其主要目的是使人们意识到超越屏障或围栏会发生危险，从而避免触及带电体。

（3）障碍。即设置障碍以防止无意触及或接近带电体，但它不能防止有意绕过障碍去触及带电体的行为。

（4）间隔。即保持间隔以防止无意触及带电体。

（5）漏电保护装置。漏电保护又叫剩余电流保护或接地故障电流保护。它只作为附加保护，不应单独使用。其动作电流不宜超过 30mA。

2. 使触电人迅速脱离电源的措施

（1）如果是低压触电而且开关就在触电者附近，应立即拉开开关或拔去电源插头。

（2）如果触电者附近没有开关，不能立即停电时，可用相应等级的绝缘工具（如干燥的木柄斧、胶把钳等）迅速切断电源导线。绝对不能用潮湿的东西、金属物等去接触带电设备或触电的人，以防救护者触电。

（3）应用干燥的衣服、手套、绳索、木板、木棒等绝缘物拉开触电者或挑开导线，使触电者脱离电源，切不可直接去拉触电者。

（4）如果属于高压触电（1kV 以上电压），救护者就不能用上述简单的方法去抢救，应迅速通知管电人员停电或用绝缘操作杆使触电者脱离电源。

3. 安全电压防护

与人体接触时，对人体各部组织（如皮肤、心脏、呼吸器官和神经系统）不会造成任何损害的电压叫做安全电压。根据具体环境条件的不同，我国安全电压值规定为：

（1）在无高度触电危险的建筑物中为 65V。

（2）在有高度触电危险的建筑物中为 36V。

（3）在有特别触电危险的建筑物中为 12V。

4. 电气间距防护

为了防止人体触及或接近带电体，防止车辆等物体碰撞或过分接近带电体，防止电气短路事故和因此而引起火灾，在带电体与地面之间、带电体与带电体之间、带电体与其他设施和设备之间，均需保持一定的安全距离，这种安全距离称为电气间距。

5. 静电防护

静电是由不同物质的接触、分离或互相摩擦而生产的，例如在生产工艺中的挤压、切割、搅拌和过渡，以及生活中的行走、起立、脱衣服等，都会产生静电。

静电的电位一般是较高的，例如人在穿、脱衣服时，有时可产生 10kV 的电压，不过其总的能量是较小的。静电的危害大体上分为使人体受电击、影响产品质量和引起火灾爆炸三个方面，其中以引起火灾爆炸最为严重，可以导致人员伤亡和财产损失。过去在国内外都曾发生过此类事故，主要是由于静电放电时产生的火花将可燃物引燃，因此，在有汽油、苯、氢气等易燃易爆物质的场所，要特别注意防止静电危害。

静电危害的防止措施主要有减少静电的产生、设法导走、消散静电和防止静电放电等。其方法有接地法、中和法和防止人体带静电等。具体采用哪种方法，应结合生产工艺的特点和条件，加以综合考虑后选用。

（1）接地。接地是消除静电最简单最基本的方法，它可以迅速地导走静电。但要注意带静电物体的接地线，必须连接牢固并有足够的机械强度，否则在松断部位可能会产生火花。

（2）静电中和。绝缘体上的静电不能用接地的方法来消除，但可以利用极性相反的电荷来中和，目前，静电中和的方法是采用感应式消电器。消电器的作用原理是当消电器的尖端接近带电体时，在尖端上能感应出极性与带电体上静电极性相反的电荷，并在尖端附近形成很强的电场，该电场使空气电离后，产生正、负离子，正、负离子在电场的作用下，分别向带电体和消电器的接地尖端移动，由此促使静电中和。

（3）防止人体带静电。人在行走、穿、脱衣服或从座椅上起立时，都会产生静电，这也是一种危险的火花源，经试验，其能量足以引燃石油类蒸气。因此，在易燃的环境中，最好不要穿化纤类织物，在放有危险性很大的炸药、氢气、乙炔等物质的场所，应穿用导电纤维制成的防静电工作服和导电橡胶做成的防静电鞋。

6. 电气安全用具

基本的电气安全用具主要是指用来操作隔离开关、高压熔断器或装卸携带型接地线的绝缘棒或绝缘夹钳。绝缘棒一般用电木、胶木、玻璃布棒或环氧玻璃布管制成。在结构上可分为工作部分、绝缘部分和手握部分。使用绝缘棒时要注意防止碰撞，以免损伤其绝缘表面，并应存放在干燥的地方。

绝缘夹钳是用来安装或拆卸高压断路器或执行其他类似工作的工具。在35kV及以下的电力系统中，绝缘夹钳列为基本安全用具之一，但在35kV以上的电力系统中，一般不使用绝缘夹钳。使用安全用具的注意事项如下：

（1）安全用具要加强日常保养，防止受潮、损坏和脏污。绝缘杆应放在木架上，不要靠墙放或随便扔在地上。绝缘手套等应放在箱柜内，不许存放在过冷、过热、阳光暴晒或有酸、碱及油类的地方，以防胶质老化。验电器不用时要放在盒内，并置于干燥的地方。

（2）使用绝缘手套前，要仔细检查，不能有破损或漏气等现象。

（3）辅助安全用具不能直接接触 1kV 以上的电气设备，在高电压下使用时，需要与其他安全用具配合使用。

（4）使用验电器时，应将验电器慢慢地靠近电气设备，如氖光灯发亮，表示有电。验电器必须按其额定电压使用，不得将低压验电器在高压设备上使用，也不得将高压验电器在低压设备上使用。

（5）使用绝缘杆操作带电设备时，必须戴绝缘手套。

7. 电气装置的防火要求

引起电气装置火灾的原因很多，如绝缘强度降低、导线超负荷、安装质量不佳、设计设备不符合防火要求、设备过热、短路等。针对这些情况提出的防火要求如下：

（1）电气装置要保证符合规定的绝缘强度。

（2）限制导线的载流量，不得长期超载。

（3）严格按安装标准设置电气装置，质量要合格。

（4）经常监视负荷，不能超载。

（5）防止机械损伤破坏绝缘以及接线错误等造成设备短路。

（6）导线和其他导体的接触点必须牢固，防止过热氧化。

（7）工艺过程中产生静电时要设法消除。

遇有电气火灾，应首先切断电源。对于已切断电源的电气火灾的扑救，可以使用水和各种灭火器，但在扑灭未切断电源的电气火灾时，则需要用以下三种灭火器：

（1）四氧化碳灭火器。对电气设备发生的火灾具有较好的灭火作用，因为四氧化碳不燃烧，也不导电。

（2）二氧化碳灭火器。最适宜扑灭电器及电子设备发生的火灾，因二氧化碳没有腐蚀作用，不致损坏设备。

（3）干粉灭火器。它综合了四氧化碳、二氧化碳和泡沫灭火机的长处，适用于扑灭电气火灾，灭火速度快。

8. 安全用电"十不准"

（1）不准带电移动电气设备；不准赤脚站在地面上带电作业；不准挂钩接线。

（2）不准使用三危线路用电，三危线路是指对地距离不符合安全要求的

"拦腰线"、"地爬线"、"碰头线"。

（3）一切进行电气操作及值班工作的人员不准喝酒。

（4）不准带负荷拉隔离开关。停电时先拉分路断路器后拉总断路器，送电时，按相反顺序操作。

（5）对电气知识一知半解者，不准乱拉乱接，安装修理要请合格电工。

（6）照明用电不准使用一线一地制。

（7）不准约时停、送电。

（8）不准私设电网。未经公安部门批准，任何单位和个人私设电网，都是违法行为。

（9）不准在河湖、鱼塘里电鱼。

（10）不准在高压线下建房子、堆柴草，不准在电力线旁边架设超高的电视天线。

# 电工测量仪表与基本技能

## 2.1 电工测量指示仪表

电工仪表是实现电气数据测量所需仪表的总称。利用电工仪表通过一定的方法获得被求电量或矢量实际数值的过程，就是电工测量。

### 2.1.1 常用测量仪表

#### 2.1.1.1 电流表

测量电路电流的仪表，统称电流表。根据量程和计算单位的不同，电流表又分为微安表（μA）、毫安表（mA）、安培表（A）、千安表（kA）等，表盘上分别标有 μA、mA、A、kA 等符号。

电流表分为直流电流表和交流电流表，图 2-1 所示为普通电流表外形。

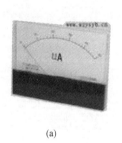
(a)

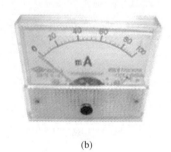
(b)

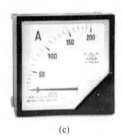
(c)

图 2-1　普通电流表外形

（a）微安表；（b）毫安表；（c）安培表

### 1. 交流电流表测量接线

交流电流表一般采用电磁式仪表，其测量机构与磁电式的直流电流表不同，它本身的量程比直流电流表大。在电力系统中常用的 1T1-A 型电磁式交流电流表，其量程最大为 200A。在这一量程内，电流表可以直接串联于负载电路中，如图 2-2 所示。

电磁式电流表采用电流互感器来扩大量程，接线方法如图 2-3 所示，接线时，将电流互感器的一次绕组与电路中的负载串联，二次绕组接电流表。为了测量方便，电流互感器二次绕组的额定测量时，一般都将电流表装在配电盘上，表盘上标出规算好了的刻度数字，从表盘上直接读取所测量的电流值。

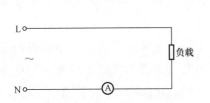 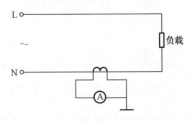

图 2-2　交流电流表直接测量接线　　　图 2-3　交流电流表经互感器的测量接线

### 2. 直流电流表测量接线

接线前要搞清电流表极性。通常，直流电流表的接线柱旁边标有"+"和"–"两个符号，"+"接线柱接直流电路的正极，"–"接线柱接直流电路的负极。接线方法如图 2-4 所示。

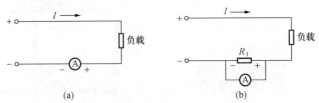

图 2-4　直流电流表测量接线

（a）直接测量电流接线；（b）加附加电阻测量电流接线

直流电流表通常都是磁电式仪表。由于这种仪表的线圈导线截面积和游丝截面积均很小，所以只能测量较小的电流。如果需要扩大量程，测量几十、几百、几千安的直流电流，则应在电流表上并联一只低值电阻，该电阻叫做分流器。分流器在电路中与负载串联，使通过电流表的电流只是负载电流的一部分，而大部分电流则从分流器中通过。这样，就扩大了电流表的测量范围，如图 2-5 所示。量程较大的直流电流表一般都附有分流器，并在表盘上标出"外附分流器"字样。接线时，要检查分流器与电流表表盘上所示的量程是否相符。如果不符，就不能使用。从分流器接到电流表的定值导线也是与仪表配套供应的，不可随意选用。如果分流器与电流表之间的距离超过了所附定值导线的长度，则可用不同截面和不同长度的导线代替，但导线电阻应在 $0.035\Omega \pm 0.002\Omega$ 以内。

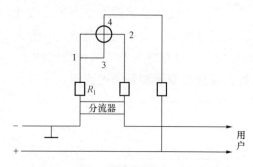

图 2-5　附有分流器的直流电流表接线

### 2.1.1.2　电压表

测量电路电压的仪表叫做电压表，也称伏特表，表盘上标有符号"V"。因量程不同，电压表又分为毫伏表（mV）、伏特表（V）、千伏表（kV）等多种品种规格，在表盘上分别标有 mV、V、kV 等字样。电压表分为直流电压表和交流电压表，二者的接线方法都是与被测电路并联。图 2-6 所示为普通电压表外形。

由于电压表与被测电路是并联接线，为了不影响电路的工作状态，电压表的内组一般都很大。大量程的电压表通常都串联一只电阻，使通过电压表的电流按比例减少，这只电阻叫做倍率电阻。倍率电阻有的装在表内，有的装在表外与仪表配套使用，表盘上标有"外附电阻器"字样。外附电阻器是仪表的附件，没有它仪表就不能使用。

图 2-6　普通电压表外形

#### 1. 直流电压表的测量接线

在直流电压表的接线柱旁边通常也标有"+"和"−"两个符号，接线柱的"+"（正端）与被测量电压的高电位连接；接线柱的"−"（负端）与被测量电压的低电位连接，如图 2-7 所示。正负极不可接错，否则指针就会因反转而打弯。

#### 2. 交流电压表测量接线

在低压线路中，电压表可以直接并联在被测电压的电路上。在高压线路中测量电压，由于电压高，不能用普通电压表直接测量，应通过电压互感器将仪表接入电路，如图 2-8 所示。电压互感器的一次绕组接到被测量的高压线路上，二次绕组接在电压表的两个线柱上。当电压互感器的一次绕组接入电源时，二次绕组被感应，产生低压电流，电流通过电压表，使指针偏转。

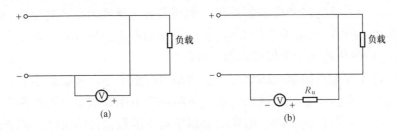

图 2-7 直流电压表测量接线

（a）直接测量电压接线；（b）加附加电阻测量电压接线

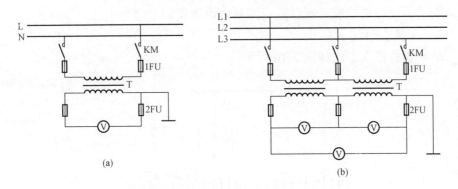

图 2-8 交流电压表经电压互感器接线

（a）低压线路电压表直接测量接线；（b）高压线路接入电压互感器测量接线

为了测量方便，电压互感器一般都采用标准的电压比值，例如 3000/100V、6000/100V、10000/100V 等。其二次绕组电压总是 100V，因此可用 1～100V 的电压表来测量线路电压。通过电压互感器来测量时，一般都将电压表装在配电盘上，表盘上标出规算好了的刻度值，从表盘上可以直接读取所测量的电压值。

### 2.1.1.3 功率表

测量电功率的仪表叫做功率表。功率的单位是瓦（W），所以功率表也叫瓦特表，表盘上标有符号"W"。装在变电所配电盘上的功率表，一般都以千瓦（kW）为单位，表盘上标有符号"kW"，如图 2-9 所示。

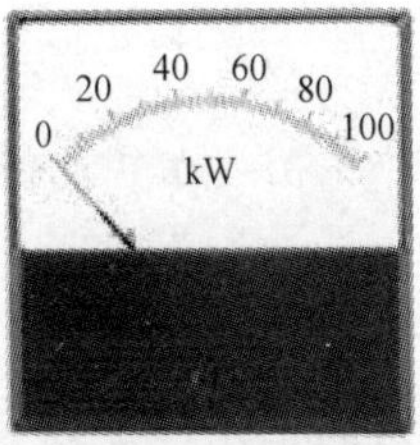

图 2-9 功率表

功率表是一种电动式仪表。它有两组线圈，一组是电流线圈，另一组是电压线圈。功率表即可测量直流电路的功率，也可测量交流电路的功率。

### 1. 功率表选择

选择功率表首先应考虑它的量程。例如，有一感性负载，功率为 800W，额定电压为 220V，功率因数为 0.8，怎样选择功率表的量程呢？由于负载电压为 220V，功率表的电压量程可选为 300V。

此外，还要根据被测电路交流负载的功率因数大小，考虑选用普通功率表还是低功率因数功率表。普通功率表是按照额定电压、额定电流和额定功率因数（$\cos\varphi=1$）的条件刻度的。如果用来测量功率因数很低的负载，则普通功率表的指针偏转角很小，测量结果的误差很大，此时应选择低功率因数功率表来测量。低功率因数功率表的标度尺是根据功率因数较低的条件刻度的，并在表内采取了多种补偿措施，可以提高测量的准确度。

### 2. 功率表的测量接线

功率表的接线方法如图 2-10 所示。

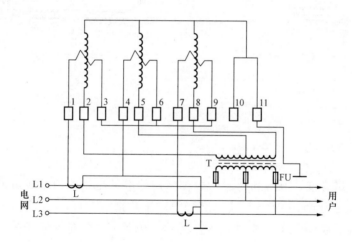

图 2-10　功率表的正确接线

### 3. 功率表使用注意事项

（1）要防止出现接线差错。图 2-11 所示就是功率表接线中经常出现的几种错误接法。图 2-11（a）所示的情况为电流线圈反接，此时功率表的指针将向反方向指示，无法读数，甚至会将指针打弯。

图 2-11（b）所示为电压线圈反接，它与图 2-11（a）的情况一样，功率表也会向反方向指示。此时电流线圈与电压线圈之间的电位差接近于电源电压。

图 2-11（c）所示为电流线圈、电压线圈同时反接。此时表针指向正方向，但由于附加电阻 $R_f$ 的阻值比电压线圈大得多，而电流线圈的内阻则很小，所以电源电压几乎全部加于 $R_f$ 上，不仅会使测量结果产生静电误差，而且还可能使电流线圈与电压线圈之间的绝缘击穿而烧坏仪表。这种接线从表面上看似乎是正确的，而实际上是错误的，产生的后果会更加严重。

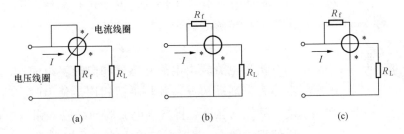

图 2-11　功率表的错误接线

（a）电流线圈反接；（b）电压线圈反接；（c）电流线圈、电压线圈同时反接

（2）测量时，如果出现功率表接线正确而指针反偏现象，则表明功率输送的方向与预期的方向相反。此时，应改变其中一个线圈的电流方向，并将测量结果加上负号。对于只能在端钮上倒线的功率表，应将电流端钮反接，而不宜将电压端钮反接，否则会产生较大的静电误差，以致损坏仪表。对于装有换向开关的可携式功率表，可直接利用换向开关来改变电压线圈的电流方向，而且不改变电压线圈与附加电阻 $R_f$ 的相对位置，因此不会在电流线圈与电压线圈之间形成很大的电位差。

（3）测量用的转换开关、连接片或插塞应接触良好，接触电阻稳定，以免引起测量误差。

（4）在实际测量中，为了保护功率表，防止电流和电压超过功率表所允许的数值，一般在电路中接入电流表和电压表，以监视负载电流和负载电压。

（5）多量程功率表常共用一条标尺刻度，功率表的标度尺上不标注瓦数，只标注分格数。测量时，可先读出分格数，再乘以每格瓦数，就可得到被测功率值。

（6）当功率表与互感器配用时要特别注意，电流互感器二次回路严禁开路，电压互感器二次回路严禁短路。否则，将造成设备损坏和人身伤亡事故。

（7）对于可能出现两个方向功率的交流回路，应装设双向标度的功率表。

### 2.1.2 便携式测量仪表

#### 2.1.2.1 钳形电流表

用普通电流表测量电流时，需要切断电路才能将电流表或电流互感器一次

线圈串接到被测电路中，而使用钳形电流表进行测量时，则可在不切断电路的情况下进行测量，图 2-12 所示为钳形电流表外形。

**1. 钳形电流表工作原理**

钳形电流表由电流互感器和电流表组成。互感器的铁芯有一活动部分，并与手柄相连，使用时按动手柄，使活动铁芯张开。将被测电流的导线放入钳口中，放开后使铁芯闭合。此时通过电流的导线相当于互感器的一

图 2-12　钳形电流表外形

次线圈，二次线圈出现感应电流，其大小由导线的工作电流和圈数比确定。电流表接在二次线圈两端，因而它所指示的电流是二次线圈中的电流，此电流与导线中的工作电流成正比。所以只要将归算好的刻度作为电流表的刻度，当导线中有工作电流通过时，和二次线圈相连的电流表指针便按比例发生偏转。从而指示出被测电流的数值，如图 2-13 所示。

钳形电流表虽然有使用方便等优点，但它的准确度不高，一般常用于不便拆线或不能切断电路及对测量要求不高的场合。钳形电流表中的测量机构常采用整流式的磁电系仪表，它只能用于测量交流电流。如果采用电磁系测量机构，则可以交支流两用，几种常用钳形电流表的主要技术数据，见表2-1。

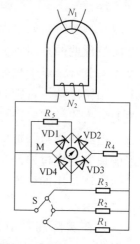

图 2-13　钳形电流表的接线

表 2-1　　　　　几种常用钳形电流表的主要技术数据

| 名　称 | 型　号 | 精度 | 测　量　范　围 | 绝缘耐压（1min） |
|---|---|---|---|---|
| 钳形交流电流表 | T-301（T-301-T 为热带型） | 2.5 | 0～10～25～50～100～250A、0～10～25～100～300～600A、0～10～30～100～300～1000A | 2000V |
| 钳形交流电流电压表 | T-302（T-302-T 为热带型） | 2.5 | 电流：0～10～50～250～1000A；电压：0～250～500V；0～300～600V | 2000V |

| 名　称 | 型　号 | 精度 | 测　量　范　围 | 绝缘耐压（1min） |
|---|---|---|---|---|
| 钳形交流<br>电流电压表 | MG4-AV | 2.5 | 电流：0～10～30～100～300～1000A；<br>电压：0～150～300～600V | 2000V |
| 钳形交直流<br>电流表 | MG20 | 5 | 0～100～200～300～400～500～600A | 2000V |
|  | MG21 |  | 0～750～1000～1500A |  |
| 袖珍型钳形<br>交流表 | MG24 | 2.5 | 电流：0～5～25～50A；<br>电压：0～300～600V | 2000V |
|  |  |  | 电流：0～5～50～250A；<br>电压：0～300～600V |  |
| 袖珍型三用<br>钳形电流表 | MG25 | 2.5 | 交流电流：5～25～100A、5～50～250A；<br>交流电压：300～600V；<br>直流电阻：0～50kΩ | 2000V |

**2. 钳形电流表的正确使用**

钳形电流表的精确度虽然不高（通常为 2.5 级或 5.0 级），但它具有不需要切断电源即可测量的优点，所以得到广泛应用。例如，用钳形电流表测试三相异步电动机的三相电流是否正常，测量照明线路的电流平衡程度等。

测量时，按动扳手打开钳口，将被测载流导线置于钳口中。当被测导线中有交变电流通过时，在电流互感器的铁芯中便有交变磁通通过，互感器的二次线圈中感应出电流。该电流通过电流表的线圈，使指针发生偏转，在表盘标度尺上指出被测电流值。钳形电流表按结构原理的不同，可分为交流钳形电流表和交、直流两用钳形电流表。

**3. 使用注意事项**

（1）测量前，应检查仪表指针是否在零位。若不在零位，则应调到零位。同时应对被测电流进行粗略估计，选择适当的量程。如果被测电流无法估计，则应先把钳形表置于最高挡，逐渐下调切换，直至指针在刻度的中间段为止。

（2）应注意钳形电流表的电压等级，不得将低压表用于测量高压电路的电流。

（3）每次只能测量一根导线的电流，不可将多根导线都夹入钳口测量。被测导线应置于钳口中央，否则误差将很大（大于 5%）。当导线夹入钳口时，若发现有振动或碰撞声，应将仪表扳手转动几下，或重新开合一次，直到没有噪声才能读取电流值。测量电流后，如果立即测量小电流，应开合钳口数次，以消除铁芯中的剩磁。

（4）在测量过程中不得切换量程，以免造成二次回路瞬间开路，感应出高电压而击穿绝缘。必须变换量程时，应先将钳口打开。

（5）在读取电流读数困难的场所测量时，可先用制动器锁住指针，然后到读数方便的地点读值。

（6）若被测导线为裸导线，则必须事先将邻近各相用绝缘板隔离，以免钳口张开时出现相间短路。

（7）测量时，如果附近有其他载流导线，所测值会受载流导体的影响而产生误差。此时，应将钳口置于远离其他导线的一侧。

（8）每次测量后，应把调节电流量程的切换开关置于最高挡位，以免下次使用时因未选择量程就进行测量而损坏仪表。

（9）有电压测量挡的钳形表，电流和电压要分开测量，不得同时测量。

（10）测量 5A 以下电流时，为获得较为准确的读数，若条件许可，可将导线多绕几圈放进钳口测量，此时实际电流值为钳形表的指示值除以所绕导线圈数。

（11）测量时应戴绝缘手套，站在绝缘垫上。读数时要注意安全，且勿触及其他带电部分。

（12）钳形电流表应保存在干燥的室内，钳口处应保持清洁，使用前应擦拭干净。

**4. 用钳形电流表测量线绕式异步电动机转子电流**

用钳形电流表测量绕线式异步电动机的转子电流时，必须选用具有电磁系测量机构的钳形表，如采用一般常见的磁电式整流系钳形表测量，指示值与被测量的实际值会有很大误差，甚至没有指示。其原因是整流式磁电系钳形表的表头与互感器二次线圈连接，表头电压是由二次线圈得到的。

此种钳形表转子上的频率较低，表头上得到的电压将比测量同样电流值的工频电流小得多，有时电流很小，甚至不能使表头中的整流元件导通，所以钳形表没有指示或指示值与实际值有很大误差。

电磁系测量机构的钳形表没有二次线圈，也没有整流元件，磁回路中的磁通直接通过表头，而且与频率没有关系，所以能够正确指示出转子电流。

**5. 用钳形表测量小电流**

用钳形表测量电流时，虽然具有在不切断电路的情况下进行测量的优点，但由于其准确度不高，测量时误差较大。尤其是在测量小于 5A 的电流时，其误差会远远超过允许范围。

为弥补钳形表的这一缺陷，实际测量小电流时，可采用将被测导线先缠绕几圈后再放进钳形表的钳口内进行测量的方法，但此时钳形表所指示的电流值并不是所测的实际值，实际电流值应为钳形表的读数除以导线缠线圈数。

### 2.1.2.2 万用表

万用表是最常见的电器测量仪表，它即可测量交、直流电压和交、直流电流，又可测量电阻、电容和电感等，用途十分广泛。

万用表可用来测量直流电流、直流电压、交流电流、交流电压、电阻和电平等，有的万用表还可用来测量电容、电感以及晶体二极管、三极管的某些参数。由于万用表具有功能多、量程宽、灵敏度高、价格低和使用方便等优点，所以它是电工必备的电工仪表之一。

随着电子技术的发展，万用表已从模拟（指针）式向数字式方向发展。目前已有带微处理器的智能化数字式万用表，它具有自动量程选择和语言报值等功能。由于指针式万用表的价格低，普及性好，并且已有多年使用的传统，目前它仍被广泛使用。

#### 1. 指针式万用表

指针式万用表一般按以下步骤来测量参数。

（1）熟悉所用万用表。万用表的结构形式很多，面板上旋钮、开关的布置也有差异。因此，使用万用表以前，应仔细了解和熟悉各操作旋钮、开关的作用，并分清表盘上各条标度尺所对应的被测量。

（2）机械调零。万用表应水平放置，使用前检查指针是否指在零位上。若未指零，则应调整机械零位调节旋钮，将指针调到零位上。

（3）接好测试表笔。应将红色测试笔的插头接到红色接线柱上或标有"+"号的插孔内，黑色测试表笔的插头接到黑色接线柱上或标有"−"号的插孔内。

（4）选择测量种类和量程。有些万用表的测量种类选择旋钮和量程变换旋钮是分开的，使用应先选择被测量种类，再选择适当量程。如果万用表被测量类型和量程的选择都由一个转换开关控制，则应根据测量对象将转换开关选到需要的位置上，再根据被测量的大小将开关置于适当的量程位置。如果事先无法估计被测量的数值范围，可先用该被测量的最大量程挡试测，然后逐渐调节，选定适当的量程。测量电压和电流时，万用表指针偏转最好在量程的 1/2～2/3 的范围内；测量电阻时，指针最好在标度尺的中间区域。

（5）正确读数。MF64 型万用表标度盘如图 2-14 所示。测量电阻时应读取标有"Ω"的最上方的第一根标度尺上的分度线数字。测量直流电压和直流电流时应读取标有"DC"的第二根和第三根标度尺上的分度线数字，满量程数字

图2-14 MF64型万用表标度盘

是10、50或125。测量交流电压,应读取标有"AC"的第四根标度尺上的分度线数字,满量程数字为250或200。标有"$h_{fe}$"的两根短标度尺,是使用晶体管附件测量三极管共发射极电流放大系数$h_{fe}$的,其中标有"Si"的一根为测量硅三极管的读数标度尺,标有"Ge"的一根为测量锗三极管的读数标度尺。标有"BATT($R_L$=12Ω)"的短标度尺供检查1.5V干电池时使用,测量时指针若处在"GOOD"范围内为电力充足,处在"BAD"及以下范围则电池已不可使用。标有"dB"的标度尺只有在测量音频电平时才使用。电平测量使用交流电压挡进行,如果被测对象含有直流成分,则应串入一只0.1μF/400V以上的电容器,以隔断直流电压,若使用较高量程,则应加上附加分贝值。

1)直流电流的测量。一般万用表只有直流电流挡而无交流电流挡。用万用表测量直流电流时,首先将转换开关旋到标有"mA"或"μA"符号的适当量程上。一般万用表的最大电流量程在1A以内,用直接法只能测量小电流。如果要用万用表测量较大电流,则必须并接分流电阻。测量直流电流时,将黑色表笔(表的负端)接到电源的负极,红色表笔(表的正端)接到负载的一个端头上,负载的另一端接到电源的正极,也就是表头与负载串联。测量时要特别注意,由于万用表的内阻较小,且勿将两支表笔直接触及电源的两极。否则,表头将被烧坏。

2)交流电压的测量。测量前,先将转换开关旋到标有"V"符号处,并将开关置于适当量程挡,然后将红色表笔插入万用表上标有"+"号的插孔内,黑色表笔插入标有"−"号的插孔内。手握红色表笔和黑色表笔的绝缘部位,先用黑色表笔触及一相带电体,用红色表笔触及另一相带电体或中性线,读取电压读数后,使两支表笔脱离带电体。

3)直流电压的测量。与测量交流电压基本相同。区别是,直流电压有正负之分,测量时,黑色表笔应与电源的负极相触,红色表笔应与电源的正极相触,二者不可颠倒。如果分不清电源的正负极,则可选用较大的测量范围挡,将两支表笔快触一下测量点,观察表针的指向,找出被测电压的正负极。

4)电阻的测量。测量前,将万用表的转换开关旋到标有"Ω"符号的适当倍率位置上,然后将表笔短接、调零,再将两表笔分别触及电阻的两端。将测得的读数乘以倍率数即为所测电阻值。

5）电路通断的判断。在电器的检查和维修中，经常要使用万用表检查电路是否导通。此时可将倍率开关置于"Ω×1"挡。若读数为零或接近于零，则表明电路是通的；若读数为无穷大，则表明电路不通。

（6）注意事项：

1）每次测量前对万用表都要做一次全面检查，以核实表头各部分的位置是否正确。

2）测量时，应用右手握住两只表笔，手指不要触及表笔的金属部分和被测元器件。

3）测量过程中不可转动转换开关，以免转换开关的触头产生电弧而损坏开关和表头。

4）使用 R×1 挡时，调零的时间应尽量缩短，以延长电池使用寿命。

5）在万用表使用后，应将转换开关旋至空挡或交流电压最大量程挡。

6）切勿带电测量，否则不仅测量结果不准确，而且还可能烧坏电表。若线路中有电容，则应先放电。

7）使用间歇中，不可使两表笔短接，以免浪费电池的电能。

8）不可用欧姆挡直接测量检流计、标准电池等的内阻。

9）使用欧姆挡判别仪表的正负端或半导体元件的正反向电阻时，万用表的"+"端应与内附干电池的负极相连，而"−"端或"*"端则应与内附干电池的正极相连。也就是说，黑色表笔为正端，红色表笔为负端。

10）测量时，要注意其两端有无并联电阻，若有，应先断开一端再进行测量。

**2. 数字式万用表**

使用数字式万用表时，将电源开关钮"ON—OFF"揿向"ON"一侧，接通电源。用"ZEROADJ"旋钮调零校准，使显示屏显示"000"。用功能转换开关选择被测量的类型和量程。功能开关周围字母和符号的含义分别为"DCV"表示直流电压，"ACV"表示交流电压，"DCA"表示直流电流，"ACA"表示交流电流，"Ω"表示电阻，"→|→"表示二极管测量、"C"表示电容，"JI"表示音响通断检查（与二极管测量同一位置）等，如图2-15 所示。

图 2-15　数字式万用表

（1）使用注意事项。

1）不宜在有噪声干扰源的场所（如正在收听的收音机和收看的电视机附近）使用。噪声干扰会造成测量不准确和显示不稳定。

2）不宜在阳光直射和有冲击的场所使用。

3）不宜用来测量数值很大的强电参数。

4）长时间不使用应将电池取出，再次使用前，应检查内部电池的情况。

5）被测量元器件的引脚氧化或有锈迹，应先清除氧化层和锈迹再测量，否则无法读取正确的测量值。

6）每次测量完毕，应将转换开关拨到空挡或交流电压最高挡。

（2）使用方法。

1）直流电压的测量。测量时，将黑色表笔插入标有"COM"符号的插孔中，红色表笔插入标有"V/Ω"符号的插孔中，并将功能开关旋于"DCV"的适当位置，两表笔跨接在被测负载或电源的两端。在显示屏上显示电压读数的同时，还指示红色表笔的极性。

2）交流电压的测量。测量时，将黑色表笔插入标有"COM"符号的插孔中，红色标笔插入标有"V/Ω"符号的插孔中，并将功能开关旋于"ACV"的适当位置，两表笔跨接在被测负载或电源的两端。

3）直流电流的测量。当被测最大电流为200mA时，将黑色表笔插入标有"COM"符号的插孔中，红色表笔插入标有"A"符号的插孔中。如果被测最大电流为10A，则红色表笔插入10A孔中；功能开关置于DCA量程范围内，并且两表笔串入被测电路中。红色表笔的极性将在数字显示的同时指示出来。

标有警告符号的插孔，最大输入电流为200mA或10A（按插孔分），200mA挡装有熔丝，但10A挡不设熔丝。

4）交流电流的测量。两表笔插孔与直流电流的测量相同，功能开关置于ACA量程范围内，并将表笔串于被测电路中。其他注意事项同前。

5）电阻的测量。测量时，将黑色表笔插入标有"COM"符号的插孔中，红色表笔插入标有"V/Ω"符号的插孔中，但此时应注意，红色表笔的极性应为"+"。将功能开关置于Ω量程范围内，两表笔跨接在被测电阻两端。

6）音响通断的检查。这一功能是检查电路的通断状态。检查时，将黑色表笔插入"COM"插孔中，红色表笔插入"V/Ω"插孔中，功能开关置于音响通断检查量程，并将两表笔跨接再要检查的电路两端。如果电路两端的电阻值小于30Ω，蜂鸣器就发出响声，发光二极管LED同时发亮。

检查中，在表笔两端为接入时，显示屏显示"1"是正常现象。检查前应先切断线路电源。需要特别注意的是，任何负值信号都会使蜂鸣器发声，从而导致错误判断。

### 2.1.2.3 绝缘电阻表

绝缘电阻表又称兆欧表、摇表，是专门用来测量电气线路和各种电气设备绝缘电阻的便携式仪表。它的计量单位是兆欧（MΩ）。

绝缘电阻表的主要组成部分是一个磁电式流比计和一只手摇发电机。发电机是绝缘电阻表的电源，可以采用直流发电机，也可以用交流发电机与整流装置配用。直流发电机的容量很小，但电压很高（100～500V）磁电式流比计是绝缘电阻表的测量机构，由固定的永久磁铁和可在磁场中转动的两个线圈组成。

绝缘电阻表的接线柱有三个，一个为"线路"（L），另一个为"接地"（E），还有一个为"屏蔽"（G）。测量电力线路或照明线路的绝缘电阻时，"L"接被测线路，"E"接地线。测量电缆的绝缘电阻，为使测量结果准确，消除线芯绝缘层表面漏电所引起的测量误差，还应将"G"接线柱引线接到电缆的绝缘层上。绝缘电阻表的外形和接线如图 2-16 和图 2-17 所示。

图 2-16　500V 绝缘电阻表的外形

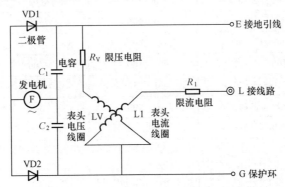

图 2-17　500V 绝缘电阻表的接线

当用手摇动发电机时，两个线圈中同时有电流通过，在两个线圈上产生方向相反的转矩，表针就随这两个转矩的合成转矩的大小而偏转某一角度，这个偏转角度取决于上述两个线圈中电流的比值。由于附加电阻的阻值是不变的，所以电流值取决于待测电阻值的大小。

值得一提的是，绝缘电阻表测得的是在额定电压作用下的绝缘电阻值。万用表虽然也能测得数千欧的绝缘电阻值,但它所测得的绝缘电阻只能作为参考,因为万用表所使用的电池电压较低,绝缘材料在电压较低时不易击穿,而一般被测量的电气线路和电气设备均要在较高电压下运行,所以,绝缘电阻只能采用绝缘电阻表来测量。

一般绝缘电阻表的分类是以发电机发出的最高电压来决定的,电压越高,测量绝缘电阻的范围就越大。国产常用绝缘电阻表主要技术数据及测量范围见表2-2。

表 2-2　　　　　　　　　　　国产常用绝缘电阻表主要技术数据

| 型　号 | 发电机电压（V） | 测量范围（MΩ） | 最小分度（MΩ） | 准确度等级 |
|--------|------------------|------------------|------------------|------------|
| ZG11—1 | 100（±10%） | 0～500 | 0.05 | 1.0 |
| ZG11—2 | 250（±10%） | 0～1000 | 0.1 | 1.0 |
| ZG11—3 | 500（±10%） | 0～2000 | 0.2 | 1.0 |
| ZG11—4 | 1000（±10%） | 0～5000 | | 1.0 |
| ZG11—5 | 2500（±10%） | 0～10000 | 1 | 1.0 |
| ZG11—6 | 100（±10%） | 0～20 | 0.01 | 1.0 |
| ZG11—7 | 250（±10%） | 0～50 | | 1.0 |
| ZG11—8 | 500（±10%） | 0～100 | 0.05 | 1.0 |
| ZG11—9 | 50（±10%） | 0～200 | | 1.0 |
| ZG11—19 | 2500（±10%） | 0～2500 | | 1.0 |
| ZG25—1 | 100（±10%） | 0～100 | 0.05 | 1.0 |
| ZG25—2 | 250（±10%） | 0～250 | 0.1 | 1.0 |
| ZG25—3 | 500（±10%） | 0～500 | 0.1 | 1.0 |
| ZG25—4 | 1000（±10%） | 0～1000 | 0.2 | 1.0 |

绝缘电阻表使用注意事项:

（1）测量设备的绝缘电阻时,必须先切断设备的电源。对具有较大电容的设备（如电容器、变压器、电机及电缆线路）,必须先进行放电。

（2）绝缘电阻表应放在水平位置,在未接线之前,先摇动绝缘电阻表看指针是否在"∞"处,再将"L"和"E"两个接线柱短路,慢慢地摇动绝缘电阻表,看指针是否指在"零"处（对于半导体型绝缘电阻表不宜用短路校验）。

（3）绝缘电阻表引线应用多股软线,而且应有良好的绝缘。

（4）不能全部停电的双回路架空线路和母线,在被测回路的感应电压超过

12V 时，或当雷雨发生时的架空线路及与架空线路相连接的电气设备，禁止进行测量。

（5）测量电容器、电缆、大容量变压器和电机时，要有一定的充电时间，电容量越大，充电时间应越长。一般以绝缘电阻表转动 1min 后的读数为准。

（6）在摇测绝缘时，应使绝缘电阻表保持额定转速，一般为 120 r/min。当被测物电容量较大时，为了避免指针摆动，可适当提高转速（如 130 r/min）。

（7）被测物表面应擦拭洁净，不得有污物，以免漏电影响测量的准确度。

（8）用绝缘电阻表摇测电气设备对地绝缘电阻时，其正确接线应该是"L"端子接被试设备导体，"E"端子接地（即接地的设备外壳），否则将会产生测量误差。

（9）用绝缘电阻表测量电气设备的绝缘电阻时，为了减小测量误差，要求使用两条单独的引线。因为，绝缘电阻表的电压较高，如果将两根引线绞在一起进行测量，当导线绝缘不良时，相当于在被测量的电气设备上并联了一只电阻，将影响测量结果。特别是测量吸收比时，即便是绝缘良好的引线，如绞在一起，也将会产生分布电容，测量时会改变被测回路的电容，因而影响测量结果的准确性。

（10）用绝缘电阻表测量绝缘电阻时，一般规定以摇测 1min 后的读数为准。因为在绝缘体上加上直流电压后，通过绝缘体的电流（吸收电流）将随时间的增长而逐渐下降。而绝缘体的直流电阻率是根据稳态传导电流确定的，并且不同材料的绝缘体，其绝缘吸收电流的衰减时间也不同。但是试验证明，绝大多数绝缘材料其绝缘吸收电流经过 1min 已趋于稳定，所以规定以加压 1min 后的绝缘电阻值来确定绝缘性能的好坏。

（11）在测量绝缘电阻时，希望测得的数值等于或接近绝缘物内部的绝缘电阻的实际值。但是由于被测物表面总是存在着一定的泄漏电流，并且这一电流的大小将直接影响测量结果。为判别是内部绝缘本身不好，还是表面漏电的现象，就是需要把表面和内部绝缘电阻分开。方法是用一金属遮护环包在绝缘体表面，并经导线引到绝缘电阻表的屏蔽端子，使表面泄漏电流不流过测量线圈，从而消除了泄漏电流的影响，使所测得的绝缘电阻真正是被测介质本身的体积电阻。

### 2.1.2.4　接地绝缘电阻表（接地电阻测试仪）

#### 1. 接地电阻测试仪

接地电阻测试仪摒弃传统的人工手摇发电工作方式，采用先进的中大规模集成电路，应用 DC/AC 变换技术将三端钮、四端钮测量方式合并为一种机型的新型接地电阻测量仪，如图 2-18 所示，适用于电力、邮电、铁路、通信、矿山等部门测量各种装置的接地电阻以及测量低电阻的导体电阻值；还可测量土壤电阻率及地电压。

图 2-18　接地电阻测量仪

（1）接地电阻测试仪特性。

1）内置大容量充电锂电池。

2）0～2000Ω宽量程范围。

3）自动量程转换，无需手动切换量程。

4）带背光中文 LCD 显示，清晰方便；带显示锁定功能，方便读数。

5）抗干扰能力强。采用高强度铝合金作为机壳，防止外界电磁波干扰。

6）测量结果准确。采用异频法避开工频干扰；允许辅助接地电阻在 0～2kΩ（$R_c$，$C_1/C_2$ 之间），0～40kΩ（$R_p$，$P_1/P_2$ 之间）之间变化。

7）带电池电量显示功能，随时了解电池电量状态。

8）智能自动充电，低电压自动关机，防止过充过放电，保护电池。

（2）接地电阻测试仪主要技术参数。

1）使用环境温度：0～+45℃。

2）使用相对湿度：≤85%RH。

3）测量范围及恒流值（有效值）电阻：0～2Ω（10mA），2～20Ω（10mA），20～200Ω（1mA），200～2000Ω（1mA）。

4）测量范围及恒流值（有效值）电压：AC 0～2V，0～20V。

5）测量精度：0～0.2Ω为不大于±2%±1d，0.2～2000Ω为不大于±1%±1d，0.1～20V 为不大于±2%±1d。

6）分辨率：0.001、0.01、0.1、1Ω，0.001、0.01V 依不同量程而定。

7）体积：210mm×210mm×120mm。

8）质量：≤1.4kg。

2. 绝缘电阻表 ZC—8

ZC—8 适用直接测量各种接地装置的接地电阻值，也可供一般低电阻的测量，四端钮（0～1～10～100Ω 规格）还可以测量土壤电阻率，如图 2-19 所示。

图 2-19　绝缘电阻表 ZC—8

（1）主要技术要求与技术参数。

1）ZC—8 符合 GB/T 7676—1998《直接作用模拟指示电测量仪表及附件》系列标准中的相关规定；符合通用要求及 GB/T 18216—2000《交流 1000V 和直流 1500V 以下低压配电系统电气安全防护检测试验、测量或监控设备》系列标准的有关规定。

2）仪表的基准值为量程；工作位置为水平。

3）仪表的基本误差以基准值的百分数表示其基本误差的极限为量程的±3%。

4）仪表工作环境温度为−20～+50℃。

5）仪表因温度变化引起指示值变化，换算成每变化 10℃不大于基本误差。

6）仪表工作环境湿度为 25%～95%，由此引起指示值的变化不大于基本误差。

7）仪表自水平工作位置向任一方向倾斜 5°，由此引起指示值的变化不大于基本误差的 1/2。

8）仪表在外磁场强度为 0.4kA/m 的影响下由此引起指示值的变化不大于基准值的 1.5%。

9）仪表线路与外壳间的绝缘电阻不低于 20MΩ。

10）仪表线路与外壳的电压试验为 500V。

（2）绝缘电阻表的使用。测量前，首先将两根探测针分别插入地中，接地极 E、电位探测针 P 和电流探测针 C 成一直线并相距 20m，P 插于 E 和 C 之间。然后用专用导线分别将 E、P、C 接到仪表的相应接线柱上，测量时先把仪表放到水平位置，检查检流针的指针是否指在中心线上，否则可借助零位调整器，把指针调整到中心线。然后，将仪表的"倍率标度"置于最大倍数，慢慢转动发电机的摇把，同时旋动"测量标度盘"，使检流针指针平衡。当指针接近中心线时，加快发电机摇把的转速，达到 120 r/min 以上，再调整"测量标度盘"，使指针指于中心线上。用"测量标度盘"的读数乘以"倍率标度"的倍数，即为所测的电阻值。

接地电阻测试操作要领：

1）绝缘电阻表设置符合规范后才开始接地电阻值的测量。

2）测量前。接地电阻挡位旋钮应旋在最大挡位即×10 挡位，调节接地电阻值旋钮应放置在 6～7Ω位置。

3）缓慢转动手柄，若检流表指针从中间的 0 平衡点迅速向右偏转，说明原量程挡位选择过大，可将挡位选择到×1 挡位，如偏转方向如前，可将挡位选择转到×0.1 挡位。

4）通过步骤3）选择后，缓慢转动手柄，检流表指针从 0 平衡点向右偏移，则说明接地电阻值仍偏大，在缓慢转动手柄同时，接地电阻旋钮应缓慢顺时针转动，当检流表指针归 0 时，逐渐加快手柄转速，使手柄转速达到 120r/min，此时接地电阻指示的电阻值乘以挡位的倍数，就是测量接地体的接地电阻值。如果检流表指针缓慢向左偏转，说明接地电阻旋钮所处在的阻值小于实际接地阻值，可缓慢逆时针旋转，调大仪表电阻指示值。

5）如果缓慢转动手柄时，检流表指针跳动不定，说明两只接地插针设置的地面土质不密实或有某个接头接触点接触不良，此时应重新检查两插针设置的地面或各接头。

6）测量静压桩的接地电阻时，检流表指针在 0 点处有微小的左右摆动是正常的。

7）当检流表指针缓慢移到 0 平衡点时，才能加快发电机手柄的旋转速度，手柄额定转速为 120r/min。严禁在检流表指针仍有较大偏转时加快手柄的旋转速度。

8）测量仪表使用后阻值挡位要放置在最大位置即×10 挡位。整理好三条随仪表配置来的测试导线，清理两插针上的脏物，装袋收好。

（3）接地摇表使用注意事项：

1）当检流计灵敏度过高时，可将电位探测针 P 插入土中浅一些；灵敏度不够时，可沿电位探测针 P 和电流探测针 C 注水使其湿润。

2）测量时，接地体引线要与设备断开，以便得到准确的测量数据。

## 2.2 电工基本技能

### 2.2.1 电工必备钳工技能

钳工是以手工操作为主的切削加工方法。其优点是加工灵活，可加工形状复杂和高精度的零件，投资小，但生产效率低和劳动强度大，加工质量不稳定。电工对钳工技术的应用，主要是用在维修工作中，如对于小型机械部件的加工和维修。

#### 2.2.1.1 钳工操作特点

（1）加工灵活。在不适于机械加工的场合，尤其是在机械设备的维修工作中，钳工加工可获得满意的效果。

（2）可加工形状复杂和高精度的零件。技术熟练的钳工可加工出比现代化机床加工的零件还要精密和光洁的零件，可以加工出连现代化机床也无法加工的形状非常复杂的零件，如高精度量具、样板、开头复杂的模具等。

（3）投资小。钳工加工所用工具和设备价格低廉，携带方便。

（4）生产效率低，劳动强度大。

（5）加工质量不稳定。加工质量的高低受工人技术熟练程度的影响。

钳工技能要求加强基本技能练习，严格要求，规范操作，多练多思，勤劳创新。

基本操作技能是进行产品生产的基础，也是钳工专业技能的基础，因此，必须首先熟练掌握，才能在今后工作中逐步做到得心应手，运用自如。

钳工基本操作项目较多，各项技能的学习掌握又具有一定的相互依赖关系，要求必须循序渐进，由易到难，由简单到复杂，一步一步地对每项操作都要按要求学习好，掌握好。基本操作是技术知识、技能技巧和力量的结合，不能偏废任何一个方面。要自觉遵守纪律，要有吃苦耐劳的精神，严格按照每个工种的操作要求进行操作。只有这样，才能很好地完成基础训练。

### 2.2.1.2　钳工基本操作技能

钳工的基本操作主要是手持工具对夹紧在钳工工作台或虎钳上的工件进行切削加工，可分为以下几种。

（1）辅助性操作——划线。划线是根据图样在毛坯或半成品工件上划出加工界线的操作。

（2）切削性操作。切削性操作有錾削、锯削、锉削、攻螺纹、套螺纹、钻孔（扩孔、铰孔）、刮削和研磨等多种操作。

（3）装配性操作。即装配，将零件或部件按图样技术要求组装成机器的工艺过程。

（4）维修性操作。即维修，对在使用的机械设备进行维修、检查、修理的操作。

### 2.2.1.3　普通钳工的工作范围

（1）加工前的准备工作，如清理毛坯、在毛坯或半成品工件上的划线等。

（2）单件零件的修配性加工。

（3）零件装配时的钻孔、铰孔、攻螺纹和套螺纹等。

（4）加工精密零件，如刮削或研磨机器、量具和工具的配合面、夹具与模

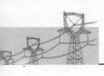
具的精加工等。

（5）零件装配时的配合修整。

（6）机器的组装、试车、调整和维修等。

#### 2.2.1.4 钳工工作台

（1）钳工工作台。简称钳台，常用硬质木板或钢材制成，要求坚实、平稳、台面高度 800～900mm，台面上装虎钳和防护网。

（2）台虎钳。台虎钳是用来夹持工件，其规格以钳口的宽度来表示，常用的有 100、125、150mm 三种。台虎钳的使用注意事项如下：

1）工件尽量夹在钳口中部，以使钳口受力均匀。

2）夹紧后的工件应稳定可靠，便于加工，并不产生变形。

3）夹紧工件时，一般只允许依靠手的力量来扳动手柄，不能用手锤敲击手柄或随意套上长管子来扳手柄，以免丝杠、螺母或钳身损坏。

4）不要在活动钳身的光滑表面进行敲击作业，以免降低配合性能。

5）加工时用力方向最好是朝向固定钳身。

#### 2.2.1.5 锯割

利用锯条锯断金属材料（或工件）或在工件上进行切槽的操作称为锯割。虽然当前各种自动化、机械化的切割设备已广泛地使用，但毛锯切割还是常见的，它具有方便、简单和灵活的特点，在单件小批生产、在临时工地以及切割异形工件、开槽、修整等场合应用较广。因此手工锯割是钳工需要掌握的基本操作之一。

1. 锯条及锯片

（1）锯条。手锯切割所用的锯包括锯弓和锯条两部分。锯弓又可分为固定式和可调式两种。固定式锯弓的弓架是整体的，只能装一种长度规格的锯条。

锯条一般是用碳素工具钢或合金钢制成，并经热处理脆硬。锯条规格以锯条两端安装孔间的距离表示，常用的手工锯条长 300mm、宽 12mm、厚 0.8mm。锯条的切削部分是由许多锯齿组成的，锯齿按一定形状左右错开，排列成一定的形状，称为锯路。其作用是使锯缝宽度大于锯条背部的厚度，防止锯割时锯条卡在锯缝中，减少锯条和锯缝的摩擦阻力，并使排屑顺利，锯割省力，提高工作效率。

切割时，应根据被加工材料的硬度、厚度选择锯条，锯割软材料或厚材料时，因锯屑较多，要求有较大的容屑空间，应选用粗齿锯条。锯割硬材料或薄材料时，因材料硬，锯齿不易切入，锯屑量少，不需要大的容屑空间。另外薄材料在锯割中齿易被工件钩住而崩裂，需要同时工作的齿数较多，使锯齿承受的力量减少，应选用细齿锯条。一般中等硬度和厚度的材料选用中齿锯条。锯条的规格与应用，见表 2-3。

表 2-3  锯条的规格与应用

| 规格 | 每 25.4mm 长度内齿数 | 齿锯（mm） | 应用 |
|------|--------|--------|------|
| 粗 | 14～18 | 1.4～1.8 | 锯割软钢、黄铜、铸铁、纯铜、人造胶质材料 |
| 中 | 22～24 | 1.1 左右 | 锯割中等硬钢、厚壁的钢管 |
| 细 | 32 | 0.8～0.9 | 薄片金属、薄壁管子 |
| 细变中 | 30～20 | — | 易于起锯 |

机械锯割时，若使钢锯产生超声振动，则可以减小锯削力、锯削热，破坏锯削中产生积屑瘤的条件，从而大大延长锯条的寿命，并提高切割质量。由于锯削力的减小，还可进一步减小锯口宽度，减少原材料的消耗。

（2）锯片。内径锯片主要用于切割半导体材料及其他脆性、坚硬材料。内径锯片环形锯割是一种使用不定几何切削刃的精密切割操作，它用于将易脆、价格昂贵的材料切成薄片。在半导体工业中，这种加工方法也用于切割硅、砷化镓和锗，内径锯片也用于加工光学材料、磁性材料、陶瓷及激光晶体等。切口损失减小 80%，经济性较好。

采用内径锯片锯割时，轴对称压紧的锯片以固定的速度转动，进给运动与锯片回转轴垂直。

内径锯片型芯由一种高强度、冷轧不锈镍铬合金钢组成。型芯的高强度是材料在轧制过程中形成的，锯片型芯厚度由工具直径决定，其范围为 0.1～0.17mm。一般切削刃内部镀有金刚石料，以便在横截面内形成良好剖面。常规的内径锯片主要规格，见表 2-4。

表 2-4  常规的内径锯片主要规格  mm

| 外径 | 内径 | 金刚石层宽度 | 型芯厚度 |
|------|------|--------|--------|
| 206 | 83 | 0.26 | 0.1 |
| 257 | 101 | 0.26 | 0.1 |
| 304 | 115 | 0.26 | 0.1 |

续表

| 外径 | 内径 | 金刚石层宽度 | 型芯厚度 |
|------|------|------------|----------|
| 422 | 153 | 0.26 | 0.1 |
| 546 | 184 | 0.27 | 0.12 |
| 558 | 203 | 0.27 | 0.12 |
| 596 | 203 | 0.27 | 0.12 |
| 690 | 235 | 0.30 | 0.15 |
| 860 | 304 | 0.32 | 0.17 |

2. 锯割工艺

锯割工艺主要包括工件的夹持及放置、锯条或锯片的安装、起锯、手锯时操作人员的姿势以及锯割质量等。

（1）工件的夹持：

1）工件尽可能夹持在虎钳的左面，以方便操作。

2）锯割线应与钳口垂直，以防锯斜。

3）锯割线离钳口不应太远，以防锯割时产生颤抖。

4）工件夹持应稳当、牢固，不可有抖动，以防锯割时工件移动，而使锯条折断。

5）防止夹坏已加工表面和工件变形。

（2）锯条的安装。手锯是在向前推时进行切割的，在向后返回时不起切割作用，因此安装锯条时要保证齿尖的方向朝前。锯条的松紧要适当，太紧失去了应有的弹性，锯条易崩断，太松会使锯条扭曲，锯缝歪斜，锯条也容易折断。

（3）起锯的角度。起锯的角度有远边起锯，如图 2-20（a）所示；近边起锯，如图 2-20（b）所示两种。一般情况采用远边起锯，因为此时锯齿是逐步切入材料，不易卡住，起锯比较方便。起锯角度不要太大，如图 2-20（c）所示；起锯角 $\theta$ 以 15°左右为宜。为了起锯的位置正确和平稳，可用左手大拇指挡住锯条来定位。起锯时压力要小，往返行程要短，速度要慢，这样可使起锯平稳。

（4）锯割姿势。锯割时操作人员的步和姿势应便于用力。人体的质量均匀分在两腿上。右手稳握锯柄，左手扶在锯弓前端，锯割时推力和压力主要由右手控制。

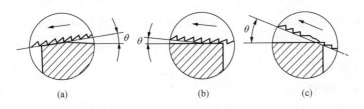

图 2-20　起锯的角度

（a）远边起锯；（b）起锯角度太大；（c）近边起锯

推锯时弓运动方式有两种：一种是直线运动，适用于锯缝底面要求平直的槽和薄壁工件的锯割；另一种是锯弓作上、下摆动，这样操作自然，两手不易疲劳。手锯在回程中因不进行切削，因此不要施加压力，以免锯齿磨损。在锯割过程中锯齿崩落后，应将近邻几个齿都磨成圆弧，才可继续使用，否则会连续崩齿，直至锯条报废。

（5）锯条损坏和锯割质量。锯条损坏形式主要有锯条折断、锯条崩裂、锯齿过早磨钝。产生的原因及预防方法，见表2-5。

表 2-5　　　　　　　　　　锯条损坏产生的原因及预防方法

| 锯条损坏形式 | 原　　因 | 预防方法 |
|---|---|---|
| 锯条折断 | （1）锯条装得过紧、过松<br>（2）工件夹装不准确，产生抖动或松动<br>（3）锯缝歪斜，强行纠正<br>（4）压力太大，起锯较猛<br>（5）旧锯缝使用新锯条 | （1）注意装得松紧适当<br>（2）工件夹牢，锯缝应靠近钳口<br>（3）扶正锯弓，按线锯割<br>（4）压力适当，起锯较慢<br>（5）调换厚度合适的新锯条，调转工件再锯 |
| 锯条崩裂 | （1）锯条粗细选择不当<br>（2）起锯角度和方向不对<br>（3）突然碰到砂眼、杂质 | （1）正确选用锯条<br>（2）选用正确的起锯方向及角度<br>（3）碰到砂眼时应减小压力 |
| 锯齿很快磨钝 | （1）锯割速度太快<br>（2）锯割时未加冷却液 | （1）锯割速度适当减慢<br>（2）可选用冷却液 |

锯割产生废品的种类有工件尺寸锯小、锯缝歪斜超差、起锯时工件表面拉毛。其中前两种废品的主要原因是锯条安装偏松，工件未夹紧而产生抖动和松动，推锯压力过大，换用新锯条后在旧锯缝中继续锯割。起锯时工件表面拉毛是起锯不当和速度太快而造成的。其主要预防措施是熟练掌握技术要领，锯割时要仔细认真。

**3．锯割操作注意事项**

（1）锯割前要检查锯条的装夹方向和松紧程度。

（2）锯割时压力不可过大，速度不宜过快，以免锯条折断伤人。

（3）锯割将完成时，用力不可太大，并需用左手扶住被锯下的部分，以免该部分落下时砸脚。

### 2.2.1.6 锉削

锉削是用锉刀对工件表面进行切削加工，使工件达到所要求的尺寸、形状和表面粗糙度的加工方法。

**1. 站立姿势**

锉削时身体与钳口平行线呈45°，左脚与钳口中垂线呈30°，右脚与中垂线呈75°夹角。左右两脚之间距离为250～300mm。在刚接触锉削加工件的时候，站立容易出现身体角度不到位现象，影响锉削运动的准确性以及锉削技能的提高。

在台钳地面上按不同的角度来固定身体和脚的位置角度。两脚之间的距离可以用在角度选择正确后右脚跟旋转可以触及左脚后跟，即一个脚掌的距离来调整到最佳状态。

**2. 锉削起步**

锉削动作开始时，身体预先前倾10°，锉刀运行到1/3处，身体前倾15°。锉削运动对体能的要求十分严格，尤其在粗锉阶段，体力消耗最大，所以如何掌握力量的正确运用对锉削速度精度都十分关键。

锉削起步，尤其是粗锉阶段，刚开始的行程一定是要用整个身体的力量来带动锉刀向前运行。粗锉起步时身体先向前运行，左腿稍微弯曲，右腿用力，身体带动手臂，手臂带动锉刀。感觉锉刀握住部位力量增加，将全身的力量都集中到手臂上后再开始锉刀运行。这样可以在大运动量的情况下节约体力，提高整个工件的加工速度，确保在细锉和精修阶段操作者的体力及工件的精度。

**3. 回程动作**

当锉刀运行到2/3处，手臂带动锉刀向前运行，身体回到起步动作，倾斜15°。回程动作是在锉削中掌握比较困难的动作。解决方法可以在锉刀长度方向上标注出2/3处。当锉刀在工件上运行到标注位置，身体与手臂呈现反向运动，双手臂前伸将锉刀送出完成最后1/3动作，左腿由弯曲状态变为伸直，带动身体返回初始状态。

**4. 锉刀**

常用的普通锉刀有平锉（又称板锉）、方锉、三角锉、半圆锉和圆锉等，锉刀的齿纹有单齿纹和双齿纹两种。锉削软金属时使用单齿纹锉刀，其他场合多使用齿纹锉刀。双齿纹又分粗、中、细三种。粗齿锉刀一般用于锉削软金属材料及加工余量大或精度、表面粗糙度要求不高的工件，细齿锉刀则用于与粗齿锉刀相反的场合。

5. 锉削操作

（1）锉刀握法。锉刀大小、形状和使用要求不同，它的握法也不一样。

1）较大型锉刀握法。右手握锉刀的木柄，柄端顶在拇指根部的手掌上，大拇指放在锉刀木柄上，其余四个手指自然地握着木柄。左手的放法有三种，第一种是将左手掌横放在锉刀的前端，拇指腰部的手掌轻压在锉刀头上，其余手指卷曲，用食指和拇指抵住锉刀头右下方；第二种是左手掌斜放在锉刀前端，五个手指自然地平放；第三种是左手掌斜放在锉刀前端，大拇指平放，其余四指自然卷曲。

2）中型锉刀握法。由于锉刀不大，又要在锉刀上施力，只能用左手大拇指、食指和中指捏住锉刀前端，用大拇指施加压力。

3）小型锉刀握法。由于锉刀小，只能将左手大拇指以外的四个手指放在锉刀上面。

4）最小型锉刀握法。握最小型锉刀时，只能用右手握木柄，食指放在锉刀面上。

（2）锉削的站立姿势。锉削时与锯割时站立的姿势相同。

（3）锉削时身体运动。锉削时，要充分利用锉刀长度，使锉齿充分参与锉削。锉削动作由身体和手臂的运动组成。开始锉削时，身体向前倾 10°左右。右肘尽量向后缩；锉削 1/3 行程时，身体前倾到 15°左右，此时左膝稍有弯曲；再往前锉削 1/3 行程时，身体再向前倾到 18°左右；最后 1/3 行程，右手腕将锉刀推进，身体随着锉刀的反作用力退回到 15°左右。锉削推进行程结束后，把锉刀稍抬高一点，使锉刀不接触工件，此时身体和手都回到最初位置。

（4）工件夹持。工件应夹在虎钳的钳口中心，伸出部分应尽量低，以免锉削时产生振动。工件既要夹持牢固，又不使工件变形。夹持已加工过或精度较高的工件时，应在钳口与工件之间垫入铜皮或其他软金属保护衬垫。表面不规则的工件，夹持时要用垫块垫平夹稳。大而薄的工件，可用两根长度相适应的角钢将其夹在中间，再一起夹在钳口上。

（5）基本锉法。

1）粗加工锉削（粗锉）。当加工余量大于 0.5mm 时，一般选用 300、350mm 的粗齿、中齿锉刀进行大切削量加工，以去除工件余量较多部分。

2）细加工锉削（细锉）。当加工余量介于 0.5～0.1mm 时，一般选用 250、300mm 的细齿锉刀进行小切削量加工，以接近工件的要求尺寸。

3）精加工锉削（精锉）。当加工余量小于 0.1mm 时，一般选用 200、250mm 的细齿、双细齿锉刀以及整形锉刀对工件进行修整性加工，以达到工件要求尺寸。

4）全程锉削。锉刀推进时，其行程长度基本接近锉刀面长度。一般用于粗锉和细锉加工。

5）短程锉削。锉刀推进时，其行程长度仅为锉刀面长度的 1/2～1/4。一般用于精锉加工。

（6）平面锉法：

1）纵向锉法。锉刀推进方向与工件表面纵向中心线平行的锉削方法。

2）横向锉法。锉刀推进方向与工件表面纵向中心线垂直的锉削方法。

3）交叉锉法。锉刀推进方向与工件表面纵向中心线相交一角度（35°～75°），并换向 90°锉削以获得交叉锉纹的锉削方法，如图 2-21 所示。

4）横推锉法。锉刀刀体与工件表面纵向中心线垂直，且推进方向与之平行的锉削方法，如图 2-22 所示。

5）主动锉法。将扁锉刀作为被动体夹持在虎钳上，将形体较小的工件作为主动体用手握持放在锉刀面上，采用纵向推动或拉动进行加工的锉削方法。

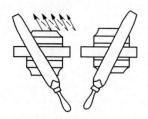      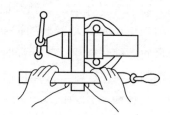

图 2-21　交叉锉法　　　　　　　　图 2-22　横推锉法

（7）外圆弧面锉法，如图 2-23 所示。

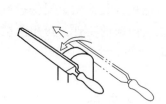

图 2-23　外圆弧面锉法

1）轴向展成锉法。锉刀推进方向与外圆弧面轴线平行，将圆弧加工界线外的余量部分锉成多边形。一般用于外圆弧面的粗锉加工。

2）周向展成锉法。锉刀推进方向与外圆弧面轴线垂直，将圆弧加工界线外的余量部分锉成多边形。一般用于外圆弧面的粗锉加工。

3）轴向滑动锉法。锉刀在作与外圆弧面轴线平行方向的推进时，同时作沿外圆弧面向右或向左的滑动。一般用于外圆弧面的精锉加工。

4）周向摆动锉法。锉刀在作与外圆弧面轴线垂直方向的推进时，右手同时作沿圆弧面下压锉刀柄的摆动。一般用于外圆弧面的精锉加工。

（8）内圆弧面锉法。

1）合成锉法。用圆锉或半圆锉加工内圆弧面时，锉刀同时完成三种运动，即锉刀与内圆弧面轴线平行的推进、锉刀刀体的自身旋转（顺时针或逆时针方向）以及锉刀沿内圆弧面向右或向左的滑动。一般用于内圆弧面的粗锉加工。

2）横推滑动锉法。圆锉、半圆锉的刀体与内圆弧面轴线平行，推进方向与之垂直，沿内圆弧面进行滑动锉削。一般用于内圆弧面的精锉加工。

（9）球面基本锉法。

1）纵倾横向滑动锉法。锉刀根据球形半径摆好纵向倾斜角度，并在运动中保持稳定。锉刀推进时，刀体同时作自左向右的滑动。注意：可将球面大致分为四个区域进行对称锉削，依次循环锉削至球面顶点。

2）侧倾垂直摆动锉法。锉刀根据球形半径摆好侧倾角度，并在运动中保持稳定。锉刀推进时，右手同时作垂直下压锉刀柄的摆动。

**6. 锉削平面度的检验方法**

检验工具有刀口尺、直角尺、游标角度尺等。刀口尺、直角尺可检验工件的直线度、平面度及垂直度。

（1）将刀口尺垂直紧靠在工件表面，并在纵向、横向和对角线方向逐次检查，如图 2-24 所示。

（2）检验时，如果刀口尺与工件平面透光微弱而均匀，则该工件平面度合格；如果进光强弱不一，则说明该工件平面凹凸不平。可在刀口尺与工件紧靠处用塞尺插入，根据塞尺的厚度即可确定平面度的误差，如图 2-25 所示。

锉削废品的类型、产生原因及预防措施见表 2-6。

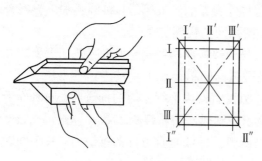

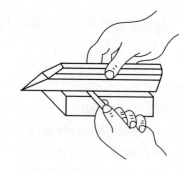

图 2-24　有刀口尺检查平面度　　　图 2-25　用塞尺检查平面度误差

表 2-6　　　　　　　　锉削废品的类型、产生原因及预防措施

| 废品类型 | 产品原因 | 预防措施 |
|---|---|---|
| 工件夹坏 | （1）没有垫衬<br>（2）薄而大的工件未夹好<br>（3）夹紧力太大 | （1）在虎钳钳口放置垫衬<br>（2）用辅具增加工件刚性，增加支撑点<br>（3）夹紧力不宜太大，空心处垫入垫衬或辅具 |
| 工件形状<br>不准确 | （1）划线错误<br>（2）用力不均匀 | （1）看清图纸，正确划线<br>（2）锉削时精力要集中，锉削力要掌握好，边<br>锉边测量 |
| 工件表面粗糙 | （1）锉纹粗细选择不当<br>（2）粗锉时留下锉痕太深<br>（3）锉屑嵌在锉纹中未清除 | （1）正确选用粗、中、细锉纹的锉刀<br>（2）不要操之过急，边锉边观察<br>（3）经常清理锉刀，保持锉齿锋利 |
| 工件表面呈凸<br>圆弧形 | （1）操作时锉刀上下摇摆<br>（2）锉刀面不呈凸形 | （1）掌握准确的锉削姿势，采用交叉锉法<br>（2）选用锉刀面略呈凸形的锉刀 |
| 擦伤和锉掉<br>不需锉削的<br>工件表面 | （1）没有选用光边锉刀<br>（2）锉刀打滑 | （1）垂直面锉削，必须选用光边锉刀<br>（2）锉削时思想要集中，并及时清除工件上的<br>油污 |

### 2.2.1.7　钻孔

（1）准确划线。钻孔前，首先应熟悉图样要求，加工好工件的基准；一般基准的平面度不大于 0.04mm，相邻基准的垂直度不大于 0.04mm。按钻孔的位置尺寸要求，使用高度尺划出孔位置的十字中心线，要求线条清晰准确；线条越细，精度越高。由于划线的线条总有一定的宽度，而且划线的一般精度可达到 0.25～0.5mm，所以划完线以后要使用游标卡尺或钢板尺进行检验；若对于划线后的检验做得不够，经常拿着划错线的工件进行钻孔，根本保证不了孔的位置精度；特别是在等级鉴定的考场上，由于学生们心里紧张，担心工件不能按时完成，往往划完线后不进行检验急于钻孔，等到发现孔的位置精度超差较

大时已经晚了，因此要养成划完线后进行检验的好习惯。

（2）划检验方格或检验圆。划完线并检验合格后，还应划出以孔中心线为对称中心的检验方格或检验圆，作为试钻孔时的检查线，以便钻孔时检查和借正钻孔位置，一般可以划出几个大小不一的检验方格或检验圆，小检验方格或检验圆略大于钻头横刃，大的检验方格或检验圆略大于钻头直径。

（3）打样冲眼。划出相应的检验方格或检验圆后应认真打样冲眼。先打一小点，在十字中心线的不同方向仔细观察，样冲眼是否打在十字中心线的交叉点上，最后把样冲眼用力打正打圆打大，以便准确落钻定心。这是提高钻孔位置精度的重要环节，样冲眼打正了，就可使钻心的位置正确，钻孔一次成功；打偏了，则钻孔也会偏，所以必须借正补救，经检查孔样冲眼的位置准确无误后方可钻孔。

打样冲眼有一小窍门：将样冲倾斜着，样冲尖放在十字中心线上的一侧，向另一侧缓慢移动，移动时当到某一点有阻塞的感觉时，停止移动，直立样冲，就会发现这一点就是十字中心线的中心；此时在这一点打出的样冲眼就是十字中心线的中心，多试几次就会发现，样冲总会在十字中心线的中心处有阻塞的感觉。

（4）装夹。擦拭干净机床台面、夹具表表面、工件基准面，将工件夹紧，要求装夹平整、牢靠，便于观察和测量。应注意工件的装夹方式，以防工件因装夹而变形。

（5）试钻。钻孔前必须先试钻：使钻头横刃对准孔中心样冲眼钻出一浅坑，然后目测该浅坑位置是否正确，并要不断纠偏，使浅坑与检验圆同轴。如果偏离较小，可在起钻的同时用力将工件向偏离的反方向推移，达到逐步校正。如果偏离过多，可以在偏离的反方向打几个样冲眼或用錾子錾出几条槽，这样做的目的是减少该部位切削阻力，从而在切削过程中使钻头产生偏离，调整钻头中心和孔中心的位置。试钻切去錾出的槽，再加深浅坑，直至浅坑和检验方格或检验圆重合后，达到修正的目的再将孔钻出。

注意：无论采用什么方法修正偏离，都必须在锥坑外圆小于钻头直径之前完成。如果不能完成，在条件允许的情况下，还可以在背面重新划线重复上述操作。

（6）钻孔。钳工钻孔一般以手动给进操作为主，当试钻达到钻孔位置精度要求后，即可进行钻孔。手动给进时，给进力量不应使钻头产生弯曲现象，以免孔轴线歪斜。钻小直径孔或深孔时，要经常退钻排屑，以免切屑阻塞而扭断钻头，一般在钻孔深度是直径的 3 倍时，一定要退钻排屑。此后，每钻进一些就应退屑，并注意冷却润滑，钻孔的表面粗糙度值要求很小时，还可以选用3%～5%乳化液、7%硫化乳化液等起润滑作用的冷却润滑液。

钻孔将钻透时，手动给进用力必须减小，以防给进量突然过大、增大切削抗力，造成钻头折断或使工件随着钻头转动造成事故。

钻孔时，工件装夹不当、钻头类型和钻削用量选得不合适、钻头刃磨得不好等，会造成工件报废。废品类型及产生原因见表 2-7，钻削过程中钻头损坏类型及原因见表 2-8。

表 2-7　　　　　　　　　钻孔废品的类型及产生原因

| 废 品 类 型 | 产 生 原 因 |
|---|---|
| 钻孔呈多角形 | （1）钻头后角太大<br>（2）钻头两切削刃有长有短，角度不对称 |
| 孔径大于规定尺寸 | （1）钻头两切削刃有长有短，中心偏移<br>（2）钻头摆动 |
| 孔壁粗糙，表面粗糙度低 | （1）钻头不锋利，两边不对称<br>（2）钻头后角太大<br>（3）给进量太大<br>（4）切削液润滑性差或供给不足 |
| 钻孔位置偏移或歪斜 | （1）工件夹紧不当或夹紧不牢固<br>（2）钻头横刃太长，定心不稳<br>（3）工件与钻头不垂直，钻床主轴与工作台面不垂直<br>（4）进给量太大，小直径钻头本身弯曲 |

表 2-8　　　　　　　　　钻头损坏类型及原因

| 钻头损坏类型 | 原 因 |
|---|---|
| 工作部分折断 | （1）使用磨损的钝钻头钻孔<br>（2）给进量太大<br>（3）未及时排除切削<br>（4）孔刚钻穿时，进刀的阻力突然降低，使给进量突然增大<br>（5）工件装夹不紧<br>（6）钻铸件时钻头碰到缩孔和砂眼 |
| 切削刃迅速磨损 | （1）切削速度过高<br>（2）钻头刃角度与工件硬度不适应 |

（7）钻孔工作中应注意以下事项：

1）工件必须夹紧，开动电钻前应检查钻夹头钥匙或斜铁是否仍插在主轴上，工作台面上是否放置了工具、量具和其他杂物。

2）钻孔前应检查电钻各部分是否正常，并加注冷却液，然后将转速和进刀调节手柄置于最低挡，让电钻空转 3～5min，待运转正常，就可开始工作。

3）操作钻床时不可戴手套，上衣袖口应扎紧，同时应戴工作帽。

4）钻孔时，工件下面应垫空，以免钻伤工作台面。变换转速时，应先停机。

5）钻屑应使用毛刷或棒钩清除（最好在停机时清除），禁止用手或是棉纱头来清理，也不许用嘴吹。

6）停机时应使主轴自然停止。停机后不能用手立即接触钻头或工件钻孔部位，以免灼伤手指。

#### 2.2.1.8 研磨

用研磨工具和研磨剂从工件上研去一层极薄表面层的精加工方法称为研磨。经研磨后的表面粗糙度 $R_a$=0.8～0.05μm。研磨有手工操作和机械操作两种。

1. 研具及研磨剂

（1）研具。研具的形状与被研磨表面一样。如平面研磨，则磨具为一平块。研具材料的硬度一般都要比被研磨工件材料低，但也不能太低，否则磨料会全部嵌进研具而失去研磨作用。灰铸铁是常用研具材料（低碳钢和铜亦可用）。

（2）研磨剂。研磨剂是由磨料与研磨液调和而成的混合剂。

1）磨料。它在研磨中起切削作用，常用的磨料有：钢玉类磨料——用于碳素工具钢、合金工具钢、高速钢和铸铁等工件的研磨；碳化硅磨料——用于研磨硬质合金、陶瓷等高硬度工件，也可用于研磨钢件；金刚石磨料——硬度高，实用效果好但价格昂贵。

2）研磨液。它在研磨中起的作用是调和磨料、冷却和润滑作用，常用的研磨液有煤油、汽油、工业用甘油和熟猪油。

2. 平面研磨

平面研磨一般是在非常平整的平板（研具）上进行的。粗研常用平面上制槽的平板，这样可以把多余的研磨剂刮去，保证工件研磨表面与平板均匀接触；同时可使研磨时的热量从沟槽中散去。精研时，为了获得较小的表面粗糙度，应在光滑的平板上进行。

研磨时要使工件表面各处都受到均匀的切削，手工研磨时合理的运动对提高研磨效率、工件表面质量和研具的耐用度都有直接影响。手工研磨时一般采用直线、螺旋形、8字形等几种。8字形常用于研磨小平面工件。

研磨前，应先做好平板表面的清洗工作，加上适当的研磨剂，把工件需研磨表面合在平板表面上，采用适当的运动轨迹进行研磨。研磨中的压力和速度要适当，一般在粗研磨或研磨硬度较小工件时，可用大的压力，较慢速度进行；而在精研磨时或对大工件研磨时，就应用小的压力，快的速度进行研磨。

### 2.2.2　电焊机和电焊的基本操作

#### 2.2.2.1　电焊机的安全操作

（1）电焊机作业前，应清除上、下两电极的油污。通电后，机体外壳应无漏电。

（2）电焊机启动前，应先接通控制线路的转向开关和焊接电流的小开关，调整好极数，再接通水源、气源，最后接通电源。

（3）电焊机通电后，应检查电气设备、操动机构、冷却系统、气路系统及机体外壳有无漏电现象，有漏电时应立即更换。电极触头应保持光洁。

（4）电焊机作业时，气路、水冷系统应畅通。气体应保持干燥。排水温度不得超过 40℃，排水量可根据气温调节。

（5）点焊机严禁在引燃电路中加大熔断器。当负载过小使引燃管内电弧不能发生时，不得闭合控制箱的引燃电路。

（6）电焊机当控制箱长期停用时，每月应通电加热 30min.更换闸流管时应预热 30min。正常工作的控制箱的预热时间不得小于 5min。

（7）电焊机操作及配合人员必须按规定穿戴劳动防护用品。并必须采取防止触电、高空坠落、瓦斯中毒和火灾等事故的安全措施。

（8）电焊机现场使用的是焊机，应设有防雨、防潮、防晒的机棚，并应装设相应的消防器材。

（9）电焊机高空焊接或切割时，必须系好安全带，焊接周围和下方应采取防火措施，并应有专人监护。

（10）清除焊缝焊渣时应戴防护眼镜，头部避开敲击焊渣飞溅方向。

（11）电焊机必须安全使用。雨天不得在露天电焊，在潮湿地带作业时，操作人员应站在铺有绝缘物品的地方，并应穿绝缘鞋。

图 2-26 所示为电焊机基本电路原理；图 2-27 所示为典型电焊机外形。

#### 2.2.2.2　电焊的基本操作

焊条电焊是在面罩下观察和进行操作的，由于视野不清，工作条件较差，因此要保证焊接质量，不仅要求有较为熟练的操作技术，还应注意力高度集中。初学者练习时应注意：电流要合适，焊条要对正，电弧要短，焊速不要快，力求均匀。

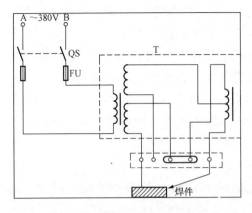

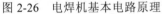

图 2-26　电焊机基本电路原理　　　　图 2-27　典型电焊机外形

　　焊接前，应把工件接头两侧 20mm 范围内的表面清理干净（消除铁锈、油污、水分），并使焊条芯的端部金属外露，以便进行短路引弧。引弧方法有敲击法和摩擦法两种；其中摩擦法比较容易掌握，适宜于初学者引弧操作。

　　1. 引弧

　　（1）划擦法。先将焊条对准焊件，再将焊条像划火柴似的在焊件表面轻轻划擦，引燃电弧，然后迅速将焊条提起 2～4mm，并使之稳定燃烧。

　　（2）敲击法。将焊条末端对准焊件，然后手腕下弯，使焊条轻微碰一下焊件，再迅速将焊条提起 2～4mm，引燃电弧后手腕放平，使电弧保持稳定燃烧。这种引弧方法不会使焊件表面划伤，又不受焊件表面大小、形状的限制，所以是在生产中主要采用的引弧方法。但操作不易掌握，需提高熟练程度。引弧时需注意如下事项：

　　1）引弧处应无油污、水锈，以免产生气孔和夹渣。

　　2）焊条在与焊件接触后提升速度要适当，太快难以引弧，太慢焊条和焊件粘在一起造成短路。

　　2. 运条

　　运条是焊接过程中最重要的环节，它直接影响焊缝的外表成形和内在质量。电弧引燃后，一般情况下焊条有三个基本运动，即朝熔池方向逐渐送进、沿焊接方向逐渐移动、横向摆动。焊条朝熔池方向逐渐送进，既是为了向熔池添加金属，也为了在焊条熔化后继续保持一定的电弧长度，因此焊条送进的速度应与焊条熔化的速度相同。否则，会发生断弧或粘在焊件上。

　　（1）焊条沿焊接方向移动。随着焊条的不断熔化，逐渐形成一条焊道。若

焊条移动速度太慢，则焊道会过高、过宽、外形不整齐，焊接薄板时会发生烧穿现象；若焊条的移动速度太快，则焊条与焊件会熔化不均匀，焊道较窄，甚至发生未焊透现象。焊条移动时应与前进方向成 70°～80°的夹角，以使熔化金属和熔渣推向后方，否则熔渣流向电弧的前方，会造成夹渣等缺陷。

（2）焊条的横向摆动。为了对焊件输入足够的热量以便于排气、排渣，并获得一定宽度的焊缝或焊道。焊条摆动的范围根据焊件的厚度、坡口形式、焊缝层次和焊条直径等来决定。

（3）常用的运条方法及适用范围如下：

1）直线形运条法。采用这种运条方法焊接时，焊条不做横向摆动，沿焊接方向做直线移动。常用于Ⅰ形坡口的对接平焊，多层焊的第一层焊或多层多道焊。

2）直线往复运条法。采用这种运条方法焊接时，焊条末端沿焊缝的纵向做来回摆动。它的特点是焊接速度快，焊缝窄，散热快。适用于薄板和接头间隙较大的多层焊的第一层焊。

3）锯齿形运条法。采用这种运条方法焊接时，焊条末端做锯齿形连续摆动及向前移动，并在两边稍停片刻，摆动的目的是为了控制熔化金属的流动和得到必要的焊缝宽度，以获得较好的焊缝成形。这种运条方法在生产中应用较广，多用于厚钢板的焊接，平焊、仰焊、立焊的对接接头和立焊的角接接头。

4）月牙形运条法。采用这种运条方法焊接时，焊条的末端沿着焊接方向做月牙形的左右摆动。摆动的速度要根据焊缝的位置、接头形式、焊缝宽度和焊接电流值来决定。同时需在接头两边做片刻的停留，这是为了使焊缝边缘有足够的熔深，防止咬边。这种运条方法的优点是金属熔化良好，有较长的保温时间，气体容易析出，熔渣也易于浮到焊缝表面上来，焊缝质量较高，但焊出来的焊缝余高较高。这种运条方法的应用范围和锯齿形运条法基本相同。

5）三角形运条法。采用这种运条方法焊接时，焊条末端做连续的三角形运动，并不断向前移动，按照摆动形式的不同，可分为斜三角形和正三角形两种，斜三角形运条法适用于焊接平焊和仰焊位置的 T 形接头焊缝和有坡口的横焊缝，其优点是能够借焊条的摆动来控制熔化金属，促使焊缝成形良好。正三角形运条法只适用于开坡口的对接接头和 T 形接头焊缝的立焊，特点是能一次焊出较厚的焊缝断面，焊缝不易产生夹渣等缺陷，有利于提高生产效率。

6）圆圈形运条法。采用这种运条方法焊接时，焊条末端连续做正圆圈或斜圆圈形运动，并不断前移，正圆圈形运条法适用于焊接较厚焊件的平焊缝，其优点是熔池存在时间长，熔池金属温度高，有利于溶解在熔池中的氧、氮等气体的析出，便于熔渣上浮。斜圆图形运条法适用于平、仰位置 T 形接头焊缝和对接接头的横焊缝,其优点是利于控制熔化金属不受重力影响而产生下淌现象，有利于焊缝成形。

### 3．焊缝收尾

焊缝收尾时，为了不出现尾坑，焊条应停止向前移动，而采用划圈收尾法或反复断弧法自下而上地慢慢拉断电弧，以保证焊缝尾部成形良好。

（1）划圈收尾法。焊条移至焊道的终点时，利用手腕的动作做圆圈运动，直到填满弧坑再拉断电弧。该方法适用于厚板焊接，用于薄板焊接会有烧穿危险。

（2）反复断弧法。焊条移至焊道终点时，在弧坑处反复熄弧、引弧数次，直到填满弧坑为止。该方法适用于薄板及大电流焊接，但不适用于碱性焊条，否则会产生气孔。

### 2.2.3　气焊的基本操作

气焊是一项专门技术。在设备维修中，铜管与铜管、铜管与钢管、钢管与钢管的焊接都使用气焊。

气焊是利用可以燃烧的气体和助燃气体混合点燃后产生的高温火焰，加热熔化两个被焊接的连接处，并用填充材料将两个分离的焊件连接起来，使它们达到原子间的结合，冷凝后形成一个整体的过程。在气焊中，一般用乙炔或液化石油气作为可燃气体，用氧气作为助燃气体，并使两种气体在焊枪中按一定的比例混合燃烧，形成高温火焰。焊接时，如果改变混合气体中氧气和可燃气体的比例，则火焰的形状、性质和温度也随之改变。焊接火焰先用及调整正确与否，直接影响焊接质量。在气焊中，应根据所需温度的不同，选择不同的火焰。下面介绍焊接火焰方面的一些基本知识。

### 1．对焊接火焰的要求

（1）火焰要有足够高的温度。

（2）火焰体积要小，焰心要直，热量要集中。

（3）火焰应具有还原性质，不仅不使液体金属氧化，而且要对熔化中的某些金属氧化物及熔渣起还原作用。

（4）火焰应不使焊缝金属增碳和吸氧。

### 2．火焰的种类、特点及应用

气焊火焰的种类有中性火焰、碳化火焰和氧化火焰三种，如图 2-28 所示。

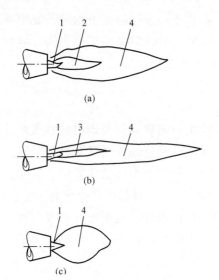

图 2-28　气焊火焰的种类
(a) 中性火焰；(b) 碳化火焰；(c) 氧化火焰
1—焰心；2—内焰（暗红色）；
3—内焰（淡白色）；4—外焰

（1）碳化焰。当乙炔的含量超过氧气的含量时，火焰燃烧后的气体中尚有部分乙炔未燃烧，喷出的火焰为碳化焰，如图 2-28（a）所示。碳化焰的火焰明显分三层，焰心呈白色，外围略带蓝色，温度一般为 1000℃。内焰为淡白色，温度为 2100～2700℃。外焰呈橙黄色，温度低于 2000℃。可用来焊接钢管等。

（2）中性焰。中性焰是三种火焰中最适用于铜管焊接的火焰。点燃焊枪后，逐渐增加氧气流量，火焰由长变短，颜色由淡红变为蓝白色。当氧气与乙炔比例接近 1:1 混合燃烧时，就得到图 2-28（b）所示的碳化火焰。碳化火焰由焰心、内焰和外焰三部分组成。焰心是火焰在最里层部分，呈尖锥形，色白而明亮。内焰为蓝白色，呈杏核形，是整个火焰温度最高部分。外焰是火焰的最外层，由里向外逐渐由淡紫色变为橙黄色。中性焰的温度在 3100℃左右，适宜焊接铜管与铜管、钢管与钢管。

（3）氧化焰。当氧气超过乙炔的含量时，喷出的火焰为氧化焰，如图 2-28（c）所示。氧化焰的火焰只有两层，焰心短而尖，呈青白色；外焰也较短，略带紫色，火焰挺直。氧化焰的温度在 3500℃左右，氧化焰由于氧气的供应量较多，氧化性很强，会造成焊件的烧损，致使焊缝产生气孔、加渣，不适于制冷管道的焊接。

3. 焊接操作

（1）焊接前的准备工作。

1）检查高压气体钢瓶。气瓶出口不得朝向人体，连接胶管不得有损伤，减压器周围不有污渍、油渍。

2）检查焊炬火嘴前部是否有弯曲和堵塞，气管口是否被堵住，有无油污。

3）调节氧气减压器，控制低压出口压力为 0.15～1.20MPa。

4）调节乙炔气钢瓶出口为 0.01～0.02MPa。如使用液化石油气气体则无需调节减压器，只需稍稍拧开瓶阀即可。

5）检查被焊工件是否休整完好，摆放位置是否正确。焊接管路一般采用平放并稍有倾斜的位置，并将扩管的管口稍向下倾，以免焊接时熔化的焊料进入管道造成堵塞。

6）准备好所有使用的焊料、焊剂。

（2）调整焊炬的火焰。通过控制焊炬的两个针阀来调整焊炬的火焰。首先打开乙炔阀，点火后调整阀门使火焰长度适中，然后打开氧气阀，调整火焰，改变气体混合比例，使火焰成为所需要的火焰。一般认为中性焰是气焊的最佳火焰，几乎所有的焊接都可使用中性焰。调节的过程如下：由大至小，中性焰（大）→减少氧气→出现羽状焰→减少乙炔→调为中性焰（小）；由小至大，中性焰（小）→加乙炔→羽状焰变大→加氧气→调为中性焰（大）。调节的具体方法应在焊接时灵活掌握，逐渐摸索。

（3）焊接。首先要对被焊接管道进行预热，预热时焊炬火焰焰心的尖端离工件 2～3mm，并垂直于管道，这时的温度最高。加热时要对准管道焊接的结合部位全长均匀加热。加热时间不宜太长，以免结合部位氧化。加热的同时在焊接处涂上焊剂，当管道（铜管）的颜色呈暗红色时，焊剂被熔化成透明液体，均匀地润湿在焊接处，立即将涂上焊剂的焊料放在焊接处继续加热，直至焊料充分熔化，流向两管间隙处，并牢固地附着在管道上时，移去火焰，焊接完毕。然后先关闭焊枪的氧气调节阀，再关闭乙炔气调节阀。要特别注意，在焊接毛细管与干燥过滤器的接口时，预热时间不能过长，焊接时间越短越好，以防止毛细管加热过度而熔化。

**4. 焊接后的清洁与检查**

焊接时，焊料没有完全凝固时，绝对不可使焊接件动摇或振动，否则焊接部位会产生裂缝，使管路泄漏。焊接后必须将焊口残留的焊剂、熔渣清除干净。焊口表面应整齐、美观、圆滑，无凸凹不平，并无气泡和加渣现象。最关键的是不能有任何泄漏，这需要通过试压检漏去判别。不正确的焊接会造成以下不良后果：

（1）焊接点保持不到一周。这是由于接头部分有油污或温度不够、加热不均匀、焊料或焊剂选择不当、不足等原因造成。

（2）结合部开裂。这是由于未焊牢时，铜管被碰撞、振动所致。

（3）焊接时被焊铜管开裂。由于温度过高所致。

（4）焊接处外表粗糙。由于焊料过热或焊接时间过长、焊剂不足等引起。

（5）焊接处有气泡、气孔。因接头处不清洁造成。

使用气焊应注意下列事项：

（1）安全使用高压气体，开启瓶阀时应平稳缓慢，避免高压气体冲坏减压阀。调整焊接用低压气体时，要先调松减压器手柄再开瓶阀，然后调压。工作结束后，先调松减压器再关闭瓶阀。

（2）氧气瓶严禁靠近易燃品和油脂。搬运时要拧紧瓶阀，避免磕碰和剧烈振动。接减压器之前，要清除瓶上的污物。要使用符合要求的减压器。

（3）氧气瓶内的气体不允许全部用完，至少要留 0.2～0.5MPa 的剩余气量。

（4）乙炔气钢瓶的放置和使用与氧气瓶的方法相同，但要特别注意高温、高压对乙炔气钢瓶的影响，一定要放置在远离热源、通风干燥的地方，并要求直立放置。

（5）焊接操作前要仔细检查钢瓶阀、连接胶管及各接头部分不得漏气。焊接完及时关闭钢瓶上的阀门。

（6）焊接工件时，火焰方向应避开设备中的易燃、易损部位，应远离配电装置。

（7）焊炬应存放在安全地点。不要将焊炬放在易燃、腐蚀性气体及潮湿的环境中。

（8）不得随意挥动点燃的焊炬，以避免伤人或引燃其他物品。

# 2.3 导线连接的操作

在低压电气系统中，导线连接点是故障率最高的部位。电气设备和线路能否安全可靠地运行，在很大程度上取决于导线连接和封端的质量。导线连接的方式很多，常见的有绞接、缠绕连接、焊接、管压接等。出线端与电气设备的连接，有直接连接和经接线端子连接。导线的连接基本要求如下：

（1）接触紧密，接头电阻不应大于同长度、同截面导线的电阻值。

（2）接头的机械强度不应小于导线机械强度的 80%。

（3）接头处应耐腐蚀，防止受外界气体的侵蚀。

（4）接头处的绝缘强度与该导线的绝缘强度应同。

### 2.3.1 导线绝缘层的剖削

1. 剖削导线接头的绝缘层

绝缘导线连接前，应先剥去导线端部的绝缘层，并将裸露的导体表面清擦干净。剥去绝缘层的长度一般为 50～100mm，截面积小的单股导线剥去长度可以小些，截面积大的多股导线剥去长度应大些。

2. **塑料硬线绝缘层的剖削**

（1）4mm² 及以下塑料硬线绝缘层剖削。芯线截面积为 4mm² 及以下的塑料硬线，其绝缘层一般用钢丝钳来剖削。剖削方法如下：

1）用左手捏住导线，根据所需线头长度用钢丝钳口切割绝缘层，但不可切入芯线。

2）用右手握住钢丝钳头部用力向外移，剥去塑料绝缘层。

3）剖削出的芯线应保持完整无损。如果芯线损伤较大，则应剪去该线头，重新剖削。

（2）4mm² 以上塑料硬线绝缘层剖削。芯线截面积大于 4mm² 的塑料硬线，可用电工刀来剖削其绝缘层，方法如下：

1）根据所需线头长度，用电工刀为 45°角倾斜切入塑料绝缘层，使刀口刚好削透绝缘层而不伤及芯线。

2）使刀面与芯线间的角度保持 45°左右，用力向线端推削（不可切入芯线），削去上面一层塑料绝缘。

3）将剩余的绝缘层向后扳翻，然后用电工刀齐根削去。

3. **塑料软线绝缘层的剖削**

塑料软线绝缘层只能用剥线钳或钢丝钳剖削（剖削方法同塑料硬线），不可用电工刀来剖，因为塑料软线太软，并且芯线又由多股铜丝组成，用电工刀剖削容易剖伤线芯。

4. **塑料护套线绝缘层的剖削**

塑料护套线绝缘层由公共护套层和每根芯线的绝缘层两部分组成。公共护套只能用电工刀来剖削，剖削方法如下：

（1）按所需线头长度用电工刀刀尖对准芯线缝隙划开护套层。

（2）将护套层向后扳翻，用电工刀齐根切去。

（3）用钢丝钳或电工刀按照剖削塑料硬线绝缘层的方法，分别将每根芯线的绝缘层剖除。钢线钳或电工刀切入芯线绝缘层时，切口应距离护套层 5～10mm。

5. **橡皮线绝缘层的剖削**

橡皮线绝缘层外面有柔韧的纤维编织保护层，切削方法如下：

（1）先按剖削护套线护套的方法，用电工刀刀尖将编织保护层划开，并将其向后扳翻，再齐根切去。

（2）按剖削塑料线绝缘层的方法削去橡胶层。

（3）将棉纱层散开到根部，用电工刀切去。

6．花线绝缘层的剖削

花线绝缘层分外层和内层，外层是柔韧的棉纱编织物，内层是橡胶绝缘层和棉纱层，剖削方法如下：

（1）在所需线头长度处用电工刀在棉纱织物保护层四周割切一圈，将棉纱织物拉去。

（2）在距棉纱织物保护层 10mm 处，用钢丝钳的刀口切割橡胶绝缘层（不可损伤芯线）。

（3）将露出的棉纱层松开，用电工刀割断。

7．铅包线绝缘层的剖削

铅包线绝缘层由外部铅包层和内部芯线绝缘层组成。其剖削方法如下：

（1）先用电工刀将铅包层切割一刀。

（2）用双手来回扳动切口处，使铅包层沿切口折断，把铅包层拉出来。

（3)内部绝缘层的剖削方法与塑料线绝缘层或橡胶绝缘层的剖削方法相同。

8．橡胶软线（橡胶电缆）绝缘层的剖削

橡胶软线外包橡胶护套层，内部每根芯线上又有各自的橡胶绝缘层。其剖削方法与塑料护套线绝缘层的剖削方法大体相同。

9．漆包线绝缘层的去除

漆包线绝缘层是喷涂在芯线上的绝缘漆层。线径不同，去除绝缘层的方法也不一样。直径在 $1.0mm^2$ 以上的，可用细砂纸或细砂布擦除；直径为 $0.6\sim1.0mm^2$ 的，可用专用刮线刀刮去。直径在 0.6mm 以下的，也可用细砂纸或细砂布擦除。操作时应细心，否则易造成芯线折断。有时为了保持漆包线线芯直径的准确，也可用微火（不可用大火，以免芯线变形或烧断）烤焦线头绝缘漆层，再将漆层轻轻刮去。

### 2.3.2　不同导线的连接方法

导线连接是电工作业的一项基本工序，也是一项十分重要的工序。导线连接的质量直接关系到整个线路能否安全可靠地长期运行。对导线连接的基本要求是：连接牢固可靠、接头电阻小、机械强度高、耐腐蚀耐氧化、电气绝缘性能好。

需连接的导线种类和连接形式不同，其连接的方法也不同。常用的连接方法有绞合连接、紧压连接、焊接等。连接前应小心地剥除导线连接部位的绝缘层，注意不可损伤其芯线。

**1．绞合连接**

绞合连接是指将需连接导线的芯线直接紧密绞合在一起。铜导线常用绞合连接。

（1）单股铜导线的直接连接。

1）小截面单股铜导线的连接方法如图 2-29 所示，先将两导线的芯线线头作 X 形交叉，再将它们相互缠绕 2～3 圈后扳直两线头，然后将每个线头在另一芯线上紧贴密绕 5～6 圈后剪去多余线头即可。

2）大截面单股铜导线的连接方法如图 2-30 所示，先在两导线的芯线重叠处填入一根相同直径的芯线，再用一根截面积约 $1.5mm^2$ 的裸铜线在其上紧密缠绕，缠绕长度为导线直径的 10 倍左右，然后将被连接导线的芯线线头分别折回，再将两端的缠绕裸铜线继续缠绕 5～6 圈后剪去多余线头即可。

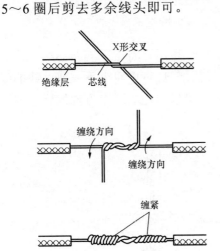

图 2-29　小截面单股铜导线连接

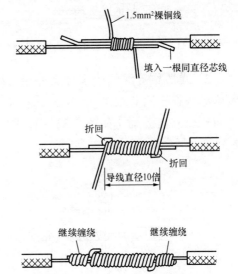

图 2-30　大截面单股铜导线连接

3）不同截面单股铜导线的连接方法如图 2-31 所示，先将细导线的芯线在粗导线的芯线上紧密缠绕 5～6 圈，然后将粗导线芯线的线头折回紧压在缠绕层上，再用细导线芯线在其上继续缠绕 3～4 圈后剪去多余线头即可。

（2）单股铜导线的分支连接。

1）单股铜导线的 T 字分支的连接如图 2-32 所示，将支路芯线的线头紧密缠绕在干路芯线上 5～8 圈后剪去多余线头即可。对于较小截面的芯线，可先将支路芯线的线头在干路芯线上打一个环绕结，再紧密缠绕5～8圈后剪去多余线头即可。

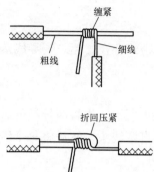

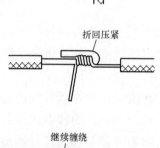

图 2-31　不同截面单股铜导线连接

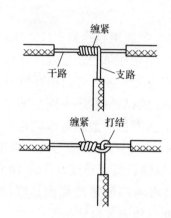

图 2-32　单股铜导线的 T 字分支连接

2）单股铜导线的十字分支的连接如图 2-33 所示，将上下支路芯线的线头紧密缠绕在干路芯线上 5～8 圈后剪去多余线头即可。可以将上下支路芯线的线头向一个方向缠绕［如图 2-33（a）所示］，也可以向左右两个方向缠绕［如图 2-33（b）所示］。

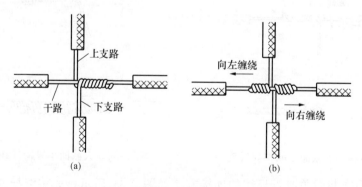

图 2-33　单股铜导线的十字分支连接

（3）多股铜导线的直接连接如图 2-34 所示。首先将剥去绝缘层的多股芯线拉直，将其靠近绝缘层的约 1/3 芯线绞合拧紧，而将其余 2/3 芯线成伞状散开，另一根需连接的导线芯线也如此处理。接着将两伞状芯线相对着互相插入后捏平芯线，然后将每一边的芯线线头分作三组，先将某一边的第一组线头翘起并紧密缠绕在芯线上，再将第二组线头翘起并紧密缠绕在芯线上，最后将第三组线头翘起并紧密缠绕在芯线上。以同样方法缠绕另一边的线头。

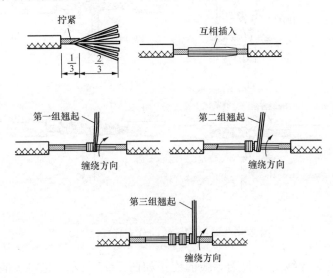

图 2-34　多股铜导线的直接连接

（4）多股铜导线的分支连接。多股铜导线的 T 字分支连接有两种方法，一种方法如图 3-35 所示，将支路芯线 90°折弯后与干路芯线并行［如图 2-35（a）所示］，然后将线头折回并紧密缠绕在芯线上即可，如图 2-35（b）所示。

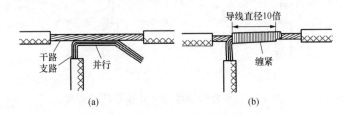

图 2-35　多股铜导线的分支连接（一）

另一种方法如图 2-36 所示，将支路芯线靠近绝缘层的约 1/8 芯线绞合拧紧，其余 7/8 芯线分为两组［如图 2-36（a）所示］，一组插入干路芯线当中，另一组放在干路芯线前面，并朝右边按图 2-36（b）所示方向缠绕 4～5 圈。再将插

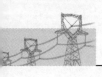

入干路芯线当中的那一组朝左边按图 2-36（c）所示方向缠绕 4～5 圈，连接好的导线如图 2-36（d）所示。

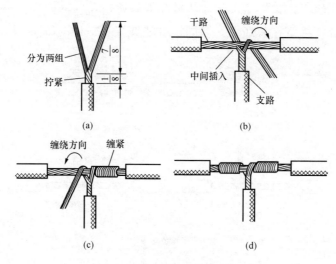

图 2-36　多股铜导线的分支连接（二）

（5）单股铜导线与多股铜导线的连接如图 2-37 所示。先将多股导线的芯线绞合拧紧成单股状，再将其紧密缠绕在单股导线的芯线上 5～8 圈，最后将单股芯线线头折回并压紧在缠绕部位即可。

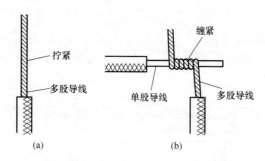

图 2-37　单股铜导线与多股铜导线的连接

（6）同一方向的导线的连接。当需要连接的导线来自同一方向时，可以采用图 2-38 所示的方法。对于单股导线，可将一根导线的芯线紧密缠绕在其他导线的芯线上，再将其他芯线的线头折回压紧即可。对于多股导线，可将两根导线的芯线互相交叉，然后绞合拧紧即可。对于单股导线与多股导线的连接，可将多股导线的芯线紧密缠绕在单股导线的芯线上，再将单股芯线的线头折回压紧即可。

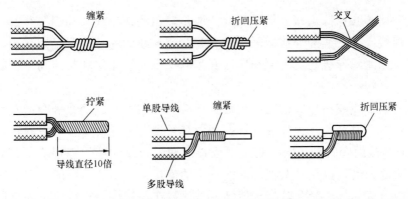

图 2-38　同一方向的导线的连接

　　（7）双芯或多芯电线电缆的连接。双芯护套线、三芯护套线或电缆、多芯电缆在连接时，应注意尽可能将各芯线的连接点互相错开位置，可以更好地防止线间漏电或短路。图 2-39（a）所示为双芯护套线的连接情况，图 2-39（b）所示为三芯护套线的连接情况，图 2-39（c）所示为四芯电力电缆的连接情况。

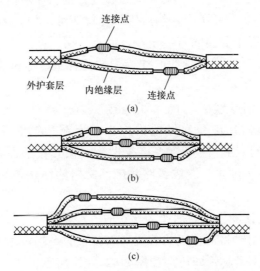

图 2-39　双芯或多芯电线电缆的连接
（a）双芯护套线的连接情况；（b）三芯护套线的连接情况；（c）四芯电力电缆的连接情况

**2．紧压连接**
紧压连接是指用铜或铝套管套在被连接的芯线上，再用压接钳或压接模具压紧套管使芯线保持连接。铜导线（一般是较粗的铜导线）和铝导线都可以采用紧压连接，铜导线的连接应采用铜套管，铝导线的连接应采用铝套管。紧压连接前应先清除导线芯线表面和压接套管内壁上的氧化层和粘污物，以确保接触良好。

（1）铜导线或铝导线的紧压连接。压接套管截面有圆形和椭圆形两种，圆截面套管内可以穿入一根导线，椭圆截面套管内可以并排穿入两根导线。

1）圆截面套管使用时，将需要连接的两根导线的芯线分别从左右两端插入套管相等长度，以保持两根芯线的线头的连接点位于套管内的中间。然后用压接钳或压接模具压紧套管，一般情况下只要在每端压一个坑即可满足接触电阻的要求。在对机械强度有要求的场合，可在每端压两个坑，如图 2-40 所示。对于较粗的导线或机械强度要求较高的场合，可适当增加压坑的数目。

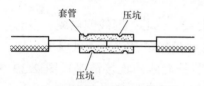

图 2-40　圆截面套管的使用

2）椭圆截面套管使用时，将需要连接的两根导线的芯线分别从左右两端相对插入并穿出套管少许，如图 2-41（a）所示，然后压紧套管即可，如图 2-41（b）所示。椭圆截面套管不仅可用于导线的直线压接，而且可用于同一方向导线的压接，如图 2-41（c）所示；还可用于导线的 T 字分支压接或十字分支压接，如图 2-41（d）和图 2-41（e）所示。

（2）铜导线与铝导线之间的紧压连接。当需要将铜导线与铝导线进行连接时，必须采取防止电化腐蚀的措施。因为铜和铝的标准电极电位不一样，如果将铜导线与铝导线直接绞接或压接，在其接触面将发生电化腐蚀，引起接触电阻增大而过热，造成线路故障。常用的防止电化腐蚀的连接方法有两种。

1）采用铜铝连接套管。铜铝连接套管的一端是铜质，另一端是铝质，如图 2-42（a）所示。使用时将铜导线的芯线插入套管的铜端，将铝导线的芯线插入套管的铝端，然后压紧套管即可，如图 2-42（b）所示。

2）铜导线镀锡后采用铝套管连接。由于锡与铝的标准电极电位相差较小，在铜与铝之间夹垫一层锡也可以防止电化腐蚀。具体做法是先在铜导线的芯线上镀上一层锡，再将镀锡铜芯线插入铝套管的一端，铝导线的芯线插入该套管的另一端，最后压紧套管即可，如图 2-43 所示。

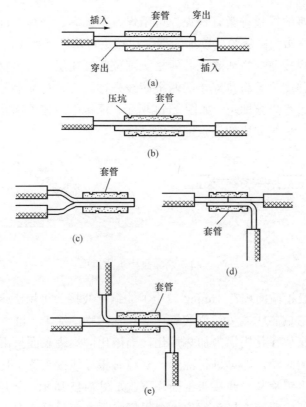

图 2-41　椭圆截面套管的使用

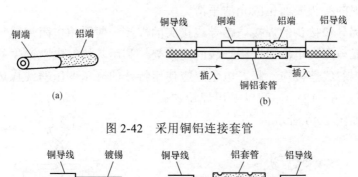

图 2-42　采用铜铝连接套管

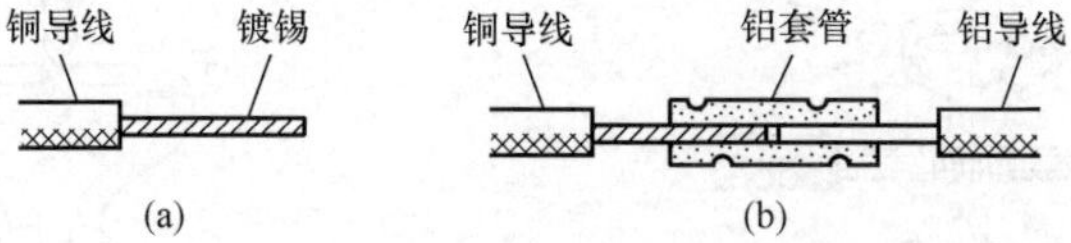

图 2-43　铜导线镀锡后采用铝套管连接

## 3. 焊接

焊接是指将金属（焊锡等焊料或导线本身）熔化融合而使导线连接。电工

技术中导线连接的焊接种类有锡焊、电阻焊、电弧焊、气焊、钎焊等。

（1）铜导线接头的锡焊。较细的铜导线接头可用大功率（例如150W）电烙铁进行焊接。焊接前应先清除铜芯线接头部位的氧化层和粘污物。为增加连接可靠性和机械强度，可将待连接的两根芯线先行绞合，再涂上无酸助焊剂，用电烙铁蘸焊锡进行焊接即可，如图2-44所示。焊接中应使焊锡充分熔融渗入导线接头缝隙中，焊接完成的接点应牢固光滑。

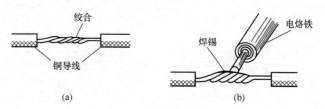

图 2-44　铜导线接头的锡焊

较粗（一般指截面积在16mm²以上）的铜导线接头可用浇焊法连接。浇焊前同样应先清除铜芯线接头部位的氧化层和粘污物，涂上无酸助焊剂，并将线头绞合。将焊锡放在化锡锅内加热熔化，当熔化的焊锡表面呈磷黄色说明锡液已达符合要求的高温，即可进行浇焊。浇焊时将导线接头置于化锡锅上方，用耐高温勺子盛上锡液从导线接头上面浇下，如图2-45所示。刚开始浇焊时因导线接头温度较低，锡液在接头部位不会很好渗入，应反复浇焊，直至完全焊牢为止。浇焊的接头表面也应光洁平滑。

（2）铝导线接头的焊接。铝导线接头的焊接一般采用电阻焊或气焊。电阻焊是指用低电压大电流通过铝导线的连接处，利用其接触电阻产生的高温高热将导线的铝芯线熔接在一起。电阻焊应使用特殊的降压变压器（1kVA、一次220V、二次 6~12V），配以专用焊钳和碳棒电极，如图2-46所示。

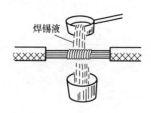

图 2-45　用浇焊法连接

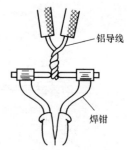

图 2-46　铝导线接头的焊接

气焊是指利用气焊枪的高温火焰，将铝芯线的连接点加热，使待连接的铝芯线相互熔融连接。气焊前应将待连接的铝芯线绞合，或用铝丝或铁丝绑扎固定，如图 2-47 所示。

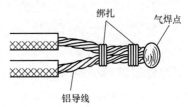

图 2-47　用气焊枪焊接

### 2.3.3　导线连接处的绝缘处理

为了进行连接，导线连接处的绝缘层已被去除。导线连接完成后，必须对所有绝缘层已被去除的部位进行绝缘处理，以恢复导线的绝缘性能，恢复后的绝缘强度应不低于导线原有的绝缘强度。

导线连接处的绝缘处理通常采用绝缘胶带进行缠裹包扎。一般电工常用的绝缘带有黄蜡带、涤纶薄膜带、黑胶布带、塑料胶带、橡胶胶带等。绝缘胶带的宽度常用 20mm 的，使用较为方便。

#### 1．一般导线接头的绝缘处理

一字形连接的导线接头可按图 2-48 所示进行绝缘处理，先包缠一层黄蜡带，再包缠一层黑胶布带。将黄蜡带从接头左边绝缘完好的绝缘层上开始包缠，包缠两圈后进入剥除了绝缘层的芯线部分，如图 2-48（a）所示。包缠时黄蜡带应与导线成 55°左右倾斜角，每圈压叠带宽的 1/2，如图 2-48（b）所示，直至包缠到接头右边两圈距离的完好绝缘层处。然后将黑胶布带接在黄蜡带的尾端，按另一斜叠方向从右向左包缠，如图 2-48（c）和图 2-48（d）所示，仍每圈压叠带宽的 1/2，直至将黄蜡带完全包缠住。包缠处理中应用力拉紧胶带，注意不可稀疏，更不能露出芯线，以确保绝缘质量和用电安全。对于 220V 线路，也可不用黄蜡带，只用黑胶布带或塑料胶带包缠两层。在潮湿场所应使用聚氯乙烯绝缘胶带或涤纶绝缘胶带。

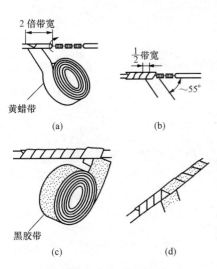

图 2-48　一般导线接头的绝缘处理

#### 2．T 字分支接头的绝缘处理

导线分支接头的绝缘处理基本方法同上，T 字分支接头的包缠方向，如图 2-49 所示，走一个 T 字形的来回，使每根导线上都包缠两层绝缘胶带，每根导

线都应包缠到完好绝缘层的两倍胶带宽度处。

3. 十字分支接头的绝缘处理

对导线的十字分支接头进行绝缘处理时，包缠方向如图 2-50 所示，走一个十字形的来回，使每根导线上都包缠两层绝缘胶带，每根导线也都应包缠到完好绝缘层的两倍胶带宽度处。

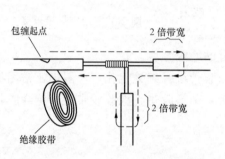

图 2-49　T 字分支接头的绝缘处理

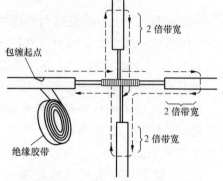

图 2-50　十字分支接头的绝缘处理

# 农村配电系统与建筑物布线

## 3.1　电力配电线路的构成与技术要求

农村电力网主要为县（含旗、县级市）级区域内的城镇、农村、农垦区及林牧区用户供电的 110kV 及以下配电网，也称县级电网，简称农网。

### 3.1.1　农村低压电网的技术要求

低压电力网是指自配电变压器低压侧或直配发电机母线，经由检测、控制、保护、计量等电器至各用户受电设备的 380V 及以下供电系统组成的系统，技术要求如下。

（1）变电所、配电变压器应设在负荷中心。110kV 线路长度不大于 120km；66kV 线路长度不大于 80km；35kV 线路长度不大于 40km。

（2）中低压配电线路供电半径宜满足下列要求：10kV 不大于 15km；380/220V 不大于 0.5km；在保证电压质量的前提下，负荷或用电量较小的地区，供电半径可适当延长。

（3）对农网各电压等级线损率的要求：

1）高中压配电网综合线损率（含配电变压器损耗）不大于 10%。

2）低压配电网线损率不大于 12%。

（4）对农网功率因数的要求：

1）变电所 10kV 侧不低于 0.95。

2）变压器容量为 100kVA 以上的电力用户不低于 0.9。

3）农村公用变压器不低于 0.85。

（5）对农网的供电电压的要求：

1）电压允许偏差值应符合 GB/T 12325—2008《电能质量　供电电压偏差》

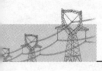

的要求，即 220V 为-10%～+7%；380V 为-7%～+7%；10kV 为-7%～+7%；35kV 为正负偏差绝对值之和小于 10%；66kV 为正负偏差绝对值之和小于 10%；110kV 为正负偏差绝对值之和小于 10%。

2）供电电压合格率符合 DL 407 的要求，不应低于 90%。

（6）农网选择导线截面积的要求：

1）按经济电流密度选择。

2）线路末端的电压偏差应满足如下：380V±7%；220V 为-10%～+7%。

对电压有特殊要求的用户，供电电压的偏差值由供用电双方在合同中确定。供电电压系指供电部门与用户产权分界处的电压，或由供用电合同所规定的电能计量点处的电压。

3）按允许电压损耗校核：自配电变压器二次侧出口至线路末端（不包括接户线）的允许电压损耗不大于额定低压配电电压（220V、380V）的 7%。

4）导线的最大工作电流，不应大于导线的允许载流量。

5）铝绞线、架空绝缘电线最小截面积为 25mm$^2$，也可采用不小于 16mm$^2$ 的钢芯铝绞线。

6）TT 系统的中性线和 TN-C 系统的保护中性线，其截面积应按允许载流量和保护装置的要求选定，但不应小于最小截面积的规定。单相供电的中性线截面积应与相线相同。

（7）对农网中配电装置的要求：

1）配电变压器低压侧应按下列规定设置配电室或配电箱：

a. 在下列情况下宜设置配电室的配电变压器：

• 周围环境污秽严重的地方；

• 容量较大、出线回路较多而不宜采用配电箱的；

• 供电给重要用户需经常监视运行的。

b. 除前面所述以外的配电变压器低压侧可设置配电箱。

c. 排灌专用变压器的配电装置可安装于机泵房内。

2）配电变压器低压侧装设的计收电费的电能计量装置，应符合 GB/T 50063—2008《电力装置的电测量仪表装置设计规范》和《供电营业规则》的规定。

3）配电变压器低压侧配电室或配电箱应靠近变压器，其距离不宜超过 10m。

（8）对配电变压器低压侧配电箱的要求：

1）配电箱的外壳应采用不小于 2.0mm 厚的冷轧钢板制作并进行防锈蚀处

理，有条件也可采用不小于 1.5mm 厚的不锈钢等材料制作。

2）配电箱外壳的防护等级，应根据安装场所的环境确定。户外型配电箱应采取防止外部异物插入触及带电导体的措施。

3）配电箱的防触电保护类别应为Ⅰ类或Ⅱ类。

4）箱内安装的电器，均应采用符合 GB 7251.3—2006《低压成套开关设备和控制设备 第 3 部分：对非专业人员可进入场地的低压成套开关设备和控制设备 配电板的特殊要求》规定的定型产品。

5）箱内各电器件之间以及它们对外壳的距离，应能满足电气间隙、爬电距离以及操作所需的间隔。

6）配电箱的进出引线，应采用具有绝缘护套的绝缘电线或电缆，穿越箱壳时加套管保护。

7）室外配电箱应牢固的安装在支架或基础上，箱底距地面高度不低于1.0m，并采取防止攀登的措施。

8）室内配电箱可落地安装，也可暗装或明装于墙壁上。落地安装的基础应高出地面 50～100mm。暗装于墙壁时，底部距地面 1.4m；明装于墙壁时，底部距地面 1.2m。

（9）对农网中配电室的要求：

1）配电室进出引线可架空明敷或暗敷，明敷设宜采用耐气候型电缆或聚氯乙烯绝缘电线，暗敷设宜采用电缆或农用直埋塑料绝缘护套电线，敷设方式应满足下列要求：

a. 架空明敷耐气候型绝缘电线时，其电线支架不应小于 40mm×40mm×4mm角钢，穿墙时，绝缘电线应套保护管。出线的室外应做滴水弯，滴水弯最低点距离地面不应小于 2.5m。

b. 采用农用直埋塑料绝缘塑料护套电线时，应在冻土层以下且不小于 0.8m处敷设，引上线在地面以上和地面以下 0.8m 的部位应有套管保护。

c. 采用低压电缆作进出线时，应符合低压电力电缆的有关规定。

2）配电室进出引线的导体截面应按允许载流量选择。主进回路按变压器低压侧额定电流的 1.3 倍计算，引出线按该回路的计算负荷选择。

3）配电室一般可采用砖、石结构，屋顶应采用混凝土预制板，并根据当地气候条件增加保温层或隔热层，屋顶承重构件的耐火等级不应低于二级，其他部分不应低于三级。

4）配电室内应留有维护通道：

固定式配电屏为单列布置时，屏前通道为 1.5m；

固定式配电屏为双列布置时，屏前通道为 2.0m；

屏后和屏侧维护通道为 1.0m，有困难时可减为 0.8m。

5）配电室的长度超过 7m 时，应设两个出口，并应布置在配电室两端，门应向外开启；成排布置的配电屏其长度超过 6m 时，屏后通道应设两个出口，并宜布置在通道的两端。

6）配电室内母线与母线、母线与电器端子连接时的规定：

a．铜与铜连接时，室外、高温且潮湿的环境或对母线有腐蚀性气体的室内，必须搪锡，在干燥的室内可直接连接。

b．铝与铝连接时，可采用搭接。搭接时应净洁表面并涂以导电膏。

c．铜与铝连接时，在干燥的室内，铜导体应搪锡，室外或较潮湿的室内应使用铜铝过渡板，铜端应搪锡。

### 3.1.2 农村电网的接线与电网接线系统的选择

#### 1．电网的接线

（1）TT 接线系统。TT 接线系统是指变压器低压侧中性点直接接地，系统内所有受电设备的外露可导电部分用保护接地线（PEE）接至电气上与电力系统的接地点无直接关联的接地极上，如图 3-1 所示。

（2）TN-C 接线系统。图 3-2 所示为 TN-C 系统的接线方式。该系统变压器低压侧中性点直接接地，整个系统的中性线（N）与保护线（PE）是合一的，系统内所有受电设备的外露可导电部分用保护线（PE）与保护中性线（PEN）相连接，是中性线与保护合二为一的三相四线制系统。

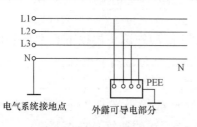

图 3-1　TT 接线系统

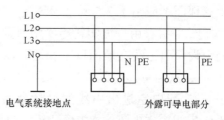

图 3-2　TN-C 接线系统

（3）IT 接线系统。IT 接线系统是指变压器低压侧中性点不接地或经高阻抗接地，系统内所有受电设备的外露可导电部分用保护接地线（PEE）单独的接至接地极上，如图 3-3 所示。

2. 电网接线系统的选择

（1）农村电力网宜采用 TT 供电系统，其原因如下：

1）就大多数农村而言，其负荷小而分散，供电距离长，负荷密度低，动力负荷有较强的季节性，采用 TT 系统实行单三相混合供电，节省异线。

2）由于中性点直接接地，发生单相接地时，可抵制电网对地电位的升高。

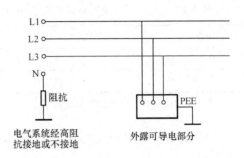

图 3-3  IT 接线系统

3）易于实现短路保护、过负荷保护以及实行剩余电流分级保护。

4）受电设备的外露导电部分发生带电故障时，不会延伸到其他受电设备的外壳上去。

（2）采用 TT 接线系统时的要求：

1）除变压器低压侧中性点直接地外，中性线不得再行接地，且应保持与相线同等的绝缘水平。

2）为防止中性线机械断线，其截面积不应小于规定值。

3）必须实施剩余电流保护，包括剩余电流总保护、剩余电流中级保护（必要时），其动作电流应满足规定的要求。

4）中性线不得装设熔断器或单独的开关装置。

5）配电变压器低压侧及各出线回路，均应装设过电流保护，包括短路保护、过负荷保护。

（3）采用 TN-C 系统时的要求。

1）为了保证在故障时保护中性线的电位尽可能保持接受大地电位，保护中性线应均匀分配的重复接地，如果条件许可，宜在每一接户线、引接线处接地。

2）用户端应装设剩余电流末线保护。

3）保护装置的特性和导线截面积选择原则：当供电网内相线与保护中性线或外露可导电部分之间发生阻抗可忽略不计的故障时，则应在规定时间内自动切断电源。

4）保护中性线的截面积不应小于表 3-1 的规定值。

| 表 3-1 | | 按机械强度要求中性线与相线的配合截面积 | |
|---|---|---|---|
| 相线截面积 $S$（$mm^2$） | 中性线截面积 $S_0$（$mm^2$） | 相线截面积 $S$（$mm^2$） | 中性线截面积 $S_0$（$mm^2$） |
| $S \leq 16$ | $S$ | $S > 35$ | $S/2$ |
| $16 < S \leq 35$ | 16 | | |

注 相线的材质与中性线的材质相同时有效。

5）配电变压器低压侧及各出线回路应装设过流保护，包括短路保护和过负荷保护。

6）保护中性线不得装设熔断器或单独的开关装置。

（4）采用 IT 接线系统时的要求：

1）配电变压器低压侧及各出线回路均应装设过流保护，包括短路保护和过负荷保护。

2）网络内的带电导体严禁接接地。

3）当发生单相接地故障，故障电流很小，切断供电不是绝对必要时，则应装设能发出接地故障音响或灯光信号的报警装置，而且必须具有两相在不同地点发生接地故障的保护措施。

4）各相对地应有良好的绝缘水平，在正常运行情况下，从各相测得的泄漏电流（交流有效值）应小于 30mA。

5）不得从变压器低压侧中性点配出中性线作 220V 单相供电。

6）变压器低压侧中性点和各出线回路终端的相线均应装设高压击穿保险器。

### 3.1.3 在同一电网中对接线系统的要求

在同一台变压器或同一台发电机供电的低压电网中，不允许 TT 接线系统与 TN 接线系统同时使用。因为在一个电网系统中，若 TT 接线系统与 TN 接线系统同时使用，如图 3-4 所示。当 TT 接线系统中的设备发生单相碰壳接地时，接地电流经该设备接地电阻和系统中性点接地电阻形成回路。此时该接地电流约为

$$I_E = \frac{U_{ph}}{R_N + R_E} = \frac{220}{4 + 4} = 27.5(A)$$

式中  $R_N$ ——工作接地电阻，约为 $4\Omega$；

$R_E$ ——保护接地电阻，约为 $4\Omega$。

这个数值的接地电流较小，不足以使额定电流大于 6A 的熔丝熔断，或者使瞬时脱扣器整定电流大于 18A 的自动空气断路器跳闸，致使线路可能长时期带故障运行，此时故障设备外壳的电压达到 110V $[U_E=i_ER_E=27.5×4=110（V）]$。同时，由于电流中性点的电位发生偏移，使非故障相的电压高于 220V，这对人身安全和设备正常运行都不利的。而且，N 线的电

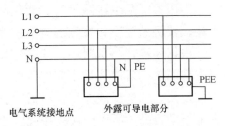

图 3-4　有 TT、TN 系统的接线

位升高为 110V $[U_N=I_NR_N=27.5×4=110（V）]$，则采用 TN 系统保护的设备金属外壳都带上了电压 $U_N$，接触这些设备的人就会有触电的危险。

# 3.2　高压配电线路

在电力网中，从变电站将电能送到配电变压器以及从配电变压器将电能送到用户点的电力线路统称配电线路。配电线路起到传输所分配电能的作用。按电压等级的不同，配电线路分为，35～110kV 的高压配电线路；1～10kV 的中压配电线路；1kV 以下的低压配电线路。按架设方式的不同，配电线路分为架空电力线路和电缆线路。

## 3.2.1　高压架空配电线路

### 1. 高压架空配电线路的组成部分

高压架空配电线路的组成元件有导线及避雷线、电杆、金具、绝缘子、电杆基础和接地装置，各元件的主要作用如下。

（1）导线：传导电流、传输电能。

（2）电杆：支撑导线、避雷线及其附件，并使导线、避雷线、杆塔之间以及导线对地及交叉跨越物之间保持足够的安全距离。

（3）金具：主要用于支持、固定、接续导线并将绝缘子连接成串，也用于保护导线和绝缘子。

（4）绝缘子：刚于导线和杆塔绝缘，并用来支撑或悬吊导线。

（5）电杆基础：将电杆固定在地面上，以保证电杆不歪斜、倾覆及下陷。

（6）接地装置：将雷电流泄入大地，减少雷击导线的概率，起到防雷保护的作用，保证线路的安全运行。

2. 架空配电线路导线截面积的选择

高压架空配电线路导线截面积的选择方法有四种，即按发热条件、按电压损耗、按机械强度和按经济电流密度选择。

根据经验，当负荷小、线路较短时，以上四种方法选的截面积都小于最小允许截面积，所以按最小允许截面积选择。低压动力线负荷电流大，所以一般先按发热条件选择截面积，然后验算电压损耗和机械强度。低压照明线对电压水平要求较高，所以一般先按允许电压损耗的条件来选择截面积，然后验算其发热条件和机械强度。高压架空线路则按经济电流密度选择截面积，然后验算其发热条件和电压损耗条件。

3. 高压架空配电线路常用的导线种类

（1）裸导线。

1）铜导线：铜导线的导电性能良好，有较高的机械强度，耐腐蚀，是一种理想的导线材料；但铜资源少，所以价格高。

2）铝导线：铝导线的导电性、机械强度及耐腐蚀能力比铜低，但其密度小，质量轻，价格低，适用于小档距配电线路。

3）镀锌钢绞线：镀锌钢绞线的导电性能差，机械强度高，一般用于避雷线、拉线及接地引下线。

4）钢芯铝绞线：钢芯铝绞线利用钢的机械强度高和铝的导电性能较好的优点制成，由于交流电流的集肤效应，钢芯中流过的电流几乎为零，因此，钢芯铝绞线的导电性和机械强度较好，适用于大档距的配电线路。

5）铝合金线及稀土铝线：铝合金线中含有98%的铝及少量的镁、硅、铁、锌等元素，其导电性能和铝接近，机械强度与铜导线接近，但其耐震性较差。稀土铝线是将普通铝经稀土优化后综合处理而制成的，其导电性能较好，耐腐蚀能力强。

（2）绝缘导线。

1）分相式绝缘导线：它采用单芯绝缘导线分相架设于架空配电线路上，架设方法与裸导线的架设方法基本相同。线芯一般采用经紧压的圆形硬铜、硬铝或铝合金导线。

2）低压集束式绝缘导线（LV-ABC 型）：分为承力束承载、中性线承载和整体自承载三种。

3）高压集束式绝缘导线（HV-ABC 型）：分为集束型半导体屏蔽绝缘导线和集束型金属屏蔽绝缘导线两种。

**4. 对高压架空电力线路的施放要求**

（1）施放导线时，应采取防止导线损伤的措施，并应进行外观检查，即铝绞线、钢芯铝绞线表面不得有腐蚀的斑点、松股、断股及硬伤的现象；架空绝缘电线表面不得有气泡、鼓肚、砂眼、露心、绝缘断裂及绝缘霉变等现象。

（2）铝绞线、钢芯铝绞线、架空绝缘电线有硬弯或钢芯铝绞线钢芯断一股时应剪断重接，接续应满足下列要求：

1）铝绞线、钢芯铝绞线宜采用压接管。

2）架空绝缘电线的芯线采用圆形压接管，外层绝缘恢复宜采用热收缩管。

3）导线接续前应用汽油清洗管内壁及被连接部分导线的表面，并在导线表面涂一层导电膏后再行压接。

（3）同一档距内，每根导线只允许有一个接头，接头距导线固定点不应小于 0.5m，不同规格、不同金属和绞向的导线，严禁在一个耐张段内连接。

（4）铝绞线在同一截面处不同的损伤面积应按下列要求处理：

1）损伤截面占总截面积 5%～10%时，应用同金属单股线绑扎，单股线直径应不小于 2mm，绑扎长度不应小于 10mm。

2）损伤截面占总截面积 10%～20%时，应用同金属单股线绑扎，单股线直径应不小于 2mm，绑扎长度 LJ-35 型及以下不应小于 140mm；LJ-95 型及以下不应小于 280mm；LJ-185 型及以下不应小于 340mm。

3）损伤截面积超过 20%或因损伤导致强度损失超过总拉断力的 5%时，应将损伤部分全部割去，应采用压接管重新接续。

（5）钢芯铝绞线在同一截面处不同的损伤面积，应按 GB 50173—1992《电气装置安装工程 35kV 及以下架空电力线路施工及验收规范》中规定的要求处理；架空绝缘导线在同一截面处不同的损伤面积应按 DL/T 602—1996《架空绝缘配电线路施工及验收规程》中规定的要求处理。

（6）架空绝缘电线的绝缘层操作时，应用耐气候型号的自粘性橡胶带至少缠绕 5 层作绝缘补强。

（7）架空绝缘电线施放后，用 500V 绝缘电阻表摇测 1min 后的稳定绝缘电阻，其值应不低于 0.5MΩ。

**5. 导线的弧垂与导线的应力**

导线上的任意点至导线两侧悬挂点的连线之间的垂直距离称为导线上该点的弧垂。档中的最大弧垂发生在档距中央点，工程上所指的弧垂，除特别指明外，均指档距中央的弧垂，即最大弧垂。导线的应力是指导线单位截面积所受的内力。

根据日常生活经验可直观的知道弧垂和应力的关系,即导线的弧垂越大时,导线的应力越小;反之,弧垂越小时,应力越大。在线路设计时,应充分考虑弧垂和应力对线路的影响。从导线的机械强度方面考虑,应增加导线的弧垂,从而减小导线的应力,提高导线的强度安全系数;从经济角度考虑,如增加导线的弧垂,为保证导线对地及对交叉跨越物的安全距离,则应增加杆高或缩小档距,其结果必然会增加线路成本。因此,线路设计时,应在导线机械强度允许的范围内,尽量减小弧垂,从而既最大限度的利用导线的机械强度,又降低杆塔的高度。

**6. 导线的排列方式**

常见的导线排列方式有三种,即水平排列、垂直排列和三角形排列。低压架空线路的导线一般采用水平排列,中性线或保护中性线不应高于相线,如线路附近有建筑物,中性线或保护中性线宜靠近建筑物侧。同一供电区导线的排列,相序应统一。路灯线不应高于其他相线、中性线或保护中性线。

**7. 架空电力线路的档距、导线排列方式和导线间距**

(1)导线一般采用水平排列,中性线或保护中性线不应高于相线,如线路附近有建筑物,中性线或保护中性线应靠近建筑物侧。同一供电区导线的排列相序应统一。路灯线不应高于其他相线、中性线或保护中性线。

(2)线路档距,一般采用下列数值:

1)铝绞线、钢芯铝绞线:集镇和村庄为 40~50m;田间为 40~60m。

2)架空绝缘电线:一般为 30~40m,最大不应超过 50m。

(3)导线水平线间距离,不应小于下列数值:

1)铝绞线或钢芯铝绞线:档距 50m 及以下为 0.4m;档距 50~60m 为 0.45m。靠近电杆的两导线间距离,不应小于 0.5m。

2)架空绝缘电线:档距 40m 及以下为 0.3m;档距 40~50m 为 0.35m;靠近电杆的两导线间距为 0.4m。

(4)低压线路与高压线路同杆架设时,直线杆横担间的垂直距离,不应小于 1.2m;分支和转角杆横担间的垂直距离,不应小于 1.0m。

**8. 在同一截面处损伤面积不同的铝导线处理方法**

(1)损伤截面积占总截面积 5%~10%时,应用金属单股线绑扎,单股线的直径应不小于 2mm,绑扎长度不小于 100mm。

(2)损伤截面积占总截面积 10%~20%时,应用金属单股线绑扎,单股线的直径应不小于 2mm，LJ-35 型及以下绑扎长度不小于 140mm；LJ-95 型及以下绑扎长度不小于 280mm；LJ-185 型及以下绑扎长度不小于 240mm。

（3）损伤截面积超过占总截面积 20%或因损伤导致强度损失超过总拉断力的 5%时，应将损伤部分全部割除，采用压接管重新接续。

### 3.2.2　电缆线路

#### 3.2.2.1　电缆线路路径的选择要求

（1）应使电缆不易受到机械、振动、化学、地下电流、水锈蚀、热影响、蜂蚁和鼠害等各种损伤。

（2）便于维护。

（3）避开场地规划中的施工用地或建设用地。

（4）电缆路径较短。

#### 3.2.2.2　电缆的敷设

1．电缆敷设前的检查

（1）电缆敷设前应检查核对电缆的型号、规格是否符合设计要求，检查电缆线盘及其保护层是否完好，电缆两端有无受潮。

（2）检查电缆沟的深浅、与各种管道交叉、平行的距离是否满足有关规程的要求，障碍物是否消除等。

（3）确定电缆敷设方式及电缆线盘的位置。

（4）直埋电缆人工敷设时，注意人员组织、敷设速度，防止弯曲半径过小损伤电缆；敷设在电缆沟或隧道的电缆支架上时，应提前安排好电缆在支架上的位置和各种电缆敷设的先后次序，避免电缆交叉穿越。注意给电缆留有伸缩余地。机械牵引时注意防止电缆与沟底弯曲转角处摩擦挤压损伤电缆。

2．电缆敷设时对电缆的要求

（1）对于露天敷设的电缆，尤其是有塑料或橡胶外护层的电缆，应避免日光长时间的照射，必要时应加装遮阳罩或采用耐日照的电缆。

（2）电缆在屋内、电缆沟、电缆隧道和竖井内明敷时，不应采用黄麻或其他易燃的外保护层。

（3）电缆不应在有易燃、易爆及可燃的气体管道或液体管道的隧道或沟内敷设。当受条件限制需要在这类隧道内敷设电缆时，必须采取防爆、防火的措施。

（4）电缆不宜在有热管道的隧道或沟内敷设。当需要敷设时，应采取隔热措施。

（5）支承电缆的构架，采用钢制材料时，应采取热镀锌等防腐措施；在有较严重腐蚀的环境中，应采取相应的防腐措施。

（6）电缆的长度，宜在进户处、接头、电缆头处或地沟及隧道中留有一定裕量。

**3. 电缆在室内敷设时的要求**

（1）无铠装的电缆在屋内明敷，当水平敷设时，其至地面的距离不应小于2.5m；当垂直敷设时，其至地面的距离不应小于1.8m。当不能满足上述要求时应有防止电缆机械损伤的措施；当明敷在配电室、电机室、设备层等专用房间内时，不受此限制。

（2）相同电压的电缆并列明敷时，电缆的净距不应小于35mm，且不应小于电缆外径；当在桥架、托盘和线槽内敷设时，不受此限制。1kV及以下电力电缆及控制电缆与1kV以上电力电缆宜分开敷设。当并列明敷时，其净距不应小于150mm。

（3）架空明敷的电缆与热力管道的净距不应小于1m；当其净距小于或等于1m时应采取隔热措施。电缆与非热力管道的净距不应小于0.5m，当其净距小于或等于0.5m时应在与管道接近的电缆段上，以及由该段两端向外延伸不小于0.5m以内的电缆段上，采取防止电缆受机械损伤的措施。

（4）钢索上电缆布线吊装时，电力电缆固定点间的间距不应大于0.75m；控制电缆固定点间的间距不应大于0.6m。

（5）电缆在位内埋地穿管敷设时，或电缆通过墙，楼板穿管时，穿管的内径不应小于电缆外径的1.5倍。

（6）桥架距离地面的高度，不宜低于2.5m。

（7）电缆在桥架内敷设时，电缆总截面面积与桥架横断面面积之比，电力电缆不应大于40%，控制电缆不应大于50%。

（8）电缆明敷时，其电缆固定部位应符合规定。

**4. 电缆在排管内敷设时的技术要求**

（1）电缆在排管内的敷设，应采用塑料护套电缆或裸铠装电缆。

（2）电缆排管应一次留足备用管孔数，但电缆数量不宜超过12根。当无法预计发展情况时，可留1～2个备用孔。

（3）当地面上均匀荷载超过10t/m² 或排管通过铁路及遇有类似情况时，必须采取加固措施，防止排管受到机械损伤。

（4）排管孔的内径不应小于电缆外径的 1.5 倍。但穿电力电缆的管孔内径不应小于 90mm；穿控制电缆的管孔内径不应小于 75mm。

（5）电缆排管的敷设安装应符合下列要求：

1）排管安装时，倾向人孔井侧应有不小于 0.5% 的排水坡度，并在人孔井内设集水坑，以便集中排水。

2）排管顶部距地面不应小于 0.7m，在人行道下面时不应小于 0.5m。

3）排管沟底部应垫平夯实，并应铺设厚度不小于 60mm 的混凝土垫层。

（6）排管可采用混凝土管、陶土管或塑料管。

（7）在转角、分支或变更敷设方式改为直埋或电缆沟敷设时，应设电缆人孔井。在直线段上，应设置一定数量的电缆人孔井，人孔井间的距离不宜大于 100m。

（8）电缆人孔井的净空高度不应小于 1.8m，其上部人孔的直径不应小于 0.7m。

### 3.2.2.3　电缆常见故障的处理

（1）电缆的常见故障如下。

1）电缆终端头渗漏油、污闪放电。

2）中间头渗漏油。

3）表面发热，直流耐压不合格，泄漏电流偏大，吸收比不合格等。

（2）电缆故障点的测定。测定电缆的故障点常用的方法是采用电缆故障测试仪。该仪器由闪络测试仪、路径仪和定点仪三部分组成。闪络测试仪进行粗测，测得故障点到测试点的大致距离；路径仪查明故障电缆的走向；定点仪比较精确地测得故障点的具体位置。定点仪是采用冲击放电声测法的原理制成。在故障电缆一端的故障相上加直流高压或冲击高压，使故障点放电，定点仪的电压晶体探头接受故障点的放电声波并把它变成电信号，经过放大后用耳机还原成声音，声音最响的位置即为故障点。

（3）引起电缆中间接头绝缘击穿的主要原因。电缆中间接头绝缘击穿是一种常见的电缆故障，造成这种故障的主要原因如下。

1）在电缆中间接头的施工中，各套管上的灰尘和杂质没有清理干净。

2）中间接头中的各绝缘套管中以及管与管之间有空气。

3）中间接线盒的热缩管在加热时受热不均，造成密封不好。

4）电缆因其他故障引起的过电压。

（4）防止电缆中间接头绝缘击穿的方法如下。

1）在中间接头的施工中要用无水酒精将各套管上的灰尘和杂质清理干净。尽量不在天气不好的时间施工。

2）加热中间接线盒的热缩管时，要尽量使之受热均匀，要从一端缓缓地向另一端加热，使管中的空气排出。

3）中间接头做好后，要在中间接头外护套管与电缆外护套层的搭接处缠绕自粘胶带，对中间接头可能产生的缝隙进行封闭。

4）限制或消除在中性点不接地系统中由于各种故障引起的过电压。例如在中性点接消弧线圈等。

（5）低压电缆中间接头烧坏时的处理。低压电缆中间接头烧坏时，应重新制作中间接头。方法如下。

1）选择合适的长度，剥削电缆外护层、内绝缘层，扎好外护层的钢带并穿好接线盒。

2）选择相应规格的连接管进行压接，并在搪锡后处理毛刺。

3）分芯包缠自粘性胶带和 PVC 胶带。在包缠自粘性胶带时，应将其拉伸 1 倍后包缠至与原芯线绝缘相等的直径。PVC 胶带与原线芯绝缘搭接包缠。

4）用黄蜡带缠成的直径约 25mm 的布卷将芯线隔开，外用油浸白布统包带绑扎，厚度约为 3mm。

5）焊接地线。

6）套上连接盒，封好两端头，加灌沥青绝缘剂。

### 3.2.2.4　地埋电缆线路

（1）地埋电缆线路导线截面积的选择原则。

1）要保证电压质量，动力用户的电压损耗最多应不超过额定电压的 7%；照明用户的电压损耗最多应不超过额定电压的 10%。

2）三相四线制的中性线截面积不应小于相线截面积的 50%，单相制的中性线截面积应与相线相同。

3）导线截面积的大小应能适应负荷发展的需要，一般结合 5～10 年发展规划来考虑。

（2）电缆埋地敷设时的技术要求。

1）电缆直接埋地敷设时，沿同一路径敷设的电缆数量不宜超过 8 根。

2）电缆在屋外直接埋地敷设的深度不应小于 700mm；当直埋在农田时，不应小于 1m。应在电缆上下各均匀铺设细砂层，其厚度宜为 100mm，在细砂层上应覆盖混凝土保护板等保护层，保护层宽度应超出电缆两侧各 50mm。

3）在寒冷地区，电缆应埋设于冻土层以下。当受条件限制不能深埋时，可增加细砂层的厚度，在电缆上方和下方各增加的厚度不宜小于 200mm 细砂层。

4）电缆通过下列各地段应穿管保护，穿管的内径不应小于电缆外径的 1.5 倍。

a．电缆通过建筑物和建筑物的基础、散水坡、楼板和穿过墙体等处；

b．电缆通过铁路、道路处和可能受到机械损伤的地段；

c．电缆引出地面 2m 至地下 200mm 处的一段容易与人接触，是电缆可能受到机械损伤的地方。

5）埋地敷设的电缆之间及其与各种设施平行或交叉的最小净距，应符合相关规程的规定。

6）电缆与建筑物平行敷设时，电缆应埋设在建筑物的散水坡外。电缆引入建筑物时，所穿保护管应超出建筑物散水坡 100mm。

7）埋地敷设的电缆之间及其与各种设施平行或电缆与热力管沟交叉，当采用电缆穿隔热水泥管保护时，其长度应伸出热力管沟两侧各 2m；采用隔热保护层时，其长度不超过热力管沟和电缆曲侧各 1m。

8）电缆与道路、铁路交叉时应穿管保护，保护管应伸出路基 1m。埋地敷设电缆的接头盒下面必须垫混凝土基础板，其长度宜超出接头保护盒两端 0.6～0.7m。

9）电缆带坡度敷设时，中间接头应保持水平；多根电缆并列敷设时，中间接头的位置应互相错开，其净距不应小于 1.5m；带坡度或垂直敷设油浸纸绝缘电缆时，其最大允许高差应符合规程的规定。

10）电缆敷设的弯曲半径与电缆外径的比值，应符合相关规程和厂家的规定。

11）电缆在拐弯、接头、终端和进出建筑物等地段，应装设明显的方位标志，直线段上应适当增设标桩，标桩露出地面宜为 150mm。

（3）地埋电缆线路验收送电时的检查。

1）检查设计文件、施工记录、导线合格证等技术资料是否齐全。

2）检查地埋线走向、地埋线规格型号、接线位置等是否与图纸相同；接线箱的规格、质量是否符合要求；引线有无保护管，配电盘（箱）接线是否正确，开关、熔断器选择与安装是否合理。

（4）地埋电缆线路对接头的技术要求。

1）接头长度：要使导线接触良好，导线连接的长度 $L$ 不应小于导线直径 $D$ 的 25 倍。如接触不好，运行中导线连接处发热，严重时会烧断地埋线。

2）绝缘：经绝缘恢复后的接头的绝缘水平，不应使线路整体绝缘电阻值明显降低。

3）体积：接头的体积不做具体限制。但不应使导线排列困难。地下接头的埋深不应低于规定的深度。

（5）地埋线路回填土时的要求。地埋线回填土时，应从放线端开始，逐步向终端推进，不应多处同时进行。导线周围应填细土或细沙，先回填土 20cm 后，可放水让其自然下沉或用人工踩平，严禁用机械夯实；然后用 2500V 绝缘电阻表测绝缘电阻，如绝缘电阻无明显下降，方可全面回填土，回填土应高出地面 20cm。

（6）地埋电力线路对地电阻过低的原因。地埋线的绝缘层烧坏或受外力严重破坏时，造成线芯与土壤直接接触，或虽未接接地但局部漏电较严重。这时故障相可能出现以下现象：受电端电压明显降低；低压漏电保护器动作，使电源切断，合闸试送时仍跳闸；漏电严重的，送电端熔丝熔断；本相地埋线对地绝缘电阻降到 100kΩ 以下。

（7）地埋线路对地高阻漏电的原因。

1）接头处绝缘恢复时，密封不严。

2）接地点土壤干燥、土壤电阻率高。这时，故障相对绝缘电阻在 100～500kΩ 之间，在受电端测量电压无明显异常。短时间内用电设备尚能"正常"运行，但经过若干时间后，线芯接地点处铝质逐渐氧化致使线路电阻增大。此时线路空载时受电端电压无明显变化，但加负载后由于故障处电压降增大，将使受电端电压明显降低而影响用电设备正常运行。

（8）用对地电阻法判断地埋电力线路的故障。用对地电阻法判断地埋电力线路故障的步骤如下：首先切断电源，将电缆充分放电后，用 2500V 绝缘电阻表测量每相对地绝缘电阻。如果测得对地绝缘电阻在 500kΩ 以上，则可判定该相绝缘完好（断线故障除外）；如果测得对地绝缘电阻在 100～500kΩ，则可判定为相对地高阻漏电；如果测得对地绝缘电阻在 100kΩ 以下，则可判定为低阻对地漏电或断线接地故障。如果，测得各相对地绝缘电阻都在兆欧级，但负荷端无电压，则可断定线路中必有断线故障。确定断线相时，可将末端的三相导线和中性线全部短接，首端用万用表或 2500V 绝缘电阻表分别测量 U—N、V—N、W—N 的电阻，看是否形成通路。如形成通路则是完好相，否则是断线相。如果三相与中性线都不通，而各相线之间形成通路，则可判定中性线有断线。

（9）用对地电压法判断地埋线路的故障。当地埋电力线路比较复杂，地下接头又断不开时，可采用对地电压法判断线路故障。具体方法是给地埋电力线路送电，在故障端用万用表交流电压挡测试各相对地电压。对地没电压，或电压有明显降低的地埋线，即为故障相。

（10）地埋电力线路故障的步骤。找到故障点后，应对故障点进行修复处理，其步骤如下：

1）画标志线：立即在故障点附近的地面上，画两条互相垂直的直线，作为标志，以便挖掘时，校正方位以及检验误差。

2）查阅相关资料和施工图纸，了解故障处线路的埋深、相数、分支、导线排列方式、接头等情况。

3）开挖，找出故障线：以故障点为中心，画一个宽为80cm，长为200cm的长方形，往下挖掘，并随时测量坑深。当挖到离地埋线只有20～30cm时，应缓慢掘进或改用木锹，直到挖出故障线为止。开挖时，要小心挖掘，以免把故障扩大或造成隐患。

4）找出故障点，进行处理：在故障线上找出故障点，进行故障处理，并填写事故报告。填写内容应包括故障现象、环境、测试误差、故障性质、处理结果等。

5）如果需要重新连接导线，则应采用同规格的新线，并留有适当的裕量（约3m），便于日后修理重接。处理时应首先除掉故障线芯线上的氧化层，然后进行导线连接、包缠绝缘。包缠绝缘时，应先将导线表面的泥水擦净。

6）处理完故障相后，要认真检查相邻地埋线的绝缘层，看是否有受热变质或被挖伤情况，如有损伤，也应做绝缘补强处理。

7）故障修复后，先回填土20cm并压实，然后用绝缘电阻表测对地绝缘电阻（有条件的地方可用水灌坑）。合格后，合闸试送电，确认送电正常后，再将土填满。

## 3.3　建筑物的布线

### 3.3.1　对接户线的技术要求

1. 接户线的概念

接户线指低压电力线路到用户室外第一支持点或接户配电箱之间的一段线路。对接户线的基本要求是：

（1）低压接户线档距不宜超过25m，超过25m时，应加装接户杆。

（2）沿墙敷设的接户线，两支持点间的距离不应大于6m。

（3）每一接户线所带户数不得超过 5 户，且所有用户必须由接户配电箱内的配电装置所控制。

（4）接户线应采用耐气候型绝缘导线，导线的最小截面积不应小于表 3-2 的数值。

表 3-2　　　　　　　　　　　　导 线 的 最 小 截 面 积

| 架设方式 | 档　　距 | 最小截面积（mm²） | |
| --- | --- | --- | --- |
| | | 铜　线 | 铝　线 |
| 自电杆上引下 | 10m 及以下 | 2.5 | 6.0 |
| | 10～25m | 4.0 | 10.0 |
| 沿墙敷设 | 6m 及以下 | 2.5 | 4.0 |

（5）不同规格不同金属的接户线不应在档距内连接，跨越通车道的接户线不应有接头。

（6）接户线与导线如为铜铝连接必须采取铜铝过渡措施。

（7）接户线与主杆绝缘线连接应进行绝缘密封。

（8）接户线零线在进户处应有重复接地，接地可靠，接地电阻符合要求。

（9）接户线对地及交叉跨越距离应符合要求。

（10）分相架设的低压接户线的线间最小距离，应符合表 3-3 的要求。

表 3-3　　　　　　　　分相架设的低压接户线的线间最小距离

| 架 设 方 式 | | 档　　　距 | 线间距离（m） |
| --- | --- | --- | --- |
| 自电杆上引下 | | 25 档及以下 | 0.15 |
| 沿墙敷设 | 水平排列 | 4 档及以下 | 0.10 |
| | 垂直排列 | 6 档及以下 | 0.15 |

**2. 低压接户线对地与交叉跨越距离的要求**

（1）绝缘接户线受电端的对地面距离，中压不应小于 4m；低压不应小于 2.5m。

（2）跨越街道的低压绝缘接户线至路面中心的垂直距离，下列数值：通车街道不应小于 6m；通车困难的街道、人行道不应小于 3.5m；胡同（里、弄、巷）不应小于 3m。

（3）分相架设的低压绝缘接户线与建筑物有关部分的距离，应符合下列规定：

1）与接户线下方窗户的垂直距离不应小于 0.3m；

2）与接户线上方阳台或窗户的垂直距离不应小于 0.8m；

3）与阳台或窗户的水平距离不应小于 0.75m；

4）与墙壁、构架的距离不应小于 0.05m。

（4）低压绝缘接户线与弱电线路的交叉距离，应符合下列规定：

1）低压接户线在弱电线路的上方不应小于 0.6m；

2）低压接户线在弱电线路的下方不应小于 0.3m。

如不能满足上述要求，应采取隔离措施。

3．对接户线固定的要求

（1）在杆上应固定在绝缘子或线夹上，固定时接户线本身不得缠绕，应用单股塑料铜线绑扎。

（2）在用户墙上使用挂线钩、悬挂线夹、耐张线夹和绝缘子固定。

（3）挂线钩应固定牢固，可采用穿透墙的螺栓固定，内端应有垫铁，混凝土结构的墙壁可使用膨胀螺栓，禁止用木塞固定。

4．接户管安装时应注意的问题

用于接户线的接户管有瓷管、钢管和塑料管。安装及使用要注意以下几点：

（1）接户管的管径应根据接户线的根数和截面积确定，管内导线（包括绝缘层）的总截面积不应大于管子有效截面积的 40%，最小管径不得小于 15mm。

（2）接户瓷管必须每户一根，并应采用弯头瓷管，户外的一端弯头向下；当每户接户线截面积在 50mm$^2$ 以上时，宜采用反口瓷管，户外一端应稍低。

（3）当一根瓷管的长度小于接户墙壁的厚度时，可用两根瓷管或用硬塑料管代替。

（4）接户钢管必须用白铁管或涂漆的黑铁管，钢管两端应装有护圈，户外一端要有防雨弯头，接户线必须穿入同一根钢管内。

### 3.3.2　室内配线操作

1．室内配线的技术要求

室内配线不仅要求安全可靠，而且要使线路布置合理、整齐、安装牢固，具体如下：

（1）导线的额定电压应不小于线路的工作电压；导线的绝缘应符合线路的安装方式和敷设的环境条件。导线的截面积应能满足电气和机械型性能的要求。

（2）配线时应尽量避免导线接头。导线必须接头时，应采用压接或焊接的方法。导线连接和分支处不应受机械力的作用。穿管敷设导线，在任何情况下都不能有接头，必要时尽可能将接头放在接线盒的接线柱上。

（3）在建筑物内配线要保持水平或垂直。穿墙时，应加套管保护。在天花板上走线时，可用金属软管，但需固定稳妥美观。

（4）弱电线不能与大功率电力线平行，更不能穿在同一管内。如因环境所限，要平行走线，则要远离 50cm 以上。

（5）报警控制箱的交流电源应单独走线，不能与信号线和低压直流电源线穿在同一管内。

**2. 绝缘导线穿管敷设时的技术要求**

（1）绝缘导线的额定电压不低于 500V，铜芯导线的截面积不低于 $1mm^2$，铝芯导线的截面积不低于 $2.5mm^2$。

（2）同一单元、同一回路的导线应穿入同一管内，不同电压、不同回路、互为备用的导线不得穿入同一管内。

（3）所有穿管线路，管内不得有接头。采用单管多线时，管内导线的总面积不应超过管截面积的 40%。在钢管内不准穿单根导线，以免形成由交变磁通引起的损耗。

（4）穿管明敷线路应用镀锌或经涂漆的焊接管、电线管、硬塑料管。钢管壁的厚度不应小于 1mm，硬塑料管的厚度不应小于 2mm。

（5）穿管线路太长时，为便于线路的施工、检修，应加装接线盒。

**3. 室内配线的方式**

室内配线可分为明配线和暗配线两种。明配线是指导线沿墙壁、天花板、桁架及梁柱等明敷设。暗配线是指导线穿管埋设在墙内、地板下或安装在顶棚内。

**4. 硬塑料管的连接**

硬塑料管的连接一般有两种方法，即插接法和套接法。

（1）插接法分为一步插接法和两步插接法。一步插接法适用于直径在 50mm 及以下的硬塑料管，其连接步骤是：

1）将管口倒角，清除插接段内阴管、阳管里的杂物、油污，油污可用二氯乙烯、苯等擦干净。

2）将阴管加热到 130℃呈柔软状态。

3）将阳管的插入部分涂上一层聚乙烯胶合剂，然后迅速插入阴管，待中心线一致时，立即用湿布冷却。

4）插接管的长度为管径的 1.5 倍。

两步插接法适用于直径在 65mm 及以上的硬塑料管，其连接步骤如下：

首先，将管口倒角，清除插接段内阴管、阳管里的杂物、油污。

然后，阴管加热，将阳管插入到 130℃ 的甘油或石蜡中，待呈柔软状态后，即插入已被甘油预热的金属膜，待冷却到 50℃ 时，将金属膜取下，成型膜比管截面积大 2.5%。

最后，涂一号聚乙烯胶合剂插接，然后迅速冷却。

（2）套接法。把直径相同的硬塑料管扩大成套管，在插接时将套管加热至 130℃ 左右，1～2min 后套管呈软状。然后，将被结合的两端倒角，在结合部涂上胶合剂，迅速插入套管，立即用湿布冷却。套管长度为连接管外径的 1.5～3 倍。

5. 采用线管配线时接线盒的增设

在线管配线时，穿管线路太长，为便于线路的施工、检修应加装接线盒，具体规定如下：

（1）无弯曲转角时，不超过 45m 处安装一个接线盒。

（2）有一个弯曲转角时，不超过 30m 处安装一个接线盒。

（3）有两个弯曲转角时，不超过 20m 处安装一个接线盒。

（4）有三个弯曲转角时，不超过 12m 处安装一个接线盒。

6. 导线与设备的接线柱连接时的要求

（1）截面积在 10mm$^2$ 及以下的单股铜芯线、铝芯线可直接与设备的接线柱相连。

（2）截面积在 2.5mm$^2$ 及以下的多股铜芯线应将线头拧紧、搪锡或安装接线鼻子，然后再与设备的接线柱相连。

（3）多股铝芯线和截面积在 2.5mm$^2$ 以上的多股铜芯线的线头应采用焊接或压接法与设备的接线柱相连。

7. 在空心楼板孔内敷设绝缘导线时的要求

（1）空心楼板孔内敷设绝缘导线和钢管暗布线一样，必须和土建施工密切配合。

（2）楼板孔应圆滑，无堵塞现象。

（3）绝缘导线的额定电压不低于 500V，导线在楼板孔内不应有接头和扭弯现象，穿线时应避免楼板孔内的尖刺损伤导线绝缘。

（4）施工时应根据设计图纸要求，预埋好管线，引线盒（暗盒）以及固定灯具、吊扇等电器的预埋件，预埋件就位时，应将导线敷设在需要的位置，并留有一定的裕度。

**8. 护套线的配线特点**

护套线是一种有塑料护层的双芯或多芯绝缘导线，它可直接敷设在建筑物的表面和空心楼板内，用塑料线卡，铝片卡固定。护套线配线具有敷设方法简单、施工方便、经济实用、整齐美观、防潮、耐腐蚀等特点，目前已逐步取代瓷夹板、木槽板和绝缘子配线，广泛用于电气照明及其他小容量配电线路。但护套线不宜直接埋入抹灰层内暗敷，且不适用于室外露天场所明敷和大容量线路。

**9. 室内低压配电线路导线截面积的选择**

导线的安全载流量是指在不超过导线允许温度的条件下，导线长期允许通过的最大电流。不同型号的导线在不同的使用条件下的安全载流量可查阅有关设计手册。

现将手册上的数据总结出一套口诀，用来估算绝缘铝导线敷设环境温度在25℃时的安全载流量及条件改变后的换算方法。

口诀：10 下五，100 上二；25、35，四三界；70、95 两倍半；穿管、温度八九折；裸线加一半；铜线升级算。

（1）"10 下五，100 上二"的意思是：10mm$^2$ 以下的铝导线以截面积数乘以 5，即为该导线的安全载流量。100mm$^2$ 以上的铝导线以截面积数乘以 2，即为该导线的安全载流量。

例如：6mm$^2$ 铝导线的安全载流量为 6×5=30（A）。

（2）"25、35，四三界"的意思是：16、25mm$^2$ 的铝导线以截面积数乘以 4，即为该导线的安全载流量。35、50mm$^2$ 的铝导线以截面积数乘以 3，即为该导线的安全载流量。

（3）"70、95 两倍半"的意思是：70、95mm$^2$ 的铝导线以截面积数乘以 3，即为该导线的安全截流量。

（4）"穿管、温度八九折"的意思是：当导线穿管敷设时因散热条件变差所以将导线的安全载流量打八折。

例如：6mm$^2$ 铝导线的安全截流量为 6×5=30（A），穿管敷设时的安全截流量为 30×0.8=24（A）；如果导线穿管敷设且环境温度过高，则将导线的安全载流量打八折再打九折，即 0.8×0.9=0.72。

（5）"裸线加一半"的意思是：当为裸导线时，同样环境条件下通过导线的电流可适当增加，其安全载流量为同样截面积同种导线安全载流量的 1.5 倍。

（6）"铜线升级算"的意思是：铜导线的安全载流量可以相当于高一级截面积铝导线的安全载流量，即 $1.5\text{mm}^2$ 铜导线的安全载流量相当 $2.5\text{mm}^2$ 铝导线的安全载流量。

10. 三相导线在一根铁管里穿线的要求

在三相交流电路中，每相导线流过的电流都要产生相应的交变磁场，当三相负荷电流平衡时，三相电流的相量和为零，因此三相合成磁场也等于零，对外没有分布磁场。如将三相导线穿在一根铁管里，铁管不会因产生感应电动势和涡流损失而发热。如将各相导线分开穿在三根铁管里，每相导线都会因产生感应电势和涡流损失而使铁管发热，当负荷电流较大时，发热会达到较大的数值，从而影响线路的安全运行。所以三相导线不能用三根铁管分开穿线。

11. 多股铝绞线的连接要求

多股铝绞线如果采用绞接法，接头在空气中极易氧化，使接触电阻增加，容易造成事故。采用管压接的施工步骤如下：

（1）剥除导线端部的绝缘层，剥除的长度应为压接管长度的一半加 5mm。

（2）散开线芯除掉导线表面的氧化层及油污，同时清除压接管内的氧化层。

（3）在清理后的线芯上涂导电膏。

（4）将散开的线芯绞回原状并插入管内，插入长度为线芯的一半。

（5）划好压坑标记，按导线截面积选好压膜，用压接钳压接。

12. 在室内配线明敷时的技术要求

（1）室内水平敷设导线距地面不得低于 2.5m，垂直敷设导线距地面不得低于 1.8m，室外水平和垂直敷设时，导线距地面均不得低于 2.7m，否则应将导线穿在钢管或硬塑料管内加以保护。

（2）导线穿过楼板时应将导线穿在钢管或硬塑料管内加以保护，管长度应从高于楼板 2m 处引至楼板下出口为止。

（3）导线穿墙时应增设穿线管加以保护，穿线管可采用瓷管或塑料管。穿线管两端出线口伸出墙面不小于 10mm，以防导线与墙壁接触。导线穿出墙外时，穿线管应向墙外地面倾斜，以防雨水倒流入管内。

（4）导线沿墙壁或天花板敷设时，导线与建筑物间的距离一般不小于 100mm。导线敷设在有伸缩缝的地方时，应稍显松弛。

（5）导线相互交叉时为避免碰线，每根导线应套上塑料管或其他绝缘管，并将套管固定。

（6）导线之间的距离、导线与建筑物的距离以及固定点的最大允许距离应符合规程要求。

**13. 室内配线的施工步骤**

室内配线无论采用什么布线方式，其施工步骤基本相同，一般包括以下几道工序：

（1）根据施工图确定配电箱、灯具、插座、开关、接线盒等设备预埋件的位置。

（2）确定导线敷设的路径，穿墙、穿楼板的位置。

（3）配合土建施工，预埋好管线或布线固定材料、接线盒（包括插座盒、开关盒等）及木砖等预埋件。在线管弯头较多、穿线难度较大的场所，应预先在线管中穿牵引铁丝。

（4）安装固定导线的元件。

（5）按照施工工艺要求，敷设导线。

（6）连接导线、包缠绝缘，检查线路的安装质量。

（7）完成开关、插座、灯具及用电设备的接线。

（8）进行绝缘测试、通电试验及全面验收。

**14. 护套线明敷时施工的步骤**

（1）敷设前的准备工作：根据图纸确定线路的走向及各种电器的安装位置，然后用弹线袋划线。

（2）护套线的敷设：敷设护套线分两步进行，首先根据线路的走向放线，然后钉塑料线卡，固定导线。

（3）按图纸要求安装灯具、开关、插座等电器。

（4）按施工工艺要求接线。

（5）绝缘测试及通电试验。

明敷护套线施工过程中的注意事项如下：

（1）导线的截面积应符合要求。一般室内敷设护套线时，铜芯导线的截面积不低于 $1mm^2$，铝芯导线的截面积不低于 $1.5mm^2$；室外敷设护套线时，铜芯导线的截面积不低于 $1.0mm^2$，铝芯导线的截面积不低于 $2.5mm^2$，明敷护套线时，其截面积不宜大于 $6mm^2$。

（2）明敷护套线，应采用线卡沿墙壁、顶棚或建筑物构件表面直接敷设，固定点间距不应大于 0.30m。

（3）放线时，应留有适当余度，不能将导线在地上拖拉，以免损伤护套层。放线工作最好两人进行，不要将导线扭曲。

（4）敷设导线时，应横平竖直。弯曲导线应均匀，弯曲半径不得小于线径的 3 倍。转弯的地方应用塑料线卡固定。

（5）导线不能在线路上直接连接，需要连接时，应采用"走回头线"的方法或增加接线盒，导线接头应在接线盒内。

（6）两根护套线相互交叉时，交叉处要用四个塑料卡固定。

（7）护套线离地的最小距离不得小于 0.15m。凡穿楼板和离地的最小距离小于 0.15m 时，应加装钢管（或硬塑料管），以免导线遭受机械损伤。

（8）护套线与接地导体及不发热的管道紧贴交叉时，应加绝缘管保护，敷设在易受机械损伤的场所应用钢管保护。

### 3.3.3 布线材料的使用和要求

1. 硬质塑料管

硬质塑料管布线一般适用于室内场所和有酸碱腐蚀性介质的场所，但在易受机械损伤的场所不宜采用明敷设。建筑物顶棚内，可采用难燃型硬质塑料管布线。硬质塑料管布线的基本要求有：

（1）硬质塑料管暗敷或埋地敷设时，引出地（楼）面不低于 0.5m 的一段管路，应采取防止机械损伤的措施。

（2）采用硬质塑料管布线时，绝缘导线在管内的填充率应符合下列规定：三根及以上绝缘导线穿于同一根管时，其总截面积（包括外护层）不应超过管内截面积的 40%；两根绝缘导线穿于同一根管时，管内径不应小于两根导线外径之和的 1.35 倍（立管可取 1.25 倍）。

2. 导线截面积

对固定敷设的导线最小芯线截面积的规定见表 3-4。

表 3-4　　　　　　　固定敷设的导线最小芯线截面积

| 敷设方式 | 最小线芯截面积（mm²） | |
| --- | --- | --- |
| | 铜芯 | 铝芯 |
| 裸导线敷设于绝缘子上 | 10 | 10 |
| 室内：$l \leqslant 2m$ | 1.0 | 2.5 |
| 室外：$l \leqslant 2m$ | 1.5 | 2.5 |

续表

| 敷设方式 | 最小线芯截面积（mm²） | |
| --- | --- | --- |
| | 铜 芯 | 铝 芯 |
| 室内外：2m＜l≤6m | 2.5 | 4 |
| 室内外：6m＜l≤16m | 4 | 6 |
| 室内外：16m＜l≤25m | 6 | 10 |
| 绝缘导线穿管敷设 | 1.0 | 2.5 |
| 绝缘导线槽板敷设 | 1.0 | 2.5 |
| 绝缘导线线槽敷设 | 0.75 | 2.5 |
| 塑料绝缘护套导线扎头直敷 | 1.0 | 2.5 |

### 3. 导线间距

采用鼓形、针形绝缘子布线时，对导线最小间距的要求见表3-5。

表3-5 绝缘导线最小间距

| 支持点间距（l） | 导线最小间距（m） | |
| --- | --- | --- |
| | 屋内布线 | 屋外布线 |
| l≤1.5m | 50 | 100 |
| 1.5m＜l≤3m | 75 | 100 |
| 3m＜l≤6m | 100 | 150 |
| 6m＜l≤10m | 150 | 200 |

### 4. 绝缘导线与建筑物的间距

室外布线时，对绝缘导线与建筑物的最小间距的要求见表3-6。

表3-6 室外布线的绝缘导线与建筑物的最小间距

| 布 线 方 式 | 最小间距（mm） |
| --- | --- |
| 水平敷设时的垂直间距 | 2500 |
| 在阳台、平台上和跨越建筑物顶 | 200 |
| 在窗户上在窗户下 | 800 |
| 垂直敷设时至阳台、窗户的水平间距 | 600 |
| 导线至墙壁和构架的间距（挑檐下除外） | 35 |

### 5. 金属管、金属线槽

金属管、金属线槽布线宜用于屋内、屋外场所，但对金属管、金属线槽有严重腐蚀的场所不宜采用。在建筑物的顶棚内，必须采用金属管、金属线槽布线。明敷或暗敷于干燥场所的金属管应采用管壁厚度不小于 1.5mm 的电线管。直接埋于土内的金属管，应采用水煤气钢管。穿金属管或金属线槽的交流线路，应使所有的相线和 N 线在同一外壳内。

6. **电线管与热水管、蒸汽管同侧敷设时的要求**

电线管与热水管、蒸汽管同侧敷设时，电线管应敷设在热水管、蒸汽管的下面。当有困难时，可敷设在热水管、蒸汽管上面，相互间的净距不宜小于下列数值：

（1）当电线管敷设在热水管下面时为 0.2m，在上面时为 0.3m。

（2）当电线管敷设在蒸汽管下面时为 0.5m，在上面时为 1m。当不能符合上述要求时，应采取隔热措施。对有保温措施的蒸汽管，上下净距均可减至 0.2m。

（3）电线管与其他管道（不包括可燃气体及易燃、可燃液体管道）的平行净距不应小于 0.1m。当与水管同侧敷设时，宜敷设在水管的上面。

（4）管线互相交叉时的距离，不宜小于相应上述情况的平行净距。

7. **塑料管和塑料布线槽**

塑料管和塑料线槽布线宜用于屋内场所和有酸碱腐蚀介质的场所，但在易受机械操作的场所不宜采用明敷，应符合以下基本要求：

（1）塑料管暗敷或埋地敷设时，引出地（楼）面一段管路，应采取防止机械损伤的措施。

（2）布线用塑料管（硬塑料管、半硬塑料管、可挠管）、塑料线槽，应采用难燃型材料，其氧指数应在 27 以上。

（3）穿管的绝缘导线（两根除外）总截面积（包括外护层）不超过管内截面面积的 40%。

（4）金属管布线和硬质塑料管布线的管道较长或转弯较多时，宜适当加装拉线盒或加大管径；两个拉线点之间的距离应符合规定。

8. **对不同回路的线路在同一根管线内的穿线要求**

不同回路的线路不应穿于同一根管路内，但符合下列情况时，可穿在同一根管路内：

（1）标称电压为 50V 以下的回路。

（2）同一设备或同一流水作业线设备的电力回路和无防干扰要求的控制回路。

（3）同一照明灯具的几个回路。

（4）同类照明的几个回路，但管内绝缘导线总数不应多于 8 根。

（5）在同一个管道里有几个回路时，所有的绝缘导线都应采用与最高标称电压回路绝缘相同的绝缘。

9. 钢索布线

（1）钢索布线在对钢索有腐蚀的场所，应采取防腐蚀措施。钢索上绝缘导线至地面的距离，在屋内时为 2.5m；屋外时为 2.7m。

（2）屋内的钢索布线，采用绝缘导线明敷时，应采用瓷夹、塑料夹、鼓形绝缘子或针式绝缘子固定；用护套绝缘导线、电缆、金属管或硬塑料管布线时，可直接固定于钢索上。

（3）屋外的钢索布线，采用绝缘导线明敷时，应采用鼓形绝缘子或针式绝缘子固定；采用电缆、金属管或硬塑料管布线时，可直接固定于钢索上。

（4）钢索布线所采用的铁线和钢绞线的截面积，应根据跨距、荷重和机械强度选择，其最小截面积不宜小于 $10mm^2$。钢索固定件应镀锌或涂防腐漆。钢索除两端拉紧外，跨距大的应在中间增加支持点；中间的支持点间距不应大于 12m。

（5）在钢索上吊装金属管或塑料管布线时，应符合下列要求：

1）支持点最大间距符合表 3-7 的规定。

表 3-7　　　　　　　　支 持 点 最 大 间 距

| 布 线 类 别 | 金属管 | 塑料管 |
|---|---|---|
| 支持点间距（mm） | 1500 | 1000 |
| 支持点距灯头盒（mm） | 200 | 150 |

2）吊装接线盒和管道的扁钢卡子宽度不应小于 20mm；吊装接线盒的卡子不应少于 2 个。

（6）钢索上吊装绝缘导线布线时的要求：

1）采用铝片卡固定直敷在钢索上时，其支持点间距不应大于 500mm；卡子距接线盒的距离不应大于 100mm。

2）采用橡胶和塑料护套绝缘线时，接线盒应采用塑料制品。

3）钢索上采用绝缘子吊装绝缘导线布线时，应符合下列要求：

a. 支持点间距不应大于 1.5m。线间距离，屋内不应小于 50mm；屋外不应小于 100mm。

b. 扁钢吊架终端应加拉线，其直径不应小于 3mm。

10. 采用裸导体布线时的要求

（1）裸导体布线应用于工业企业厂房，不得用于低压配电室。

（2）遮护的裸导体至地面的距离，不应小于 3.5m；采用防护等级不低于 IP2X 的网孔遮栏时，不应小于 2.5m。遮栏与裸导体的间距，应符合规定。

（3）裸导体与需经常维护的管道同侧敷设时，裸导体应敷设在管道的上面。裸导体与需经常维护的管道（不包括可燃气体及易燃，可燃液体管道）以及与生产设备最凸出部位的净距不应小于 1.8m。当其净距小于或等于 1.8m 时应加遮护。

（4）裸导体的线间及裸导体至建筑物表面的最小净距应符合表 3-8 的规定。

表 3-8　　　　　　　　裸导体的线间及裸导体至建筑物表面的最小净距

| 固定点间距（$l$） | 最小净距（mm） | 固定点间距（$l$） | 最小净距（mm） |
| --- | --- | --- | --- |
| $l \leqslant 2m$ | 50 | $4m < l \leqslant 6m$ | 150 |
| $2m < l \leqslant 4m$ | 100 | $6m < l$ | 200 |

（5）硬导体固定点的间距，应符合在通过最大短路电流时的动稳定要求。

（6）起重行车上方的裸导体至起重行车平台铺板的净距不应小于 2.3m，当其净距小于或等于 2.3m 时，起重行车上方或裸导体下方应装设遮护。除滑触线本身的辅助导线外。裸导体不宜与起重行车滑触线敷设在同一支架上。

11. 采用金属软管敷设时的基本要求

（1）钢管与电气设备、器具间的电线保护管宜采用金属软管或可挠金属电线保护管；金属软管的长度不宜大于 2m。金属软管应敷设在不易受机械损伤的干燥场所，且不应直埋于地下或混凝土中。

（2）当在潮湿等特殊场所使用金属软管时，应采用带有非金属护套且附配套连接器件的防液型金属软管，其护套应经过阻燃处理。金属软管不应退绞、松散，中间不应有接头；与设备、器具连接时，应采用专用接头，连接处应密封可靠；防液型金属软管的连接处应密封良好。

（3）金属软管的安装应符合下列要求：

1）弯曲半径不应小于软管外径的 6 倍。

2）固定点间距不应大于 1m，管卡与终端、弯头中点的距离宜为 300mm。

3）与嵌入式灯具或类似器具连接的金属软管，其末端的固定管卡，宜安装在自灯具、器具边缘起沿软管长度的 1m 处。

4）金属软管应可靠接地，且不得作为电气设备的接地导体。

12. 瓷夹板配线的施工步骤

采用瓷夹板配线时，线路的结构简单，安装维护方便，但由于瓷夹板的机械强度小，容易损坏，因此这种配线方式已逐渐被护套线配线所取代。瓷夹板配线的施工步骤如下：

（1）定位。根据施工图上灯具、开关、插头等电器的安装地点，导线的敷设位置，确定瓷夹板的安装位置。

（2）划线。划线可采用划线袋或边缘标有尺寸的木板。划线时要注意相邻夹板间的距离不要太大，排列要对称均匀。

（3）凿眼。根据划线所定的位置凿眼。

（4）孔眼凿好后，在孔眼中安装木楔或埋设缠有铁丝的木螺钉。

（5）埋设穿墙套管或楼板钢管。

（6）固定瓷夹板。可根据现场情况，采用木螺钉、膨胀螺栓或环氧树脂粘结法固定。

（7）敷设导线。先将导线的一端固定在瓷夹内，然后拉直导线；把两根导线放入瓷夹的两条槽内并用左手拉紧导线，右手拧紧瓷夹板的固定螺钉，敷设好导线。

# 3.4 照明电气设备的安装与照明线路

## 3.4.1 照明电气设备的安装

### 1. 对建筑工程的要求

（1）妨碍灯具安装的模板、脚手架应拆除。

（2）顶棚、墙面等抹灰工作应已完成，地面清理工作应结束。

（3）电气照明装置施工结束后，对施工中造成的建筑物、构筑物局部破损部分，应修补完整。

（4）当在砖石结构中安装电气照明装置时，应采用预埋吊钩、螺栓、螺钉、膨胀螺栓、尼龙塞或塑料塞固定；严禁使用木楔。当设计无规定时，上述固定件的承载能力应于电气照明装置的重量相匹配。

（5）在危险性较大及特殊危险场所，当灯具距地面高度小于 2.4m 时，应使用额定电压为 36V 及以下的照明灯具，或采取保护措施。

（6）安装在绝缘台上的电气照明装置，其导线的端头绝缘部分应伸出绝缘台的表面。

（7）电气照明装置的接线应牢固，电气接触应良好；需接地或接零的灯具、开关、插座等非带电金属部分，应有明显标志的专用接地螺钉。

（8）电气照明装置的施工及验收，应符合相关的国家现行标准。

2. 照明灯具安装的要求

（1）采用钢管作灯具的吊杆时，钢管内径不应小于 10mm；钢管壁厚度不应小于 1.5mm。

（2）吊链灯具的灯线不应受拉力，灯线应与吊链编织在一起。

（3）软线吊灯的软线两端应作保护扣；两端芯线应搪锡。

（4）同一室内或场所成排安装的灯具，其中心线偏差不应大于 5mm。

（5）日光灯和高压水银灯及其附件应配套使用，安装位置应便于检查和维修。

（6）灯具固定应牢固可靠。每个灯具固定用的螺钉或螺栓不应少于 2 个；当绝缘台直径为 75mm 及以下时，可采用 1 个螺钉或螺栓固定。

（7）当吊灯灯具质量大于 3kg 时，应采用预埋吊钩或螺栓固定；当软线吊灯灯具质量大于 1kg 时，应增设吊链。

（8）投光灯的底座及支架应固定牢固，枢轴应沿需要的光轴方向拧紧固定。

（9）固定在移动结构上的灯具，其导线宜敷设在移动构架的内侧；在移动构架活动时，导线不应受拉力和磨损。

（10）公共场所用的应急照明灯和疏散指示灯，应有明显的标志。无专人管理的公共场所照明宜装设自动节能开关。

（11）每套路灯应在相线上装设熔断器。由架空线引入路灯的导线，在灯具入口处应做防水弯。

3. 金属卤化物灯的安装要求

（1）灯具安装高度宜大于 5m，导线应经接线柱与灯具连接，且不得靠近灯具表面。

（2）灯管必须与触发器和限流器配套使用。

（3）落地安装的反光照明灯具，应采取保护措施。

4. 嵌入顶棚内灯具的安装要求

（1）灯具应固定在专设的框架上，导线不应贴近灯具外壳，且在灯盒内应留有余量，灯具的边框应紧贴在顶棚面上。

（2）矩形灯具的边框宜与顶棚面的装饰直线平行，其偏差不应大于 5mm。

（3）日光灯管组合的开启式灯具，灯管排列应整齐，其金属或塑料的间隔片不应有扭曲等缺陷。

5. 插座的安装与接线要求

（1）插座的安装高度应符合设计的规定，当设计无规定时，应符合下列要求：

1）距地面高度不宜小于 1.3m；托儿所、幼儿园及小学校不宜小于 1.8m；同一场所安装的插座高度应一致。

2）车间及试验室的插座安装高度距地面不宜小于 0.3m；特殊场所暗装的插座不应小于 0.15m；同一室内安装的插座高度差不宜大于 5mm；并列安装的相同型号的插座高度差不宜大于 1mm。

（2）落地插座应具有牢固可靠的保护盖板。

（3）暗装的插座应采用专用盒；专用盒的四周不应有空隙，且盖板应端正，并紧贴墙面。

（4）在潮湿场所，应采用密封良好的防水防溅插座。

（5）插座的接线应符合如下要求：

1）单相两孔插座，面对插座的右孔或上孔与相线相接，左孔或下孔与零线接；单相三孔插座，面对插座的右孔与相线相接，左孔与零线相接。

2）单相三孔、三相四孔及三相五孔插座的接地线或接零线均应接在上孔。插座的接地端子不应与零线端子直接连接。

3）当交流、直流或不同电压等级的插座安装在同一场所时，应有明显的区别，且必须选择不同结构、不同规格和不能互换的插座；其配套的插头，应按交流、直流或不同电压等级区别使用。

4）同一场所的三相插座，其接线的相位必须一致。

6. 开关的安装要求

（1）安装在同一建筑物、构筑物内的开关，宜采用同一系列的产品，开关的通断位置应一致，且操作灵活、接触可靠。

（2）开关安装的位置应便于操作，开关边缘距门框的距离宜为 0.15～0.2m；开关距地面高度宜为 1.3m；拉线开关距地面高度宜为 2～3m，拉线出口应垂直向下。

（3）并列安装的相同型号开关距地面高度应一致，高度差不应大于 1mm；同一室内安装的开关高度差不应大于 5mm；并列安装的拉线开关的相邻间距不宜小于 20mm。

（4）相线应经开关控制；民用住宅严禁装设床头开关。

（5）暗装的开关应采用专用盒；专用盒的四周不应有空隙，且盖板应端正，并紧贴墙面。

7. 照明配电箱（板）的安装要求

（1）照明配电箱（板）内的交流、直流或不同电压等级的电源，应具有明显的标志。

（2）照明配电箱（板）不应采用可燃材料制作；在干燥无尘的场所，采用的木制配电箱（板）应经阻燃处理。

（3）导线引出面板时，面板线孔应光滑无毛刺，金属面板应装设绝缘保护套。

（4）照明配电箱（板）应安装牢固，其垂直偏差不应大于 3mm；暗装时，照明配电箱（板）四周应无空隙，其面板四周边缘应紧贴墙面，箱体与建筑物、构筑物接触部分应涂防腐漆。

（5）照明配电箱底边距地面高度宜为 1.5m；照明配电板底边距地面高度不宜小于 1.8m。

（6）照明配电箱（板）内，应分别设置零线和保护地线（PE 线）汇流排，零线和保护线应在汇流排上连接，不得绞接，并应有编号。

（7）照明配电箱（板）内装设的螺旋熔断器，其电源线应接在中间触点的端上，负荷线应接在螺纹的端子上。

（8）照明配电箱（板）上应标明用电回路名称。

### 3.4.2　照明线路的故障检查与处理

1. 照明线路常见故障

照明线路常见故障有短路故障和断线故障。引起短路、断线故障的原因有：

（1）安装不合格，导线连接不符合要求。如接头松动、有毛刺、多股导线未拧紧等。

（2）相线、零线连接处松动，两线距离过近，遇外力易引起短路故障。负荷过大使熔丝熔断，引起断线故障。

（3）恶劣天气的影响，如大风使绝缘导线互相碰撞摩擦，致使绝缘损坏造成相间短路。

（4）电气设备所处环境中有大量导电尘埃，防尘措施不当，易引起短路故障。

（5）人为因素的影响。

2. 照明线路的故障处理措施

照明电路发生故障时，应按以下步骤处理：

（1）故障调查。向现场人员了解故障的详细情况，找出故障现象，并初步

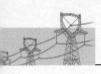

判断故障种类可能发生的部位。

（2）直观检查。通过闻、听、看、摸，进一步发现故障现象。如气味、声音、弧光、烟气、仪表、信号指示、发热等。分析故障现象，判断产生故障的原因及范围。

（3）检测判断法。利用仪器、仪表、结合原理图、对可能发生故障的线路、设备进行检查，确定故障点。

（4）逻辑分析法。依据故障现象及相关检查，结合设备的运行情况，通过分析、推理，进一步缩小故障范围。

（5）根据故障分析的结果，确定故障处理的方法。

（6）处理故障前，应检测设备是否有电。确认设备不带电后，方可进行故障处理。

（7）检修设备、更换元器件，必须按相关规程操作。检修完后，只有进行相关试验后，才能投入运行。

（8）处理故障时，应严格执行相关安全操作规程，针对不同的故障类型部位采取正确的处理措施。不能轻易更改线路，不能更换型号、规格不同的电器元件。排除故障后，应注意收集资料、总结经验、作好小结。

### 3.4.3 常用照明电路

#### 1. 日光灯的一般连接电路

日光灯已大量应用于家庭以及公共场所的照明，它具有发光效率高、寿命长等优点。图 3-5 所示为日光灯的一般连接电路图。其工作原理是：当开关闭合、电源接通后，灯管尚未放电，电源电压通过灯丝全部加在起辉器内的两个双金属触片上，使氖管中产生辉光放电发热，两触片接通，于是电流通过镇流器和灯管两端的灯丝，使灯丝加热并发射电子。此时，由于氖管被双金属触片短路，因此停止辉光放电，双金属片也因温度降低而分开，在此瞬间，镇流器产生相当高的自感电动势，与电源电压串联后加在

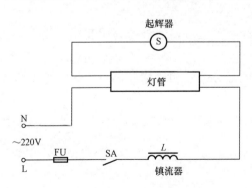

图 3-5　日光灯的一般连接电路图

灯管两端引起弧光放电，使日光灯发光。

在装配日光灯时，所配用的灯管功率要与镇流器相匹配，并且与日光灯起辉器所能起动的功率相匹配。

**2. 节电日光灯、白炽灯电路**

图 3-6 所示为白炽灯、日光灯混合节电电路图。安装时，首先准备 30W 日光灯管一只，起辉器一个，100W 的白炽灯泡一个，按照电路原理图接线安装。实践证明，该电路可延长白炽灯泡和日光灯管的使用寿命。由于不用镇流器，就可避免这部分的功率损耗。

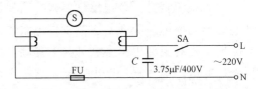

图 3-6　白炽灯、日光灯混合节电电路图

**3. 用直流电给日光灯供电的电路**

图 3-7 所示为直流电起动日光灯电路，可用来直接起动 6～8W 的日光灯。它是由一个晶体三极管 VT 组成的共发射极间歇振荡器，通过变压器在二次侧感应出间歇高压振荡波起动日光灯。

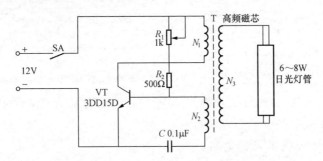

图 3-7　用直流电起动日光灯供电的电路

图 3-7 中，$R_1$ 和 $R_2$ 为 0.25W 电阻，电容 C 的容量可在 0.1～1μF 范围内选用，改变 C 的容量值，间歇振荡器的频率也会改变。变压器 T 的 $N_1=N_2=40$ 匝，线径为 0.35mm；$N_3$ 为 450 匝，线径为 0.21mm。

**4. 日光灯电子快速起辉器电路**

用一只二极管和一只电容器可组成一只电子起辉器，其起辉速度快，可大大减少日光灯管的预热时间，从而延长日光灯管的使用寿命，在冬天用此起辉器可达到一次性快速起动的目的。图 3-8 所示为日光灯电子快速起辉器电路。其中，二极管的反向击穿电压选在 190V 左右。开灯时，闭合开关 SA，电流某一半周期（零线为正时）经镇流器、灯丝、二极管给电容充电；另一半周期时，

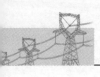

电源电压与电容电压叠加，击穿二极管（因时间短、电流不很大，一般不会造成二极管损坏）而产生高压，起动日光灯管。在灯管起动后，因两端灯丝间的电压降到 50～108V，低于二极管的击穿电压，所以日光灯便能正常工作。

### 5. 无功功率补偿日光灯电路

由于镇流器是一个电感性负载，需要消耗一定的无功功率，致使整个日光灯装置的功率因数降低，影响了供电设备能力的充分发挥，并且降低了用电地点的电压，对节约用电不利。为了提高功率因数，应在使用日光灯的地方，在日光灯的电源侧并联一个电容器，这样，镇流器所需的无功功率可由电容器提供。图 3-9 所示为无功功率补偿日光灯电路。

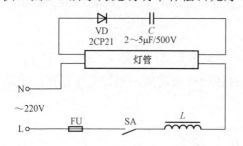

图 3-8　日光灯电子快速起辉器电路　　图 3-9　无功功率补偿日光灯电路

电容器的大小与日光灯的功率有关。日光灯的功率为 15～20W 时，选配电容的容量为 2.5μF；日光灯的功率为 40W 时，选配电容的容量为 4.75μF。电容的耐压值均为 400V。

### 6. 日光灯四线镇流器电路

四线镇流器有四根引线，分主、副线圈。主线圈的两引线和二线镇流器的接法一样，串联在灯管与电源之间。副线圈的两引线串联在起辉器与灯管之间，帮助起动用。由于副线圈匝数少，交流阻抗亦小，如果误把它接入电源主电路中，就会烧毁灯管和镇流器。所以，把镇流器接入电路前，必须看清接线说明，分清主、副线圈。也可用万用表检测，阻值大的为主线圈，阻值小的为副线圈。日光灯四线镇流器电路接线如图 3-10 所示。

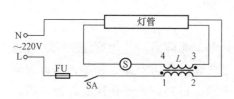

图 3-10　日光灯四线镇流器电路接线

### 7. 日光灯调光器

当客人临门、欢度节日、欣逢喜事时，希望灯光通亮；而在休息、观赏电视、照料婴儿时，则不需要太明亮的灯光。为了实现这种要求，可使用调光器调节灯光的亮度。图 3-11 所示为日光灯的调光器电路。起辉前，应把亮度调至最大以保证正常起辉；起辉后，再把亮度调到需要的大小。VD1～VD4 可选用 5A/400V 的任何型号的整流二极管。

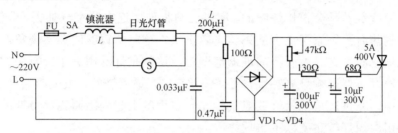

图 3-11　日光灯的调光器电路

### 8. 日光灯节能电子镇流器

日光灯节能电子镇流器具有工作电压宽、低压易起动、工作时无蜂音、无闪烁、节能省电等特点。日光灯节能电子镇流器典型电路之一如图 3-12 所示。由 VD1～VD4、$C_1$ 组成桥式整流滤波电路，把交流 220V 转换成 300V 左右的直流电，供振荡激励电路使用。$R_1$、$C_2$、双向触发二极管可构成触发起振电路，VT1、VT2 及相应元件构成主振电路。在 VT1、VT2 截止时，自感扼流圈 B1、B2 产生高压，起动日光灯管，$C_5$、$R_7$ 的作用是为了消除因瞬间高压对日光灯丝的冲击而形成的灯管两端早期老化发黑的现象，以延长灯管的使用寿命。

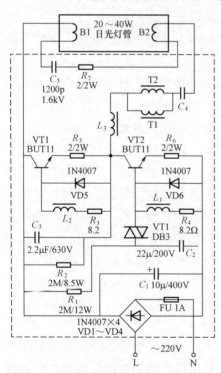

图 3-12　日光灯节能电子镇流器电路

### 9. 白炽灯照明电路

图 3-13 所示为白炽灯照明电路。它由熔丝、开关、白炽灯泡串联起来并接于交流电源 220V 电路上。开关应安装在电源的相线上，白炽灯电路应用较广，具有电路简单、实用、更换灯泡方便等优点。白炽灯由灯头、玻璃泡和灯丝三部分构成。灯丝是用钨丝做成的；玻璃泡一般用透明玻璃制成，也有用磨砂的乳白色玻璃壳及彩色玻璃壳的。40W 以下的灯泡玻璃壳内抽成真空；40W 以上的抽真空后

还充进少量氩气或氮气。

　　白炽灯是电流通过灯丝时使灯丝灼热至白炽状态而发光的。灯丝的温度越高，发出的光就越强。点亮时，灯丝的温度一般在 2000℃ 以上。在空气中，这样高的温度灯丝是会很快烧断的，所以必须将玻璃泡中的空气抽去。即使这样，灯丝在灼热时，钨原子还会从钨丝飞散出来，这就是钨丝的蒸发现象。蒸发出来的钨原子凝聚在温度较冷的玻璃泡壁上，这就是灯泡用久了会发黑的原因。钨丝的蒸发不但影响灯光亮度，还使钨丝变细，最后烧断，大大影响灯泡寿命。在灯泡中，充进适量的氩气或氮气能在一定程度上起到阻碍钨丝蒸发的作用。

　　使用白炽灯应注意以下事项：

　　（1）白炽灯的额定电压要与电源电压相符；

　　（2）使用螺口灯泡要把相线接到灯座中心触点上；

　　（3）白炽灯安装在露天场所时要加防水灯座和灯罩；

　　（4）普通白炽灯泡要防潮、防振（特制的耐振灯泡除外）；

　　（5）家庭装修布设照明暗线时，要选用足够大截面积的铜导线，并穿入防火的塑料软管，接头要接在接线盒内；

　　（6）所用灯头、灯泡、开关等一切电器产品要使额定功率相配套，并选用合格的产品。

　　10. 自镇流荧光高压汞灯电路

　　自镇流荧光高压汞灯是一种气体放电灯，灯泡内的限流钨丝和石英弧管相串联。限流钨丝不仅能起到镇流作用，而且有一定的光输出。因此，它具有光色好、起动快、使用方便及可省去外接镇流器等

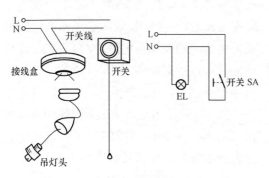

图 3-13　白炽灯照明电路

优点，适用街道、场院等场所的照明。灯泡的外形与接线方式，如图 3-14 所示。

　　使用荧光高压汞灯时应注意下列事项：

　　（1）自镇流荧光高压汞灯的起燃电流较大，这就要求电源线的额定电流与熔丝要与灯泡功率相符。电线接头要接触牢靠，以免松动造成灯泡起燃困难或自动熄灭。

　　（2）灯泡采用的是螺旋式灯头，安装灯泡时不要用力过猛，以防损坏灯泡。

　　（3）灯泡的火线应接入螺口灯头的舌头接点上，以防触电。

（4）电源电压不应波动太大，超过±5%额定电压时，可能引起灯泡自动熄灭。

（5）灯泡在点燃中突然断电，如再通电点燃，灯泡需待 10～15min 后自行点燃，这是正常现象。如果电源电压正常，又无线路接触不良，灯泡仍有熄灭和自行点燃现象反复出现，则说明需要更换灯泡。

（6）灯泡起辉后，4～8min 才能正常发光。

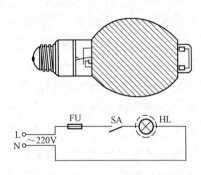

图 3-14　自镇流荧光高压汞灯电路

### 11. 照明高压汞灯电路

高压汞灯又叫高压水银灯，其结构和安装接线图如图 3-15 所示。高压汞灯有两个主电极和一个辅助电极。外玻璃管的形状是依据点燃时使管壁具有均匀温度而设计的。在外壳的内壁上还涂有荧光粉。制造时，抽去内、外玻璃壳里的空气后，再在内管中充以适量的汞和少量氩气，有的还在内、外玻璃之间充进氮气。

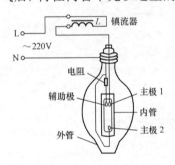

图 3-15　照明高压汞灯电路

高压汞灯的发光原理是：当电源刚接通时，由于两个主极间的距离较大，它们之间还不能立即导电。但是辅助极是通过一个电阻与主极 2 连接的，它与主极 1 相距很近，加上的电源电压足以使它们之间的气体导电，发出红色辉光。辅助极与主极 1 之间的导电，促进了两个主极间的氩气导电，同时使水银受热蒸发电离并参与导电，迅速地形成电弧放电。两主极之间导电以后电流较大，在镇流器上有较大的电压降，再加上起动电阻上的电压降，使辅助极与主极 1 之间的电压降得很低，不足以维持放电，辅助极便停止工作。水银蒸气导电时除放出一部分蓝绿色光外还放出紫外线，使涂在外壳壁上的荧光粉发光。这种灯在正常发光时，放电管内汞蒸气气压很高，可达 0.2～0.4MPa，故叫做高压汞灯。

高压汞灯从起动到正常发光大约需要 10min。使用时要注意熄灯后不能立即再起燃，必须冷却 5～10min，待灯管内的水银蒸气压力降低后才能再次开灯，以免损坏灯泡。

### 12. 照明碘钨灯电路

碘钨灯也是一种白炽灯，但结构上与普通灯泡不同，其钨丝放在一根细长的石英玻璃管内，并用许多支架支撑，如图 3-16 所示。石英管内抽成真空后充

有微量的碘，当点燃时，钨丝表面蒸发，钨原子黏附在管壁上；同时，管内的碘受热汽化。如果管壁的温度高于 250℃，则碘便与黏附在管壁上的钨原子发生化学反应生成气态的碘化钨。碘化钨气体向灯丝扩散，在灯丝附近的高温区域又分解为钨和碘，钨原子回到灯丝上，碘原子则又向管壁扩散，形成碘钨循环。可见，碘在这里起着"回收"钨原子的作用，把灯丝蒸发出来的钨不断地送回灯丝。但是，要使这个"回收"工作顺利进行，灯管内的碘蒸气或碘化钨气体不能有对流运动，否则钨原子就不能均匀地回到钨丝上。为了减少灯管内气体的对流作用，灯管要做得较细，而且要水平安装（倾斜度不超过 7°）。碘钨灯的管壁温度较高（500～700℃），灯管需用耐高温的石英玻璃或高硅氧玻璃制造。使用碘钨灯时，要注意周围不要有易燃物品。

碘钨灯与普通白炽灯相比，由于对阻止钨丝的蒸发方面进行了改进，因此大大提高了灯泡的使用效率和寿命。碘化钨循环的作用，使灯丝不会因蒸发而变细，大大延长了灯泡寿命，玻璃壳也不会变黑，更主要的是灯丝可以有更高的工作温度，提高了发光效率。

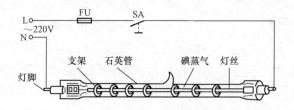

图 3-16　照明碘钨灯电路

### 13. 探照灯、红外线灯、碘钨灯电路

探照灯适用于铁路、建筑工地及远距离照明。探照灯只要它的额定电压和电源电压一致，即可直接并接在电源上，如图 3-17 所示。

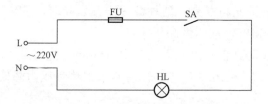

图 3-17　探照灯、红外线灯、碘钨灯的电路

红外线灯主要应用于医疗化工等方面，其电路接线同上。

碘钨灯具有体积小、使用时间长、光线好、光效高等优点，灯管两端的接线柱也同样是直接与电源相连接。

### 14．管形氙灯电路

图 3-18 所示为管形氙灯电路。1 为高压输出端，应注意绝缘。触发控制端在触发时电流很大，需配上一只 CJ 10－20 接触器 KM。起动时，按下按钮 SB，灯管即可点燃。线路中，3 接相线，4 接中性线，1、2 接灯管两端。

### 15．钠灯电路

钠灯常用于路灯照明，具有光线柔和、发光效率高等优点。钠灯又分为低压钠灯和高压钠灯两种。低压钠灯发出的是单色荧光，它的发光效率很高，一般一个 90W 的钠灯，相当

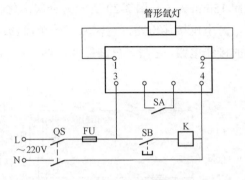

图 3-18　管形氙灯电路

于一个 250W 的高压水银灯泡。另一种则为高压钠灯，它是将钠的蒸气压力提高，并充进少量的水银，光谱线为黄色或红色，其特点是发光效率高、寿命长，广泛适用于道路、车站、广场、厂矿企业照明。

高压钠灯线路如图 3-19 所示。图 3-19（a）所示为高压钠灯的一种常用接线线路。它的特点是在灯的制造过程中，在外玻泡内有一种起动用的热控开关。起动时，电流流过热控开关和加热线圈，当热控开关受热打开时，镇流器产生脉冲高压，使灯内钠气击穿放电，在起动后，热控开关靠放电管的高温保持继续断开位置。图 3-19（b）所示为高压钠灯带电子起动器的接线图。

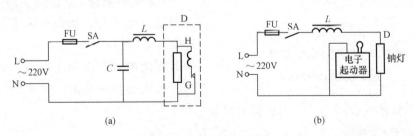

(a)　　　　　　　　　　　　(b)

图 3-19　高压钠灯电路

（a）常用接线线路；（b）带电子起动器的接线

### 16. 金属卤化物灯电路

金属卤化物灯照明广泛应用于广场、高大厂房及高照明度的场所。它的内管充有惰性气体和汞蒸气及卤化物。卤化物是由碘、溴、锡和钠等金属化合物组成的。这种灯的特点是发光效率高、功率大，但寿命较低，从起动到稳定正常发光需 15min 左右。图 3-20 所示为金属卤化物灯电路。图 3-20（a）所示为采用 380V 电源电压接线电路，它需专制的镇流器；图 3-20（b）所示为接工频电压 220V 的接线电路，它需一只漏磁变压器，所标注的灯泡功率为 DDG-250W 或 400W。

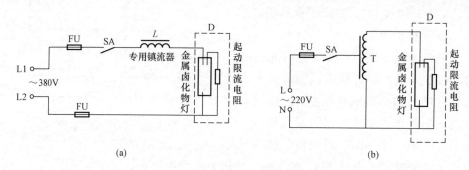

图 3-20　金属卤化物灯电路

（a）接 380V 电源；（b）接 220V 电源

### 3.4.4　节能照明电路的接线

#### 1. 低压灯泡在 220V 电源上使用的接线

一般低压灯泡接入 220V 交流电源时需要一只变压器，这样的变压器体积

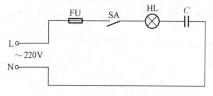

图 3-21　低压灯泡在 220V
电源上使用的接线

增大，价格也高。如果将低压灯泡和一只容量合适的电容器串联后，就可直接接入 220V 交流电源了，如图 3-21 所示。这种方法简便易行，如在车床上安装指示灯时可采用。

串联的电容器起降压作用。容量要适当，过大会烧坏灯泡，过小则灯光太暗，可根据试验而定。它的估算公式为

$$C=15I$$

式中　$I$——低压灯泡的额定电流，A。

另外，电容的耐压值要大于 400V。低压灯泡采取这种使用方法时，应特别

注意绝缘保护，以防触电。

**2. 将两只 110V 灯泡接在 220V 电源上的接线**

我国的单相交流电源电压为 220V，按如图 3-22 所示的接线方法将两只 110V 灯泡接在 220V 电源上使用，接线方法为串联法。

注意：两只 110V 的灯泡功率必须相同，否则，灯泡功率比较小的一个将极易被烧坏。

**3. 延长白炽灯寿命的电路**

在楼梯、走廊、厕所等场所使用的照明灯，照明度要求不高，但由于电源电压升高或在开灯瞬间受到电流冲击的影响，很容易烧坏灯泡。延长寿命的一个简便的方法，是采用两只功率相同、电压均为 220V 的白炽灯相串联，一起连接在电压为 220V 的电源回路里，如图 3-23 所示。因为每只灯泡的电压降低了，故发光效率也降低了。

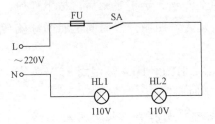

图 3-22　将两只 110V 灯泡接在 220V
　　　　　电源上的使用

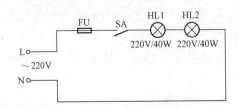

图 3-23　　延长白炽灯寿命的电路

**4. 用二极管延长白炽灯寿命的电路**

在楼梯、走廊、厕所灯照明亮度要求不高的场所，可采用二极管延长灯泡的使用寿命，即在拉线开关内加装一只耐压大于 400V、电流为 1A 的整流管。其工作原理是：220V 交流电源通过半波整流，使灯泡只有半个周期中有电流通过，从而达到延长白炽灯寿命的目的，但灯泡亮度将会降低，如图 3-24 所示。

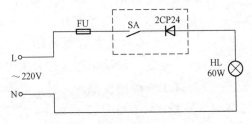

图 3-24　用二极管延长白炽灯寿命的电路

5. 照明灯自动延时关灯电路

图 3-25 所示为是照明灯自动延时关灯电路，可以有效地做到"人走灯灭"。

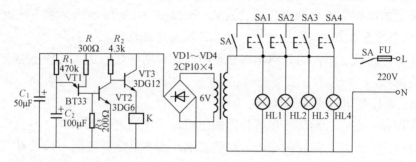

图 3-25　照明灯自动延时关灯电路

电路中，SA1、SA2、SA3、SA4 分别是设在四层楼梯上的开关，HL1、HL2、HL3、HL4 四盏灯分别装在四层楼的楼梯上。当人走进走廊后，按下任何一个开关按钮，四盏照明灯因全部接通电源而发光。照明一段时间，照明灯就会自动熄灭。

电路中，继电器用 JRX—13F 型继电器；HL1～HL4 灯泡用 15W 为宜；$R_1$ 的阻值可改变延时时间。

6. 楼房走廊照明灯自动延时关灯电路

图 3-26 所示为楼房走廊照明灯节电电路。当人走进楼房走廊时，按下任何一个按钮，KT 时间继电器吸合，使 KT 延时断开的动合触点闭合，照明灯点亮。延时动合触点经过了一段时间后打开，使走廊的灯自动熄灭。

电路中，延时继电器用 JS7—4A 断电延时时间继电器，电源电压为 220V。这种延时时间继电器在线圈得电后动作，使 KT 吸合，然后在线圈失电后延迟一段时间后才断开。

7. 路灯光电控制电路

这是一种简单的光控开关电路，如图 3-27 所示。当晚上（照明度很低）时，光敏电阻 GR 的阻值增大，VT1 的基极电流减小直至截止，于是 VT2 也截止。VT2 的集电极电压上升使 VT3 导通，继电器 K 吸合，点亮路灯。早上天刚亮（照度高），GR 的阻值

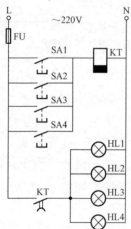

图 3-26　楼房走廊照明灯自
动延时关灯电路

减小，使 VT1 导通，于是与上述过程相反，关闭路灯（电路中 K 的触点没有画出，在路灯电源线路上）。

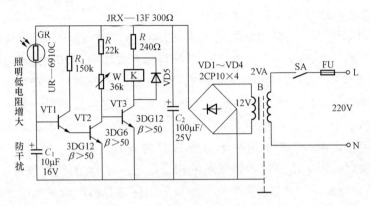

图 3-27　路灯光电控制电路（～220V）

继电器 K 为 JRX—13F 型，电源变压器采用次级输出为 12V 的小型电源变压器，功率约为 2W。桥式整流器采用 2CP10 型整流管。

8. 延时节能路开关电路

图 3-28 所示为延时节能灯开关电路。该电路相当于一个双端器件，可直接替代现有的照明开关。

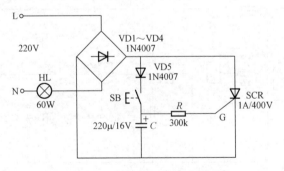

图 3-28　延时节能灯开关电路

使用时，按一下按钮 SB，220V 交流电经过灯泡降压、桥式整流后得到脉动直流电，经二极管 VD5 向电容 C 快速充电，当电容器上的电压高于单向晶闸管 SCR 的控制极触发电压时，单向晶闸管被触发导通，灯泡点亮。松开按钮 SB 后，电容器上的电荷通过电阻器 R 放电，维持单向晶闸管的导通，灯泡继续发光。随着电容 C 的放电，延时一段时间（1～2min），最后 C 上的电压不足以维持晶闸管的导通，晶闸管自动关断，灯泡熄灭，从而完成一次延时开灯过程。

### 9. 光控声控节能楼梯开关电路

该电路采用一片六反相器集成电路 CD4069，工作稳定，调试简便，体积小，便于安装。图 3-29 所示为光控声控节能楼梯开关电路。220V 交流电经 VD1～VD4 桥式整流，电阻 $R_1$ 降压，$C_1$ 滤波，VD5 稳压，得到 +5V 直流电供控制电路。白天光电管 2CU 受光照呈低阻，将 IC⑬脚限定为低电平，音频信号不能通过，⑧脚为低电平，晶闸管得不到触发电压而截止，灯泡不良。晚上，2CU 因无光照而呈高阻，⑬脚的电平不再受 2CU 的限制。此时，当楼道有人走动、说话或击掌时，压电陶瓷片拾取微弱的声音信号，经 $U_1$ 的线性放大，$U_2$ 整形，由 $C_4$ 耦合给⑬脚，经 $U_3$、$U_4$ 的进一步整形，使⑩脚瞬时输出高电平，经二极管 VD5 迅速对电容器 $C_3$ 充电，⑤脚呈高电平，⑥脚呈低电平，⑧脚呈高电平，晶闸管触发导通，灯亮。此后，IC 靠 $C_1$ 上的电荷维持供电。声音消失后，⑩脚变为低电平，但由于 VD6 的反偏隔离作用，$C_3$ 上的电荷通过 $R_3$ 缓慢泄放，维持⑤脚高电平 15s 左右时间，期间晶闸管导通，灯泡一直工作，待 15s 后，⑤脚变为低电平，⑧脚也为低电平，晶闸管关断，照明灯自动熄灭，整个电路等待下一次的声波触发。

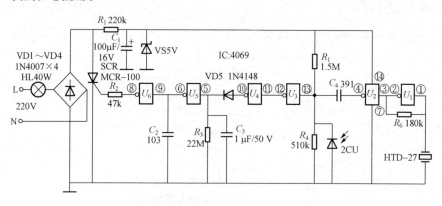

图 3-29　光控声控节能楼梯开关电路（$C_2$、$C_4$ 的单位为 μF/50V）

### 10. 电容降压节能灯电路

为了节约用电，楼房及家庭的楼梯、过道和厨房等处不需要照明很亮，仅需安上一盏小瓦数的灯泡就行了，但亮度又太低。图 3-30 所示为电容降压的节能灯电路。其工作原理是利用电容器作为降压元件串联在灯泡回路中，降低灯泡工作电压，达到使灯泡功率变小的目的。图 3-30（a）所示为在原电路中增加一只串联电容 C 和一只单联开关 SA。SA 用来控制电容 C 的接入和不接入。图 3-30（b）所示为利用一只单刀双掷开关 SA 进行控制。这两种接法都可以使灯泡具有两种工作状态，即串入电容使灯泡变成小瓦数，短路电容使灯泡正常发光。图 3-30（c）所示为在原电路中串入一只电容器，使灯泡只能在小瓦数状态下工作。

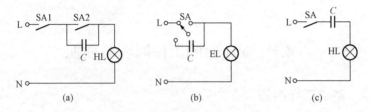

图 3-30　电容降压的节能灯电路

（a）增加串联电容和单联开关；（b）利用单刀掷开关控制；（c）串入电容

　　安装时，将电容器安装在拉线开关旁边。接线时，导线与电容器应用锡焊接，接头处用胶布包好，以确保安全。

　　电容器应选用额定电压在 400V 以上的，不能采用电解电容器。常用的各种瓦数的灯泡改成约为 5W 时串联的电容器容量，见表 3-9。

表 3-9　　　　　各种瓦数的灯泡改成约为 5W 时串联的电容器容量

| 灯泡功率（W） | 100 | 60 | 40 | 25 | 15 |
| --- | --- | --- | --- | --- | --- |
| 串联电容（μF） | 1.47 | 1.18 | 0.94 | 0.80 | 0.66 |
| 实际功率（W） | 4.75 | 4.92 | 4.52 | 4.73 | 4.63 |

　　串联电容后，电灯相当于 4～5W 的功率，若要亮一点，则可改用容量稍大的（如 2～4μF 的）电容器。

# 电力变压器相关知识

## 4.1　变压器的工作原理与性能

### 4.1.1　基本工作原理

变压器是一种不能转换能量而专门改变交流电压（升高或降低）的设备。变压器是根据"动电生磁"和"磁动生电"的电磁感应原理制成的，其结构如图 4-1 所示。当变压器的一次绕组施加上交变电压 $U_1$ 时，便在一次绕组中产生交变电流 $I_1$，这个电流在铁芯中产生交变主磁通 $\Phi$，因为一、二次绕组同绕在一个铁芯上，所以当磁通 $\Phi$ 穿过二次绕组时，便在变压器二次侧感应出电动势 $E_2$。根据电磁感应定律感应电动势的大小，和磁通所链的匝数及磁通变化率成正比，即

$$E=4.44fN\Phi$$

式中　$E$——感应电动势，V；

　　$f$——频率，Hz；

　　$N$——线圈匝数，匝；

　　$\Phi$——磁通，Wb。

由于磁通 $\Phi$ 穿过一、二次绕组而闭合，所以

$$E_1=4.44fN_1\Phi$$

$$E_2=4.44fN_2\Phi$$

两式相除得

$$E_1/E_2=4.44fN_1\Phi/4.44fN_2\Phi$$

故变压器的变比为

$$\frac{E_1}{E_2}=\frac{N_1}{N_2}=K$$

在一般的电力变压器中，绕组电阻压降很小，仅占一次绕组电压的0.1%以下，可忽略不计，因此 $U_1 \approx E_1$，$U_2 \approx E_2$

$$\frac{U_1}{U_2} = \frac{E_1}{E_2} = \frac{N_1}{N_2}$$

上式表明：变压器一、二次绕组的电压比等于一、二次绕组的匝数比。因此要一、二次绕组有不同的电压，只要改变它们的匝数即可。例如，一次绕组的匝数 $N_1$ 为二次绕组匝数 $N_2$ 的 25 倍，即 $K=25$ 时，便是 25:1 的降压变压器。反之，便是升压变压器。

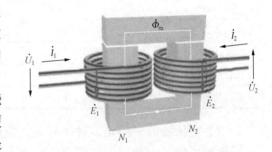

图 4-1　变压器的工作原理示意

### 4.1.2　变压器的性能

1. 常用变压器的型号与种类

（1）目前常用电力变压器有 SJ1 系列和 SJL1 系列。SJ1 系列采用铜导线绕组和 D42 热轧硅钢片。SJL1 系列采用铝导线绕组和 0.35mm D330 冷轧硅钢片。常用电力变压器的型号含义如下：

S——三相变压器；

J——油浸自冷式；

L——铝绕组；

下角数字——产品设计序号（改进型）；

横线后的数字——分母表示额定电压（kV），分子表示额定容量（kVA）。

早在 1972 年，国家就颁布了新的变压器标准，变压器新旧型号对照见表 4-1。

型号举例：三相油浸自冷式双绕组铝线 400kVA/10kV 电力变压器。新型号及型式表示为 S—400/10。旧型号表示为 SJL—400/10。

表 4-1　　　　　　　　　　　　电力变压器新旧型号对照表

| 分类项目 | 代表符号 | | 分类项目 | 代表符号 | |
| --- | --- | --- | --- | --- | --- |
| | 新型号 | 旧型号 | | 新型号 | 旧型号 |
| 单相变压器 | D | D | 强迫油导向循环 | D | 不表示 |
| 三相变压器 | S | S | 双绕组变压器 | 不表示 | 不表示 |

续表

| 分类项目 | 代表符号 | | 分类项目 | 代表符号 | |
|---|---|---|---|---|---|
| | 新型号 | 旧型号 | | 新型号 | 旧型号 |
| 油浸式 | 不表示 | J | 三绕组变压器 | S | S |
| 空气自冷 | 不表示 | 不表示 | 自耦（双绕组和三绕组）变压器 | O | O |
| 风冷式 | F | F | | | |
| 水冷式 | W | S | 无励磁调压 | 不表示 | 不表示 |
| 油自然循环 | 不表示 | 不表示 | 有载调压 | Z | Z |
| 强迫油循环 | P | P | 铝绕组变压器 | 不表示 | L |

（2）变压器的种类是多种多样的，但就其工作原理而言，都是按照电磁感应原理制成的。一般常用变压器的分类可归纳如下：

1）按用途分。

· 电力变压器：用于输配电系统的升压或降压，是一种最普通的常用变压器。

· 试验变压器：产生高压，对电器设备进行高压试验。

· 仪器用变压器：如电压互感器、电流互感器，用于测量仪表和继电保护装置。

· 特殊用途变压器：冶炼用的电炉变压器，电解用的整流变压器，焊接用的电焊变压器，试验用的调压变压器。

2）按相数分。

· 单相变压器：用于单相负荷和三相变压器组。

· 三相变压器：用于三相电力系统的升、降电压。

3）按绕组形式分。

· 自耦变压器：用于连接超高压、大容量的电力系统。

· 双绕组变压器：用于连接两个电压等级的电力系统。

· 三相绕组变压器：连接三个电压等级，一般用于电力系统的区域变电站。

4）按铁芯形式分。

· 芯式变压器：用于高压的电力变压器。

· 壳式变压器：用于大电流的特殊变压器，如电炉变压器和电焊变压器等；或用于电子仪器及电视、收音机等的电源变压器。

5）按冷却方式分。

- 油浸式变压器：如油浸自冷、油浸风冷、油浸水冷、强迫油循环和水内冷等。
- 干式变压器：依靠空气对流进行冷却，一般用于局部照明、电子线路等小容量变压器。
- 充气式变压器：用特殊化学气体（$SF_6$）代替变压器油散热。
- 蒸发冷却变压器：用特殊液体代替变压器油进行绝缘散热。

2. 变压器的技术参数

变压器的额定技术参数是保证变压器在运行时能够长期可靠地工作，并且有良好的工作性能的技术限额。它也是厂家设计制造和试验变压器的依据，其内容主要包括以下几个方面：

（1）额定容量。额定容量是变压器在额定状态下的输出能力。对单相变压器是指额定电流和额定电压的乘积，对三相变压器是指三相容量之和，单位以千伏安（kVA）表示。

（2）额定电压。额定电压是指变压器空载时端电压的保证值，以伏（V）或千伏（kV）表示。

（3）额定电流。额定电流是根据额定容量和额定电压计算出来的线电流，以安（A）表示。如额定容量 100kVA，电压为 10/0.4kV 的三相变压器，其额定电流等于

$$I_{e1} = \frac{S_e}{\sqrt{3}U_{e1}} = \frac{100}{\sqrt{3} \times 10} = 5.77(A)$$

$$I_{e2} = \frac{S_e}{\sqrt{3}U_{e2}} = \frac{100}{\sqrt{3} \times 0.4} = 144.3(A)$$

（4）空载损耗。空载损耗也叫铁损，是变压器在空载时的功率损失，单位以瓦（W）或千瓦（kW）表示。

（5）空载电流。变压器空载运行时的励磁电流占额定电流的百分数。

（6）短路电压。短路电压也叫阻抗电压，是指将一侧绕组短路，另一侧绕组达到额定电流时所施加的电压与额定电压的百分比。

（7）短路损耗。短路损耗是指将一侧绕组短路，另一侧绕组施以额定电流时的损耗，单位以瓦（W）或千瓦（kW）表示。

（8）联结组别。表示一、二次绕组的连接方式及线电压之间的相位差，以时钟表示。

### 4.1.3　变压器结构

变压器的主要结构部件有铁芯和绕组两个基本部分组成的器身，以及放置器身且盛满变压器油的油箱。此外，还有一些为确保变压器运行安全的辅助器件。图 4-2 所示为一台油浸式电力变压器外形结构。

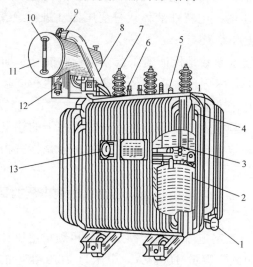

图 4-2　油浸式电力变压器外形结构

1—放油阀门；2—绕组；3—铁芯；4—油箱；5—分接开关；6—低压套管；7—高压套管；
8—气体继电器；9—安全气道；10—油表；11—储油柜；12—吸湿器；13—湿度计

#### 1. 铁芯

表面具有绝缘膜的硅钢片铁芯由铁芯柱和铁轭两部分组成,构成变压器磁路的主要部分。为了减小交变磁通在铁芯中引起的损耗，铁芯通常用厚度为 0.3～0.5mm 的硅钢片叠装而成。从外面看，图 4-3 所示的变压器，线圈包围铁芯柱，称为芯式结构；图 4-4 所示的变压器，铁芯柱包围线圈，则称为壳式结构。小容量变压器多采用壳式结构。交变磁通在铁芯中引起涡流损耗和磁滞损耗，为使铁芯的温度不致太高，在大容量的变压器的铁芯中往往设置油道，而铁芯则浸在变压器油中，当油从油道中流过时，可将铁芯中产生的热量带走。

#### 2. 绕组

绕组构成变压器电路的主要部分。一、二次绕组一般用铜或铝的绝缘导线缠绕在铁芯柱上。高压绕组电压高，绝缘要求高，如果高压绕组在内，离变

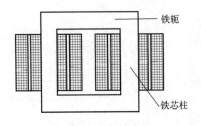
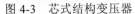

图 4-3　芯式结构变压器

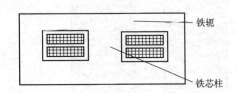

图 4-4　壳式结构变压器

压器铁芯近，则应加强绝缘，增加了变压器的成本造价。因此，低压绕组应紧靠着铁芯，高压绕组则套装在低压绕组的外面。两个绕组之间留有油道，既可以起绝缘作用，又可以使油把热量带走。在单相变压器中，高、低压绕组均分为两部分，分别缠绕在两个铁芯柱上，两部分既可以串联又可以并联。

三相变压器中，属于同一相的高、低压绕组全部缠绕在同一铁芯柱上。只有绕组和铁芯的变压器称为干式变压器。大容量变压器的器身放在盛有绝缘油的油箱中，这样的变压器称为油浸式变压器。

（1）双层圆筒式绕组。由于单层圆筒式绕组的机械稳定性差，所以很少采用，除有载调压变压器由于匝数少、并联根数多还采用单层圆筒式外，一般的电力变压器主要采用双层及多层圆筒式。用扁线绕制的双层（或多层）圆筒式绕组匝数不能太多，适用于三相容量 630kVA 及以下、电压在 1kV 及以下低压绕组。其外形如图 4-5（a）所示。

（2）多层圆筒式绕组。采用圆导线或扁导线绕制，可以绕成若干个线层。在线层之间放置分级层间绝缘或冷却油隙。在绕组内侧的第 1 线层对地之间的电容较大，使雷电冲击电压的起始分布不均匀，为此当绕组的工作电压为 35kV 及以上时，应在第 1 线层内侧放置电容屏，以改善冲击电压的高压绕组。其外形如图 4-5（b）、图 4-5（c）所示。

（3）分段圆筒式绕组。由若干对线饼构成，每一对线饼为两个多层圆筒式结构。采用圆导线绕制，各线饼之间放置纸圈或垫块，每个线饼中的层数总是奇数，以便于各对线饼之间的出头连接。作用特点是层间电压较低，但结构复杂，绕制工作量大，散热较困难。

适用范围：高电压试验变压器或电压互感器及干式变压器的高压绕组以及少数大容量超高压变压器的高压绕组。其结构示意如图 4-6 所示。

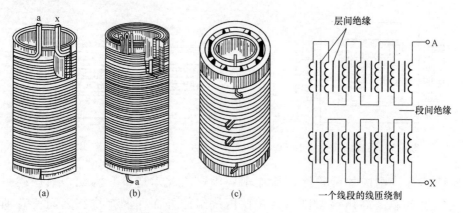

图 4-5 圆筒式绕组外形

（a）双层圆筒式；（b）多层圆筒式（轴向引出分接线）；　　图 4-6　分段圆筒式绕组结构示意
　　（c）多段圆筒式（轴向引出分接线）

（4）连接式绕组。用扁导线绕制，从绕组的第 1 个线饼开始依次顺序编号。奇数线饼的导线从外侧依次绕至内侧，称为反饼。偶数线饼的导线从内侧依次绕至外侧，称为正饼。

一个反饼和一个正饼组成一个单元，所以连续式绕组的线饼数必须是偶数。当线饼的线匝由两根及以上导线并联组成时，并联导线要在反饼内侧和正饼外侧的线饼之间的连线处进行换位。两个线饼之间的垫块构成绕组的冷却油隙。连续式绕组的纵向电容较小，雷电冲击电压的电压起始分布不均匀，耐受雷电冲击电压的绝缘强度较低。

适用范围：三相容量 630kVA 及其以上、电压 110kV 及其以下的高压绕组。

图 4-7 中分别给出了连续式绕组的外形和结构示意。

（5）纠结式绕组。纠结式的绕制方法电气上的单根导线必须用双数根导线并绕。在线饼之间的连线处采用特殊的纠结换位方法，使得线饼内任何相邻线匝之间的电压等于一个线饼的电压，由此来提高线饼的纵向电容，从而改善绕组内雷电冲击电压的起始分布。这一特点能满足绕组具有较高具有强度的要求。可分别采用各种不同的纠结方式，如部分纠结式、纠结连续式（纠结式和连续式混合结构）、插花纠结式、四段纠结式、两根并绕的单根纠结式等。由于纠结式线饼的匝间电压为一个线饼的电压，所以要加厚匝绝缘。

适用范围：三相容量 630kVA 及其以上、电压 110kV 及其以上的高压绕组。

图 4-8 中分别给出了纠结式绕组的外形和结构示意。

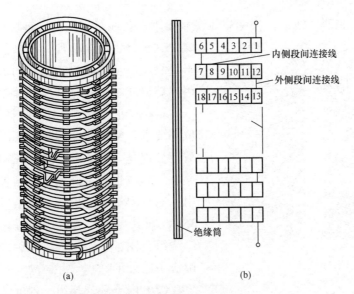

图 4-7 连续式绕组

（a）外形；（b）结构示意

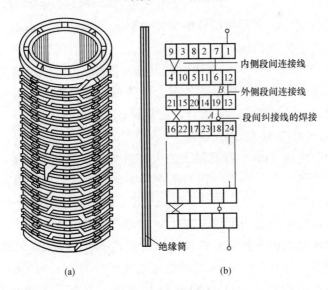

图 4-8 纠结式绕组

（a）外形；（b）结构示意

（6）螺旋式绕组。螺旋式绕组有单螺旋、双螺旋、三螺旋和四螺旋等几种。这种绕组采用多根扁线并联绕制，它们的每一匝分别相当于连续式绕组的一个、

二个、三个和四个线饼，按螺旋线绕制线匝，各线饼之间放置垫块构成冷却油

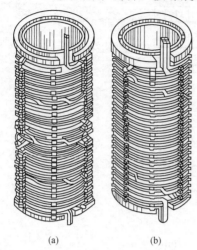

图 4-9  螺旋式绕组外形
（a）单螺旋；（b）双螺旋

隙。这种绕组绕制简便，机械强度好，由于受绕组高度的限制，匝数稍多就无法采用，螺旋式绕组每匝并联导体根数通常大于 6，并需进行换位（减小损耗）。由于换位的要求，双螺旋、四螺旋每匝并联导体数应分别是 2 和 4 的倍数。三螺旋绕组的并联导体数也有特殊要求。这种绕组一般用在三相容量为 800kVA 及其以上、电压 35kV 及其以下的大电流或特大电流的低压绕组。图 4-9 所示为单螺旋绕组和双螺旋绕组的外形。

（7）内屏蔽式绕组。内屏蔽式绕组又称电容耦合绕组，通常在大容量变压器因绕组采用换位导线或组合导线而无法绕制成纠结式绕组时采用。这种绕组能增大线饼纵向电容的原理基本上与纠结式绕组相同。在线饼中的屏蔽线匝只起电容耦合作用而没有工作电流通过（但有涡流损耗）。屏蔽线匝可以跨越两个线饼进行电容耦合，也可以跨越 4 个或 6 个线饼进行电容耦合。每个线饼内放置的屏蔽匝数可以任意调节，以适应必要的纵向电容量的要求。但屏蔽线匝末端有一定电位，应妥善加工并处理末端的绝缘。图 4-10 所示为这种绕组的结构示意。

适用范围：电压 110kV 及其以上的大容量变压器的高压绕组。

（8）箔式绕组。它采用铜（铝）箔连续绕制以构成箔式绕组。铜（铝）箔的宽度就是绕组的轴向高度。每绕一层铜（铝）箔即构成绕组的一匝。铜（铝）箔的匝绝缘就是绕组的层间绝缘，因此绕组的空间利用系数很高，并且承受短路电流产生的轴向电磁力的能力较强，这是箔式绕组的优点，箔式绕组的缺点是引出线焊接工艺复杂。图 4-11 所示为箔式绕组外形。

适用范围：三相容量为 2500kVA 及其以下（个别可达 4000kVA）、电压 1kV 及其以下的低压绕组，目前干式变压器的低压绕组大量采用箔式绕组。

（9）交错式绕组。高压绕组和低压绕组沿轴向互相交错排列的称为交错式绕组。交错排列组合可以是一组也可以是多组。交错式绕组能够减小漏磁，因而可以减小电磁力和附加损耗。

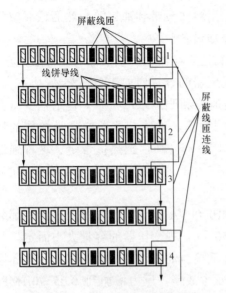

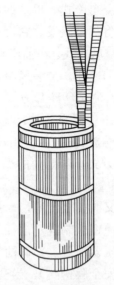

图 4-10  内屏蔽式绕组结构示意          图 4-11  箔式绕组外形

适用范围：心式铁芯的电炉变压器和整流变压器或壳式铁芯变压器，主要应用于壳式变压器。我国壳式变压器用得较少，其结构如图 4-12 和图 4-13 所示。

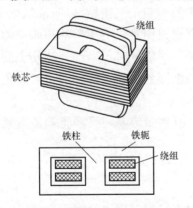

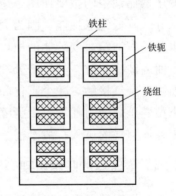

图 4-12  单相壳式变压器          图 4-13  三相壳式变压器

### 3. 变压器的冷却

变压器在运行中，由于绕组通过电流将产生铁芯损耗和绕组电阻损耗等，这些损耗将导致变压器发热，使绝缘恶化，影响变压器的效率和寿命。所以，用提高变压器的散热能力来提高变压器的容量，已成为一个重要的措施。电力变压器常用的冷却方式一般分为三种：

（1）油浸自冷式。以油的自然对流作用将热量带到油箱壁，然后依靠空气的对流传导将热量散发，它没有特别的冷却设备。

（2）油浸风冷式。在油浸自冷式的基础上，在油箱壁或散热管上加装风扇，利用风扇帮助冷却。加装风冷后，可使变压器的容量增加30%～35%。

（3）强迫油循环冷却方式，又分强迫风冷和强迫水冷两种。它是把变压器中的油，利用油泵打入油冷却器后再返回油箱。油冷却器做成容易散热的特殊形状（如螺旋管式），利用风或循环水作冷却介质，把热量带走。这种强迫油循环冷却方式，若把油的循环速度提高3倍，则变压器的容量可增加30%。

**4．防爆管**

防爆管又叫安全气道，一般在750～1000kVA以上的大容量变压器上都装设。此管用薄钢板制成，内径为150～250mm，视变压器的容量大小而定。此管装设在变压器顶盖上部储油柜侧，管子下端与油箱连通，上端有3～5mm厚的玻璃板（安全膜密封）。当变压器内部发生故障，压力增加到0.05～0.1MPa时，安全膜便爆破，气体喷出，内部压力降低，使油箱不至于破裂，从而缩小了事故范围。

**5．储油柜**

变压器储油柜的主要作用是避免油箱中的油与空气接触，以防油氧化变质、渗入水分，降低绝缘性能。因为大型变压器密封困难，变压器油热胀冷缩时，必有水分进入油箱。安装储油柜以后，当油受热膨胀时，一部分油便进到储油柜里，而当油冷却时，另一部分油又从储油柜回到油箱，这样就可以避免绝缘油大面积与空气接触，减少氧化和水分渗入。

小型变压器因为油量少，膨缩程度小，且密封容易，只要将箱盖盖紧就可以避免外界空气的进入，故不需装储油柜。

### 4.1.4 变压器的联结组别

变压器的联结组别是指变压器一、二次绕组按一定接线方式连接时，一、二次的电压或电流的相位关系。

**1．单相变压器的联结组别**

单相变压器的联结组别取决于一、二次绕组的绕向和首末端的标记。当一、二次绕组的绕向、标记都相同，即一次为UAX，二次为U2x时。一、二次电压同相，这时把代表一次的电压的长针放在12上，代表二次电压的短针也指向12，故组别为12，如图4-14（a）所示。用I/I-12表示，其中I/I表示单相变压器，12 表示组别。

当一、二次绕组的绕向相同而首末端的标记不同（即一次为 UAX 时二次为 Uxx）或标记相同而绕组绕向相反，如图 4-14（b）所示。这时长针指向 12，短针指向 6，组别是 6 组，用 I/I-6 表示。

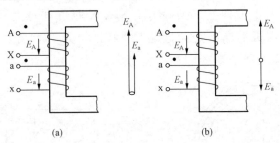

(a)                              (b)

图 4-14  单相变压器首端（末端）的两种不同标法

### 2. 三相变压器的联结组别

三相变压器的联结组别不仅与绕组的绕向和首末端的标记有关，而且还和三相绕组的接线有关。三相变压器的组别共分 12 种。其中六个是单数组，六个是双数组，凡是一次绕组和二次绕组连接不一致的都属于单数组，如Y/△、△/Y接法就属于这一类。即 1、3、5、7、9、11 六个组，凡是一次绕组和二次绕组接线完全相同的都属于双数组。即 2、4、6、8、10、12 六个组，如△/△、Y/Y接线的变压器都属于这一类。

组别是用时针盘度来说明的，如图 4-15 所示。时针盘上有两个指针，12 个字码，分成 12 格，每格代表一点钟，一个圆周的角度是 360°，故每格就是 30°。如 12 点和 5 点之间顺时针相差 30°×5=150°，所有的角度都以 12 点为基准，以短针顺时针的方向来计算，例如 12 点和 11 点之间应该是 30°×11=330°而是 30°，反过来说，时针向前转了 300°那必定指示 300°/30°=10 点，如果向前转了 30°那指示就是 1 点。

变压器的联结组别，就是用时针的表示方法来说明一、二次线电压（或线电流）的向量关系。

三相变压器的一次绕组和二次绕组由于接线方式的不同，线电压（或线电流）是有一定相位差的。以一次线电压（或电流）作标准。把它固定在 12 点上，如二次线电压（或电流）向量和一次线电压间相隔 330°，则二次线电压向量必定落在 330°/30°=11 点上，如图 4-16 所示，就是属于 11 点接线。如果相差 180°，那么二次线电压（或电流）向量必定落在 6 点上，也就是说这一组三相变压器联结组别属于 6 点。

**3. 测量变压器组别的方法**

（1）直流法。用直流法测量单相变压器的接线如图 4-16 所示。用一个 1.5V 或 3V 的干电池接入高压绕组，在低压侧接一毫伏表或微安表，当合上刀闸瞬间，表针向正方向摆（或拉开刀闸表针向负方向摆），则接电池正极的端子与接电表正极的端子是同极性，即联结组为 12，反之是异极性，联结组别为 b。

图 4-15　变压器联结组别时钟表示法

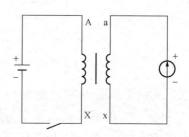

图 4-16　用直流法测定变压器的极性

（2）交流法。将高压和低压侧的一对同名端子 A、a 用导线连通，在高压侧接入低压交流电，然后测量电源电压 $U_1$ 及另一对同名端子 X、x 间的电压 $U_2$，如图 4-17 所示。

若 $U_1 > U_2$ 则为减极性（A、a 同极性）；若 $U_1 < U_2$ 则为加极性（A、a 异极性）。

例：用直流法测量三相变压器的组别。

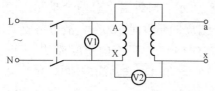

图 4-17　用交流法测定变压器的极性

如图 4-18 所示，电池先接在高压侧 AB 相间，其 A 接电池正极，B 接电池负极。再利用一只直流毫伏表或微安表。在高压侧合闸时，轮流测定 ab、bc、ac 的极性及表的最大数值，若表针往负方向摆，则把表的接线头换一下，记下负的最大值。在测量时表针的接入必须遵照一定次序。即测量 ab 时，必须 a 接表的正极 b 接负极。bc 及 ac 也同理（第一个字母接"＋"极）。

采用上述同样步骤，将电池和刀闸改接在高压 BC 相间和 AC 相间（其中第一字母接电池的正极），再次测量 ab、bc、ac 的极性和表针指示数值。

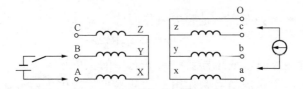

图 4-18　用直流法测定三相变压器的极性

　　根据三次试验得到的九个数值,首先判断该变压器属于单数组还是双数组。因为变压器属于单数组或双数组测得的数值是有一定规律的。例如在九个数值(指绝对值)中凡有三个小数,六个大数则属单数组(其中三个小数比大数差很多,可认为是零)。若六个小数三个大数,就属于双数组。根据以上测量结果查对表即可确定接线组别:例如 11 组和 12 组接法的测量结果见表 4-2 和表 4-3。

表 4-2 　　　　　　　　　　　　　Y /△-11 组

| 通电侧 | | 测量侧 | | |
|---|---|---|---|---|
| + 　 − | | + − <br> a b | + − <br> b c | + − <br> a c |
| A | B | + | ○ | + |
| B | C | - | + | ○ |
| A | C | ○ | + | + |

表 4-3 　　　　　　　　　　　　　Y / Y -12 组

| 通电侧 | | 测量侧 | | |
|---|---|---|---|---|
| + 　 − | | + − <br> c b | + − <br> a b | + − <br> a c |
| A | B | + | − | + |
| B | C | − | + | + |
| A | C | + | + | + |

## 4.2　变压器工作特点与维护

### 4.2.1　工作特点

**1. 变压器的一次电流是由二次电流决定的**

　　变压器在带有负载运行时,当二次侧电流变化时,一次侧电流也相应变化。根据磁动势平衡式可知,变压器的一、二次电流是反相的。二次电流产生的磁

动势，对一次侧磁动势而言，是起去磁作用的，即

$$I_1W_1 \approx -I_2W_2$$

当二次电流增大时，变压器要维持铁芯中的主磁通不变，一次电流也必须相应增大来平衡二次电流的去磁作用。这就是当二次侧电流变化时，一次侧电流也相应变化的原理，所以说一次电流是由二次电流决定的。

2. 变压器不能改变直流电的电压

变压器能够改变电压的条件是，一次侧施以交流电动势产生交变磁通，交变磁通将在二次侧产生感应电动势,感应电动势的大小与磁通的变化率成正比。当变压器通入直流电时，因电流大小和方向均不变，铁芯中无交变磁通，即磁通恒定，磁通变化率为零，故感应电动势也为零。这时，全部直流电压加在具有很小电阻的绕组内，使电流非常之大，造成近似短路的现象。

而交流电是交替变化的，当一次绕组通入交流电时，铁芯内产生的磁通也随着变化，于是二次绕组内感应出交流电动势，其感应电动势与绕组的匝数成正比，若二次绕组圈数大于一次绕组圈数时，就能升高电压；反之，二次绕组圈数小于一次绕组圈数时就能降压。因直流电的大小和方向不随时间变化，所以如恒定直流电通入一次绕组，其铁芯内产生的磁通也是恒定不变的，就不能在二次绕组内感应出电动势，所以不起变压作用。

3. 变压器绕组的极性

变压器的铁芯中的主磁通，在一、二次绕组中产生的感应电势是交变电势。本没有固定的极性。这里所说的变压器绕组极性，是指一、二次绕组的相对极性，也就是当一次绕组的某一端在某一个瞬时电位为正时、二次绕组也一定在同一个瞬间有一个电位为正的对应端，这时我们把这两个对应端。就叫做变压器绕组的同极性端。

变压器绕组的极性主要取决于绕组的绕向，绕向也会改变极性是变压器并联运行的主要条件之一，如果极性接反，在绕组中将会出现很大的短路电流，甚至把变压器烧毁。

4. 变压器的短路电压和短路阻抗相同的关系

短路电压是变压器的一个重要参数，它是通过短路试验测出的。其测量的方法是：将变压器二次侧短路，一次侧加压使电流达到额定值，这时一次侧所加的电压 $U_{De}$ 叫做短路电压。短路电压一般都用百分值表示，通常变压器铭牌表示的短路电压，就是短路电压 $U_{De}$ 与试验时加压的那个绕组的额定电压 $U_e$ 的百分比来表示的，即

$$U_{De} = \frac{U_{De}}{U_e \times 100\%}$$

变压器的阻抗是根据欧姆定律，由短路试验数据算出的，即

$$Z_{De} = \frac{U_{De}}{I_e}$$

式中   $I_e$——施加电压的那个绕组的额定电流。

短路阻抗也以百分值表示，其表达式为

$$Z_D = \frac{Z_{De}}{Z_e \times 100\%}$$

$$Z_D = \frac{U_{De}}{I_D} = \frac{U_{De}}{I_e} \quad （在试验中短路电流 I_D = I_e）$$

将 $Z_e = \dfrac{U_e}{I_e}$ 代入上式得

$$Z_D = \frac{Z_{De}}{Z_e \times 100\%} = \frac{\dfrac{U_{De}}{I_e}}{\dfrac{U_e}{I_e \times 100\%}} = \frac{U_{De}}{U_e \times 100\%}$$

由此可知，$Z_{De}\% = U_{De}\%$，即短路阻抗和短路电压百分数是相同的。所以经常把短路阻抗和短路电压的百分值混用。

5. 分接开关怎样调整电压的原理

电力网的电压是随运行方式和负载大小的变化而变化的。电压过高和过低，都会直接影响变压器的正常运行和用电设备的效率及使用寿命。为了提高电压质量，使变压器能够有一个额定的输出电压，通常是通过改变一次绕组分接抽头的位置实现调压的。连接及切换分接抽头位置的装置叫做分接开关，它是通过改变变压器绕组的匝数来调整变比的。在变压器一次侧的三相绕组中，根据不同的匝数引出几个抽头，这几个抽头按照一定的接线方式，接在分接开关上，开关的中心有一个能转动的触头，当变压器需要调整电压时，改变分接开关的位置，实际上是通过转动触头改变了绕组匝数，这样就改变了变压器的变比，因为变压器的匝数比等于电压比，即

$$\frac{W_1}{W_2} = \frac{U_1}{U_2}$$

$$\frac{W_1}{U_2} = \frac{W_2}{U_1}$$

$$U_2 = \frac{W_2 U_1}{W_1}$$

所以，改变一次绕组匝数，二次电压也相应改变，从而达到了调节电压的目的。

一般的配电变压器，都是采用中性点调压方式，如图 4-19 所示。每相有三个分接头，即额定电压级和 ±5%级，也就是通常分接开关上标的Ⅰ、Ⅱ、Ⅲ。

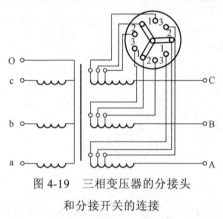

图 4-19　三相变压器的分接头
和分接开关的连接

**6. 变压器的不平衡电流**

变压器的不平衡电流是指三相变压器绕组之间的电流差而言。这种电流差主要是由于三相负载不同造成的，如单相电焊机、照明等负载，在三相上分配不均匀时常使三相负载不对称。负载的不对称，使流过变压器的三相电流不对称，由于电流不对称，使变压器三相阻抗压降不对称，因而二次侧的三相电压也就不对称。这对变压器和用电设备都是不利的。

更重要的是在Y/Y0-12 接线的变压器中，零线将出现零序电流。而零序电流将产生零序磁通，绕组中将感应出零序电动势，使中性点位移。其中电流大的一相电压下降，其他两相电压上升。另外对充分利用变压器的效率也是很不利的。

当变压器接近额定值时，由于三相负载的不平衡，将使电流大的一相过负荷，而电流小的一相，负载达不到额定值。所以一般规定变压器零序电流不应超过变压器额定电流的 25%。变压器零线导线截面积的选择也是根据这一原则决定的。因此对带有单相动力和照明用电负载的变压器，要经常进行负载测量，尽量使变压器三相电流达到平衡，零序电流超过额定电流的 25%时，要及时进行负载的调整。

### 4.2.2　正常检查与维护

1. 变压器绝缘损坏的主要原因

通常造成变压器绕组绝缘损坏的主要原因有以下几个方面：

（1）线路的短路故障和负荷的急剧多变，使变压器的电流超过额定电流几倍或十几倍以上，这时绕组受到很大的电磁力矩而发生位移或变形，另外由于电流的急剧增大，将使绕组温度迅速增高，而导致绝缘损坏。

（2）变压器长时间的过负荷运行，绕组产生高温，将绝缘层烧焦，可能变成损片脱离，造成匝间或层间短路。

（3）绕组绝缘受潮。这多是因为绕组里层浸漆不透和绝缘油含水分所致，这种情况容易造成匝间短路。

（4）绕组接头和分接开关接触不良。在带负载运行时，接头发热损坏附近的局部绝缘，造成匝间或层间短路，以至接头松开，使绕组断线。

（5）变压器的停送电和遇雷电波时使绕组绝缘因过电压而烧坏。

**2. 运行中的变压器二次侧短路时的危险性**

变压器在运行中二次侧突然短路，多属于事故短路，也称为突发短路。事故短路的原因多种多样，例如对地短路、相间短路等。但是，不管哪种原因造成短路，对运行中的变压器都是非常有害的，二次侧短路直接危及到变压器的使用寿命和安全运行。

特别是变压器一次侧接在容量较大的电网上时，如果保护设备不切断电源，一次侧仍能继续送电，在这种情况下，如不立即排除故障或切断电源，变压器将很快被烧毁。这是因为当变压器二次侧短路时，将产生一个高于其额定电流20～30倍的短路电流。根据磁势平衡式可知，二次侧电流是与一次侧电流反相的，二次侧电流对原边电流主磁起去磁作用，由于电磁的惯性原理，一次侧要保持主磁通不变，必然也将产生一个很大的电流来抵消二次侧短路电流的去磁作用，这样因两种因素引起的大电流汇集在一起，作用在变压器的铁芯和绕组上，在变压器中将产生一个很大的电磁力，这个电磁力作用在绕组上，可以使变压器绕组发生严重的畸变或崩裂，另外也会产生高出其允许温升几倍的温度，致使变压器在很短的时间内烧毁。

**3. 变压器干燥处理的方法**

（1）感应加热法。这种方法是将变压器身放在油箱内，外绕线圈通以工额电流，利用油箱壁中涡流损耗的发热来干燥。此时箱壁的温度不应超过 115～120℃，变压器本体温度不应超过 90～95℃。为了缠绕线圈的方便，尽可能使线圈的匝数少些或电流小些，一般电流选 150A，导线可用 35～50mm$^2$ 的导线。油箱壁上可垫上多根石棉板条，导线绕在石棉板条上。

（2）热风干燥法。这种方法是将变压器放在干燥室内通热风进行干燥。干燥室内尽可能小些，板壁与变压器之间的距离不要大于 200mm，板壁内铺石棉或其他防火材料。可用电炉、蒸气蛇形管、地下火炉、火墙等加热。

进口热风温度应逐渐上升，最高温度不应超过95℃，在热风进口处应装设过滤器或金属栅网，以防止火星灰尘进入。热风不要直接吹向变压器，尽可能从变压器本体下面均匀地吹向各方向，使潮气由箱盖通气孔放出。

（3）烘箱干燥法。若修理厂有烘箱设备，对小容量变压器采用这种方法比较好。干燥时将变压器吊入烘箱，控制内部温度为95℃，每小时测量一次绝缘电阻。烘箱上部应有通气孔，用以放出蒸发出来的潮气。另外，在干燥过程中应有专人看管，要特别注意安全。

4. 变压器长时间在高温下运行的危害

变压器在运行中，铁芯和绕组的损耗转化为热量，引起各部位温度升高。热量向周围以辐射、传导等方式扩散出去。当发热与散热达到平衡状态时，各部分的温度趋于稳定。巡视检查变压器时应记录外部温度、上层油温、负载以及油面高度，并与以前数值对照分析，判断变压器运行是否正常。

若发现在同样条件下，油温比平时高出10℃以上或负载不变，但温度不断上升而冷却装置运行又正常时，则可认为变压器内部发生故障（应注意温度表是否失灵）。

变压器的绝缘材料是 A 级绝缘，其各部分温升的极限值，见表 4-4。我国变压器的温升标准，均以环境温度 40℃+55℃=95℃。温度过高绝缘老化严重，绝缘油恶化快，影响变压器寿命。

表 4-4　　　　　　　　A 级绝缘变压器各部位温度升高极限值

| 变压器的部位 | 最高温度（℃） |
| --- | --- |
| 绕组 | 65 |
| 铁芯 | 70 |
| 油（顶部） | 55 |

变压器在运行中要产生铁损和铜损，这两部分损耗将全部转换成热能，使绕组和铁芯发热，致使绝缘老化，缩短变压器的使用寿命，相关标准规定变压器绕组温升为 65℃的依据是以 A 级绝缘为基础的。65℃+40℃=105℃是变压器绕组的极限温度，在油浸式变压器中一般都采用 A 级绝缘，A 级绝缘的耐热性为 105℃。由于环境温度一般都低于 40℃，故变压器绕组的温度一般达不到极限工作温度，即使在短时间内达到 105℃，由于时间很短，对绕组的绝缘并没有直接的危险。

5. 变压器出现假油面时的处理措施

变压器油面的正常变化（渗漏油除外）决定于变压器的油温变化。因为油温的变化直接影响变压器油的体积，从而使油标内的油面上升或下降。影响变压器油温的因素有负荷的变化、环境温度和冷却装置运行状况等。如果油温的变化是正常的，而油标管内油位不变化与变化异常，则说明油面是假的。

运行中出现假油面的原因有：可能油标管堵塞、呼吸器堵塞、防爆管通气孔堵塞等。

处理时，应先将重瓦斯解除（若为挡板式瓦斯继电器可按有关规定处理）。

6. 运行电压增高对变压器性能的影响

当运行电压低于变压器额定电压时，一般来讲对变压器不会有任何不良影响，当然也不能太低，这主要是由于用户的正常生产对电压质量有一定的要求。

当变压器运行电压高于额定电压时，铁芯的饱和程度将随着电压的增高而相应的增加，致使电压和磁通的波形发生严重的畸变，空载电流也相应增大。铁芯饱和后，电压波形中的高次谐波值也大大增大。出现高次谐波的危害：

（1）引起用户电流波形的畸变，增加电动机和线路上的附加损耗。可能在电力系统中造成谐波共振现象，并导致过电压使绝缘损坏。

（2）线路中的高次谐波对通信线路将产生干扰，影响正常通信。

由此可见，运行电压增高对变压器和用户均是不利的。因此无论电压分接头在何位置，变压器外加一次电压一般不应超过额定电压的 105%（规程规定）。

## 4.3 电力变压器的运行与保护

### 4.3.1 额定运行方式

（1）变压器应在额定使用条件（额定容量、额定电压等）下运行。

（2）当变压器上层油温升高不超过 50℃时，周围温度不超过 20℃时，允许变压器在 60%～100%额定负载下，暂停冷却装置（强迫油循环除外）。当负载达到或超过额定值时，必须启用冷却装置。

（3）装有风冷及强迫油循环的变压器，视负载及温升情况，按厂家规定的冷却装置投入运行。

（4）油浸式变压器最高上层油温度，可按表 4-5 的规定运行（以温度计测量）。

变压器的最高允许上层油温度需按制造厂家给出的数据确定，但不准超过95℃，一般情况下，为避免变压器油及绝缘材料的快速老化，上层油温应限制在85℃以下，其温升不超过50℃。

表 4-5                 油浸式变压器最高上层油温度                    ℃

| 冷却方式 | 冷却介质最高温度 | 最高上层油温度 |
| --- | --- | --- |
| 自然循环、自冷、风冷 | 40 | 98 |
| 强迫油循环风冷 | 40 | 85 |
| 强迫油循环水冷 | 30 | 70 |

（5）对其他一些变压器（如热带型油浸变压器、整流变压器、试验变压器、干式变压器等）的各部分温升极限，可参阅有关手册。

（6）不应以额定负载时上层油温度低于表 4-5 规定作为该变压器过载运行的依据。如果已改造过变压器冷却方式和结构，应通过温升试验结果确定变压器负载大小。

（7）对于三绕组和自耦变压器的每一绕组，其负载不得超过其额定值。

（8）变压器二次电压需要变动时，可切换一次的分接开关位置，但切换后的二次实际电压不能超过铭牌上分接头额定电压的5%。

（9）无载调压变压器在额定电压±5%范围内改变分接头位置时，其额定容量不变，如接在 7.5%和 10%分接头时，则额定容量相应降低 2.5%和 5%。

### 4.3.2 过负载运行方式

虽然正常运行时，变压器负载一般不应超过其额定容量。但变压器运行中的负载是经常变化的，负载曲线有高峰和低谷，因此在特殊情况下（如高峰期），变压器应当也可以在规定的范围内过负载运行。

变压器在运行中冷却介质的温度也是经常变化的，夏季油温高，绝缘寿命缩短；冬季油温低，绝缘寿命延长。因此，如按年等效环境温度考虑时，冬夏相互补偿，不降低变压器的正常使用寿命。所以变压器正常过载能力是根据全天负载曲线、冷却介质温度以及过载前变压器所带的负载大小来确定的。

过负载运行包括正常过负载和事故过负载两种情况。

1. 正常过负载

对于自然冷却或风冷却的油浸式变压器，但变压器的日负载率低于 1 时，则在高峰负载期间变压器的允许过负载倍数及允许的过负载持续时间，可按图

4-20 所示的油箱内油的对流和各部分温度分布曲线来确定。过载系数是指一昼夜内最大负载与变压器额定负载的比值。

如果缺乏日负载率资料，也可根据过负载前的上层油温升，参照表 4-6 规定的数值，确定允许过负载倍数及允许的过负载持续时间。

表 4-6　　　　　自然冷却或风冷却的油浸式变压器的负载倍数

及允许的过负载持续时间　　　　　　　　min

| 过负载倍数 | 过负载前上层的温升（K） | | | | | |
|---|---|---|---|---|---|---|
| | 18 | 24 | 30 | 36 | 42 | 48 |
| 1.05 | 350 | 325 | 290 | 240 | 180 | 90 |
| 1.10 | 230 | 205 | 170 | 130 | 85 | 10 |
| 1.15 | 170 | 145 | 110 | 80 | 35 | |
| 1.20 | 125 | 100 | 75 | 45 | | |
| 1.25 | 95 | 75 | 50 | 25 | | |
| 1.30 | 70 | 50 | 30 | | | |
| 1.35 | 55 | 35 | 15 | | | |
| 1.40 | 40 | 25 | | | | |
| 1.45 | 25 | 10 | | | | |
| 1.50 | 15 | | | | | |

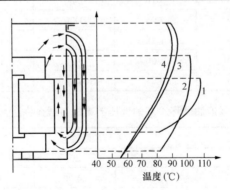

图 4-20　油箱内油的对流和各部分温度分布

1—绕组；2—铁芯；3—油；4—油箱

## 2. 事故过负载

变压器的事故过负载并非指变压器发生事故情况下的过负载运行，而只指当两台变压器并列运行时，其中有一台变压器发生故障，而又不能停电时，由

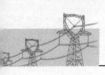
未发生故障的一台变压器来承担两台变压器所供的负载，这种过负载称为事故过负载。

变压器的允许事故过负载倍数和时间应按制造厂的规定执行。如制造厂无规定时，对于油浸式变压器，可参照表 4-7 和表 4-8 规定。

干式变压器可参照制造厂的规定，如无制造厂的规定，过载运行时不得超过表 4-9 规定。

如冷却系统发生故障时，变压器的允许负载和持续时间应按制造厂的规定执行，若制造厂无规定时，对于在额定冷却空气温度下，连续运行的变压器，其负载不应超过额定容量的 70%。油浸式风冷变压器当风扇停止运行时，允许的负载倍数和对应的运行时间，参照表 4-10。

表 4-7　　　　油浸自然循环冷却变压器事故过载允许运行时间　　　　min

| 过载倍数 | 环境温度（℃） | | | | |
| --- | --- | --- | --- | --- | --- |
| | 0 | 10 | 20 | 30 | 40 |
| 1.1 | 24:00 | 24:00 | 24:00 | 19:00 | 7:00 |
| 1.2 | 24:00 | 24:00 | 13:00 | 5:50 | 2:45 |
| 1.3 | 23:00 | 10:00 | 5:30 | 3:00 | 1:30 |
| 1.4 | 8:30 | 5:10 | 3:10 | 1:45 | 0:55 |
| 1.5 | 4:45 | 3:10 | 2:00 | 1:10 | 0:35 |
| 1.6 | 3:00 | 2:05 | 1:20 | 0:45 | 0:18 |
| 1.7 | 2:05 | 1:25 | 0:55 | 0:25 | 0:09 |
| 1.8 | 1:30 | 1:00 | 0:30 | 0:13 | 0:06 |
| 1.9 | 1:00 | 0:35 | 0:18 | 0:09 | 0:05 |

表 4-8　　　　油浸强迫油循环冷却的变压器事故过载允许运行时间　　　　min

| 过载倍数 | 环境温度（℃） | | | | |
| --- | --- | --- | --- | --- | --- |
| | 0 | 10 | 20 | 30 | 40 |
| 1.1 | 24:00 | 24:00 | 24:00 | 14:30 | 5:10 |
| 1.2 | 24:00 | 21:00 | 8:00 | 3:30 | 1:35 |
| 1.3 | 11:00 | 5:10 | 2:45 | 1:30 | 0:45 |
| 1.4 | 3:40 | 2:10 | 1:20 | 0:45 | 0:15 |
| 1.5 | 1:50 | 1:10 | 0:40 | 0:16 | 0:07 |
| 1.6 | 1:00 | 0:35 | 0:16 | 0:08 | 0:05 |
| 1.7 | 0:30 | 0:15 | 0:09 | 0:05 | — |

表 4-9                              干式变压器过载允许运行时间                              min

| 过载倍数 | 允许运行时间 | 过载倍数 | 允许运行时间 |
|---|---|---|---|
| 1.20 | 120 | 1.30 | 80 |
| 1.40 | 45 | 1.50 | 20 |
| 1.60 | 10 | | |

表 4-10          油浸式变压器当风扇停止运行时，允许负载持续时间          min

| 负载倍数 | 上层油的温升（K） | | | | | | |
|---|---|---|---|---|---|---|---|
| | 18 | 24 | 30 | 36 | 42 | 48 | 54 |
| 0.75 | 740 | 700 | 655 | 600 | 520 | 420 | 240 |
| 0.80 | 460 | 420 | 380 | 325 | 260 | 180 | 50 |
| 0.85 | 330 | 300 | 260 | 215 | 160 | 90 | |
| 0.90 | 260 | 230 | 195 | 155 | 105 | 45 | |
| 0.95 | 205 | 175 | 145 | 105 | 68 | 15 | |
| 1.00 | 65 | 140 | 110 | 80 | 40 | | |
| 1.05 | 135 | 110 | 85 | 55 | 20 | | |
| 1.10 | 110 | 85 | 60 | 35 | 6 | | |
| 1.15 | 90 | 70 | 45 | 20 | | | |
| 1.20 | 70 | 50 | 35 | 8 | | | |

### 4.3.3 并联运行方式

**1. 并联运行的条件**

变压器并联运行是指将两台或多台变压器的一次侧和二次侧分别接到公共的母线上，一次侧接电源，二次侧同时向负载供电。图 4-21 所示为两台三相变压器并联运行的接线图。

并联运行的优点是可提高供电的可靠性（若某台因故障而切除，其他台仍可供电）；可根据负载的大小调整投入运行的台数以提高效率；可减小电站的初期投资，并根据用电量的增加而增加新的变压器。

（1）变压器最理想并联运行的情况。

1）空载时，并联的各变压器二次侧之间没有循环电流。

2）负载时，各变压器所承担的负载电流应按它们的额定容量成比例地分配。

3）各台变压器负载侧电流应同相位。

分析表明：要达到理想的并联运行情况，并联运行的变压器必须满足一定的条件。各台变压器一、二次的额定电压应分别相等。

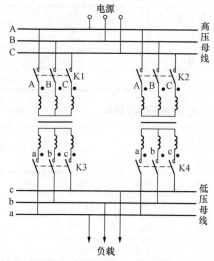

图 4-21　变压器的并联运行

4）各台变压器的连接组标号应相同。

5）各并联变压器的阻抗电压（短路阻抗标幺值）应相等，各并联变压器短路阻抗的阻抗角相等。

6）变压器容量不能相差太大，变压器运行规程规定，并联运行的变压器容量比不能大于 3:1。

此外，由于大容量变压器成本低、效率高，所以要合理考虑并联台数。

上述条件中，条件 2）尤为重要，必须要严格保证。当两台变压器的一次侧接到同一电网时，它们的一次侧对应的线电压是同相的，如果联结组标号不同，则它们的二次侧对应的线电压相位不同。比如将一台 Yy0 的三相变压器 Yd11 三相变压器并联运行，假定它们高压侧、低压侧额定电压（线电压）分别相等，由于它们的高压侧并接在电源上，高压侧的线电压大小相同，相位一致。对连接组为 Yy0 的变压器，其低压侧线电压与高压侧线电压相位相同，而对连接组为 Yd11 的那台变压器，其低压侧线电压超前其高压侧线电压，于是两台变压器低压侧对应的线电压不同相，有 30° 的相位差。一旦将两台变压器低压侧的六根引出线两两相并（a 和 a 并，b 和 b 并，c 和 c 并），即使不带任何负载（低压侧供电母线接负载的开关是打开的），在变压器的内部也会产生极大的循环电流，从而可能烧毁变压器。所以，联结组标号不同的变压器不允许并联运行。

顺便指出，如果两台变压器一次侧、二次侧连接法不同，但具有相同的联结组标号（例如 Yd11 与 Dy11），并且一、二次额定电压（线电压）分别相等，它们就能并联运行。还有一种情况，两台三相变压器一次侧接法相同（同为星形接法或同为三角形接法），二次侧接法也相同（同为星形接法或同为三角形接法），一、二次的额定电压也分别相等，但联结组标号不同，这时可通过画矢量图，将其中一台二次侧出线端标记变更一下，仍有可能并联运行。

在并联运行需满足的条件中，如果条件（1）不满足，同样会在变压器内部引起循环电流。但实际工作中，这一条件允许有一点偏差。分析表明，如果两台变压器变比 $k_I$ 和 $k_{II}$ 的相对差值小于 1%，则并联后空载循环电流将不超过额定电流的 10%。带负载后，变比小的变压器（即二次侧开路电压高的）负荷加重。因此，必须对并联运行变压器变比的差值提出限制，一般来说，并联运行变压器变比的相对差值不应超过 $\pm 0.5\%$。

$$\Delta k_1 = \frac{k_I - k_{II}}{\sqrt{k_I k_{II}} \times 100\%}$$

条件 3）在实际工作中也允许有些偏差，但也不宜偏差太大，，否则，将导致负载分配不合理且使整体负载能力降低。

提出条件 4）的原因是：容量不同的变压器并联运行时，即使变比相等，短路阻抗标幺值（即阻抗电压）相同，由于容量不同，其短路阻抗标幺值的电阻分量和电抗分量的比值也不同，即短路阻抗的阻抗角不相等。由于变压器的抗阻比的不同，造成各变压器的负载电流的相位差也必然增大，由于变压器并联运行时总的负载电流是各变压器电流的几何和（矢量和），如果各变压器短路阻抗的阻抗角相等，各变压器负载电流同相位，该几何和等于其算术和（总的负载电流有效值等于各变压器电流有效值的和），如果各变压器短路阻抗的阻抗不相等，各变压器负载电流相位不同，该几何和小于其算术和（总的负载电流有效值小于各变压器电流有效值的和），所以，在承担相同的总负载容量时，短路阻抗的阻抗角相差越大，各变压器实际承担的负载就越大（相应地，变压器的损耗也增大）。换言之，如果要求任一台并联运行的变压器都不许过载，则短路阻抗的阻抗角相差越大，能承担的总负载就越小。一般来说，并联运行的变压器之间容量比不超过3:1 是符合经济运行要求的。

（2）在一些特殊情况下，若不能完全满足上述条件时，则应当满足以下要求：

1）每台变压器承担的负载不应超过本身额定容量的 105%，如额定容量为100kVA 的变压器，负载不可超过 1005kVA。

2）任何一台变压器在空载时，二次绕组产生的循环电流不应超过变压器额定电流的 10%。

3）并联运行的变压器承担的总负载不能长时间超过本身额定容量的 110%。

4）并联运行变压器的短路电压差值应不超过其中一台变压器短路电压值的 10%。

**2. 并联运行注意事项及最佳并联台数**

（1）并联运行注意事项。变压器并联运行，除应满足并联运行的条件外，还应该注意安全操作，一般应考虑以下几方面。

1）新投入运行和检修后的变压器，并联运行前应进行核相，并在空载状态时试验并联运行无问题后，方可正式并联运行带负载。

2）变压器的并联运行，必须考虑并联运行的经济性，不经济的变压器不允许并联运行。同时还应注意，不宜频繁操作。

3）进行变压器并联或解列操作时，不允许使用隔离开关和跌开式熔断器。要保证操作正确，不允许通过变压器倒送电。

4）需要并联运行的变压器，在并联运行前应根据实际情况，预计变压器负载电流的分配，在并联后立即检查两台变压器的运行电流分配是否合理。在需解列变压器或停用一台变压器时，应根据负载情况，预计是否有可能造成一台变压器过负载。而且也应检查实际负载电流，在有可能造成变压器过负载的情况下，不准进行解列操作。

（2）并联变压器最佳台数的确定。并联变压器最佳台数的确定是一个复杂的技术经济问题。如果考虑到建设初期，用电量较少，随着生产和经济的发展，用电量不断增加，则可在建设初期单台运行，并预计日后增加并联台数。但如果总负载变化不大的情况下，到底是用单台还是多台并联？多台并联时到底用几台？仍值得研究。这时要考虑多种因素并进行技术经济比较，例如设备成本、运行维护费用等。其中很重要的一条是要看不同方案下总损耗的大小。

变压器总损耗要小，也就是以所有变压器的总空载损耗和总负载损耗（即短路损耗）之和为最小来确定变压器的合理台数。

### 4.3.4 变压器的继电保护装置

电力变压器常用的继电保护有过电流保护、电流速断保护、气体保护和过负荷保护等。电力变压器继电保护装置的选用，见表 4-11。

（1）对容量在 1000kVA 以下，高压侧电压为 6～35kV 单台运行的降压变压器一般采用熔断器保护变压器，低压侧可不装断路器和自动空气开关。

表 4-11　　　　　　　电力变压器的继电保护装置的选用

| 变压器容量（kVA） | 保护装置名称 | | | | | 备注 |
|---|---|---|---|---|---|---|
| | 过电流保护 | 电流速断保护 | 低压侧单相接地保护* | 气体保护 | 温度保护 | |
| <400 | | | | | | 一般用高压熔断器保护 |
| 400～750 | 高压侧采用断路器时装设 | 高压侧采用断路器，且过电流保护时限大于0.5s时装设 | 装设 | 车间内变压器装设 | | |
| 800 | 装设 | 过电流保护时限大于0.5s时装设 | 装设 | 装设 | | |
| 1000～1800 | 装设 | | | | 装设 | |
| 继电器型号 | DL—10 GL—10 | DL—10 GL—10 | | | | |

\* 绕组为 Yyn0 联结、低压侧中性点接地的配电变压器，当利用高压侧的过电流保护兼作低压侧单相接地保护，或利用低压侧的三相过电流保护不能满足灵敏性要求时，应装设变压器低压侧中性线上的零序电流保护。当变压器低压侧有分支线时，宜有选择地切除各分支线的故障。

（2）容量在 1000kVA 以下，高压侧装设断路器时，应装设电流速断保护装置作为变压器的主保护，过电流保护装置作为后备保护。当过电流的保护装置的动作时间低于或等于 0.7s 时，也可以不装电流速断保护。

（3）容量在 1000kVA 及以上的变压器（车间内降压变压器 320kVA 以上），除了用上述保护装置外，应设瓦斯保护装置。轻瓦斯保护作于信号，重瓦斯既可作用于跳闸，又可作用于信号。

（4）容量在 10000kVA 以上或两台 6300kVA 以上并联运行的变压器，应装设纵联差动保护装置作为主保护，过电流保护装置作为后备保护，而且在灵敏度不足时，加设低电压起动。过负荷保护作用于信号，瓦斯保护仍作用于信号和跳闸。

## 4.4　变压器运行中的检查和故障分析

### 4.4.1　变压器运行中的检查

1. 检查声音是否正常

变压器正常运行发出均匀嗡嗡声，发生故障时会产生异常声响；声音比平常沉重,说明负荷过重;声音尖锐时,说明电源电压过高;声音出现嘈杂,说明内部结构松动;出现爆裂声,说明线圈或铁芯绝缘击穿;其他如开关接触不良,或外电路故障也会引起变压器声响变化。

**2. 检查变压器油是否正常**

正常运行的油位应在油面计的 1/4~3/4 之间,新油呈浅黄色,运行后呈浅红色。如果油色加深或变黑,或漏油使油面低于油位计的指示限度时,应停下进行检查处理。经常保持变压器油的良好性能,是保证变压器安全可靠运行的重要环节。

**3. 检查变压器的电流和温度是否超过允许值**

配电变压器的电流可用钳形电流表测量。外壳温度可凭经验用手试摸。如果在正常负荷下,变压器的温度很不正常,且不断升高,应停下来检修。

**4. 检查变压器套管**

检查变压器套管,引线的连接是否完好,套管有无裂纹,损坏和放电痕迹;引线、导杆和连接栓有无变色。如有不清洁或破裂,在阴雨天或雾天会使泄漏电流增大,甚至发生对地放电。还要注意是否有树枝、杂草和其他杂物搭在套管上。

**5. 检查变压器高、低压熔丝是否正常**

低压熔断丝熔断的可能原因有低压架空线或埋地线短路;变压器过负荷;用电器绝缘损坏或短路;熔丝容量选择不当。高压侧熔断丝熔断的可能原因有变压器绝缘击穿;低压设备发生故障,但低压熔线未断;落雷也可能把高压熔丝烧断;高压熔丝容量选择不当。

**6. 检查变压器的接地装置是否完好**

正常运行变压器外壳的接地线,中性点接地线和防雷装置接地线都紧密连接一起,并完好接地,如发现锈、断等情况,应及时处理。

**7. 变压器火灾应对**

变压器发生火灾时,应把变压器各部开关和熔断器断开,迅速把变压器油全部放出,并妥善保管。同时用不导电的灭火器材(如四氯化碳灭火器和砂子等)灭火。千万不要用水或普通灭火器灭火。

**8. 瓦斯继电器动作原因的判断**

室外变压器容量在 1000kVA 及以上的电力变压器,一般都应有瓦斯继电器,用来反映变压器内部故障。瓦斯继电器动作的原因和故障的性质,可由继电器内积聚的气体的颜色、气味等来判断。

表 4-12 列出了变压器故障情况的分析，供实际工作中参考。

表 4-12 变压器的故障分析表

| 故障位置 | 故障 | 故障现象 | 产生故障的可能原因 | 备 注 |
|---|---|---|---|---|
| 线圈部分 | 线圈匝间短路 | （1）一次短路略增大。<br>（2）油温增高。<br>（3）油有时发生"咕嘟"声。<br>（4）三相直流电阻不平衡。<br>（5）高压熔丝熔断，跌落式熔断。<br>（6）储油柜盖有黑烟。<br>（7）二次线电压不稳，忽高忽低 | （1）由于变压器进水，水浸入线圈内。<br>（2）由于自然损坏，散热不良，或长期过载使匝间绝缘老化。<br>（3）绕制时没有发现导线毛刺，焊接处不平滑，使匝间绝缘受到破坏。<br>（4）油道内掉入杂物 | 重绕线圈 |
| | 线圈断线 | （1）断线处发生电弧，有放电声。<br>（2）断线的相没有电压和电流 | （1）导线焊接不良。<br>（2）匝间、层间或相间短路，造成断线。<br>（3）雷击造成断线。<br>（4）搬运时强烈震动使引线断开 | |
| | 对地击穿 | （1）高压熔丝熔断。<br>（2）匝间短路 | （1）因主绝缘老化或有剧烈折断等缺陷。<br>（2）绝缘油受潮。<br>（3）绕组内有杂物落入。<br>（4）过电压引起。<br>（5）由于短路时绕组变形引起。<br>（6）由于渗漏油，引起严重缺油 | |
| | 线圈相间短路 | （1）高压熔丝熔断。<br>（2）储油柜往外喷油，油温剧增 | （1）因主绝缘老化或有剧烈折断等缺陷。<br>（2）绝缘油受潮。<br>（3）绕组内有杂物落入。<br>（4）过电压引起。<br>（5）由于短路时绕组变形引起。<br>（6）由于渗漏油，引起严重缺油 | |
| 铁芯部分 | 铁芯片间绝缘损坏 | （1）空载损失增大。<br>（2）油温升高 | （1）受剧烈震动，铁芯片间摩擦引起。<br>（2）铁芯片间绝缘老化，或有局部损坏 | 硅钢片常两面涂漆，对 1611 号涂，用松节油稀释。涂漆后在炉温200℃下，干燥10～ |

续表

| 故障位置 | 故障 | 故障现象 | 产生故障的可能原因 | 备 注 |
|---|---|---|---|---|
| 铁芯部分 | 铁芯片间局部熔毁 | （1）高压熔丝熔断。<br>（2）油色变黑，并有特殊气味，温度升高 | （1）铁芯的穿芯螺栓的绝缘损坏。螺栓与铁芯片短路引起绝缘损坏。<br>（2）铁芯两点接地 | 12min。对 1030 号漆，用苯或纯净汽油稀释，在炉温 105℃ 下，干燥 2h。两面漆膜总厚为 0.01～0.015mm |
| | 接地片断裂或与铁芯接触不良 | 铁芯与油箱间有放电声 | （1）安装时螺丝没有拧紧。<br>（2）接地片没有插紧 | |
| | 铁芯松动 | 有不正常震动声或噪声 | （1）铁芯叠片中缺片。<br>（2）铁芯油道内或夹片下面有未夹紧的自由端。<br>（3）铁芯的紧固件松动。<br>（4）铁芯间有杂物 | |
| 分接开关部分 | 触头表面熔化与灼伤 | （1）油温增高。<br>（2）高压熔丝熔断。<br>（3）触头表面产生放电声 | （1）装配不当，如手轮指示位置晃量大，上、下错位，造成表面接触不良。<br>（2）弹簧压力不够 | 为使触头接触良好，可以定期（如每年一、二次）将运行中的分接开关转动几周，再放在需要的位置上。操作时应停电 |
| | 相间触头放电或各分接头放电 | （1）高压熔丝熔断。<br>（2）储油柜盖冒烟。<br>（3）有"咕嘟"声 | （1）过电压引起。<br>（2）变压器油内有水。<br>（3）螺丝松动，触头接触不良，产生爬电，烧坏绝缘 | |
| 油 | 油质变坏 | 变压器油的颜色变暗 | （1）变压器发生故障时，产生气体所引起。<br>（2）变压器油长期受热恶化 | 应定期（如每年一次）对变压器油进行检查、试验，决定是否要过滤或换油 |
| 套管部分 | 对地击穿套管间放电 | 高压熔丝熔断 | （1）瓷件表面较脏或有裂纹。<br>（2）套管间有杂物。<br>（3）套管间有小动物 | 瓷件应经常检查、清理。若有裂纹，应更换套管 |

### 4.4.2　变压器常见故障处理及故障处理实例

**1. 变压器常见故障及处理**

变压器绕组及绝缘故障主要表现为：绕组绝缘电阻低，绕组接地，绕组对铁芯放电，绕组相间短路，匝间或排间短路，一、二次绕组之间短路；绕组断路，绕组绝缘击穿或烧毁；油浸式变压器的绝缘油故障；绕组之间、绕组与铁芯之间绝缘距离不符合要求，绕组变形等。这些故障均会使变压器不能正常运行，而且这类故障是变压器的常见故障，如果不及时发现和处理，其后果十分严重。

（1）变压器绕组及绝缘故障的原因分析。变压器绕组及绝缘电阻不符合规范主要有以下几种原因。

1）变压器绕组受潮，接地绝缘电阻不合格。

2）变压器内部混入金属异物，造成绝缘电阻不合格。

3）变压器直流电阻不合格及开、短路故障。

4）绕组放电、击穿或烧毁故障。

5）变压器油含有水分。

（2）变压器绕组及绝缘故障的解决方法。

1）变压器绝缘电阻测量用仪表。由于变压器一、二次绕组额定电压等级较多，差别较大，因此不能用一个电压级别的绝缘电阻表去测量，否则不是测量值错误，就是将变压器绕组绝缘击穿。表 4-13 为绝缘电阻表的分类使用数据。

表 4-13　　　绕组额定电压与测量用绝缘电阻表电压等级之间的关系

| 绕组额定电（V） | <100 | 100～1000 | 1000～3000 | 3000～6000 | >6000 |
|---|---|---|---|---|---|
| 绝缘电阻表等级（V） | 100 | 500 | 1000 | 2500 | 5000 |

2）变压器绕组受潮、接地绝缘电阻不合格的分析处理。运行、备用或修理的变压器，均有受潮的可能，所以一定要防止潮气和水分侵入，以免导致绕组、铁芯和变压器油（油浸式）受潮，引起绝缘电阻低而造成变压器的各种故障。

- 对需要吊芯检修的变压器，要保持检修场所干净无潮气，吊芯检修超过 24h 的，器身一定要烘烤，在检修中如发现变压器已受潮，必须先烘干后套装。
- 受潮的油要过滤。
- 变压器密封处要密封好。
- 要定期检查储油柜、净油器及去湿器并保持其完好，定期更换硅胶等吸湿剂。
- 库存备用变压器应放置在干燥的库房或场地，变压器油要定期进行化验。
- 要定期检查防雷装置，尤其是雷雨季节更要检查。
- 非专业人员不可随意打开变压器零部件。

总之，使用、维修、保管变压器均要采取防止变压器受潮、受腐蚀的措施。

3）变压器直流电阻不合格、断路和短路故障。对三相变压器其一次或二次绕组出现三相直流电阻不平衡，或某一相（或两相）大，另两相（或一相）小，说明变压器绕组有开路、引线脱焊或虚接；绕组匝数错误或有匝间、层间短路等故障；还可能是同一绕组用不同规格导线绕制以及绕向相反或连接错误等。而这些原因均会造成变压器三相直流电阻不平衡、变压器送电跳闸、不能正常运行或带负载能力下降等后果。

为防止断路故障，应从下述几方面做好预防工作：

- 绕组绕制时用力不宜过猛，换位时换位处 S 弯不要弯折过度。
- 接头焊接要牢，不应有虚焊、假焊，焊口不应有毛刺或飞边。
- 绕制的线圈层间、排间绝缘距离要符合规范，以防放电时，灼伤导线而断路。
- 防止变压器长期过载运行。
- 母排和一次绕组瓷套管导杆连接要牢，一、二次绕组引线与本相套管引接头焊接要牢，如用螺栓连接，螺母要拧紧。
- 应加强变压器的日常维护保养工作。

（3）变压器油不合格的原因、防止措施和判定方法。变压器油如果保管存放不当、在运行中油受潮或过热，都会逐渐变质、老化和劣化，使绝缘性能下降，必须及时更换，或采取滤油方式，使不合格的绝缘油合格，从而保证油浸变压器及互感器正常运行，减少变压器故障。

1）运行中的变压器油受潮原因及防止方法。变压器油注入油箱后，在运行中油会受潮或进入水分，其主要原因是，在吊芯检修时或向变压器中注油时，油本身接触了空气，虽时间不长，但已吸收了少量潮气和水分；安装或检修变压器时密封不严、外界潮气和水分进入了变压器油箱。防止方法如下，修理人员必须将变压器严格密封，既防止油漏出，又防止外界潮气入侵；吊芯检修必须在晴天进行，超过 24h 的，变压器器身必须烘干处理；注油、滤油应采取真空滤油为好；防止变压器过热和温升超限，减少油氧化发生。

2）变压器油质的判定方法。打开油箱盖（或放出一器皿油），用肉眼观察变压器油的颜色，如果油的颜色发暗、变成深褐色，或油黏度、沉淀物增大，闻到有酸性的气味，油中有水滴等，均说明该变压器油已经老化和劣化，已经不合格必须采取措施，使其性能合格。

3）运行中变压器油质量标准及指标。要判定变压器油的质量，应进行多项测定和化验，所测数值应与标准值对比，这样从量的角度来判定其超标的程度。掌握运行油的质量标准，对维修人员十分重要。运行油质量标准，见表 4-14。

**表 4-14** 　　　　　　　　运行中变压器油质量标准

| 序号 | 项　目 | 设备电压等级（kV） | | 质量标准 | | 检查方法 |
|---|---|---|---|---|---|---|
| | | | | 运行前的油 | 运行中的油 | |
| 1 | 水溶性酸（pH 值） | | | >5.4 | ≥4.2 | GB/T 7598—2008《运行中变压器油水溶性酸测定法》 |
| 2 | 酸值［mg（KOH）/g］ | | | ≤0.03 | ≤0.1 | GB/T 7589—2008《运行中变压器油水溶性酸测定法》或 GB/T 264—1998《石油产品酸值测定法》 |
| 3 | 闪点，闭口（℃） | | | >140（10 号、25 号油）>135（45 号油） | （1）不比新油标准值低 5。（2）不比前次测定值低 5 | GB/T 261—2008《闪点的测定　宾斯基—马丁闭口杯法》 |
| 4 | 机械杂质 | | | 无 | 无 | 外观目测 |
| 5 | 游离碳 | | | 无 | 无 | 外观目测 |
| 6 | 水分（ppm） | 变压器 | 500 | ≤0.001 | ≤0.002 | GB 7600—1987《运行中变压器油水分含量测定法（库仑法）》或 GB/T 7601—2008《运行中变压器油、汽轮机油水分测定法（气相色谱法）》 |
| | | | 220～330 | ≤0.0015 | ≤0.003 | |
| | | | 66～110 | ≤0.002 | ≤0.004 | |
| | | 互感器套管 | 500 | ≤0.001 | ≤0.0015 | |
| | | | 220～330 | ≤0.0015 | ≤0.0025 | |
| | | | 66～110 | ≤0.002 | ≤0.0035 | |
| 7 | 界面张力，25℃（mN/m） | | | ≥35 | ≥19 | GB/T 6541—1986《石油产品油对水界面张力测定法（圆环法）》或 YS-6-1 |
| 8 | 介质损耗因数（90℃） | 500≤330 | | ≤0.007≤0.010 | ≤0.020≤0.040 | GB/T 5654—2007《液体绝缘材料　相对电容率、介质损耗因数和直流电阻率的测量》或 YS-30-1 |

续表

| 序号 | 项　目 | 设备电压等级（kV） | 质量标准 | | 检查方法 |
|---|---|---|---|---|---|
| | | | 运行前的油 | 运行中的油 | |
| 9 | 击穿电压（kV） | 500 | ≥60 | ≥50 | GB/T 507—2002《绝缘油击穿电压测定法》 |
| | | 330 | ≥50 | ≥45 | |
| | | 66～220 | ≥40 | ≥35 | |
| | | 20～35 | ≥35 | ≥30 | |
| | | 15 | ≥25 | ≥20 | |

**注**　取样油温为 40～60℃。

（4）变压器铁芯过热故障的原因分析及解决方法。导致变压器铁芯过热的主要原因是铁芯多点接地和铁芯片间绝缘不好造成铁耗增加所致。因此必须加强对变压器铁芯多点接地的检测和预防。

1）铁芯多点接地的检测方法：

- 交流法。给变压器二次（低压）绕组通以 220～380V 交流电压，则铁芯中将产生磁通。打开铁芯和夹件的连接片，用万用表的毫安挡检测，当两表笔在逐级检测各级铁轭时，正常接地时表中有指标，当触及到某级上表中指示为零时，则被测处因无电流通过，该处叠片为接地点。

- 直流法。打开铁芯与夹件的连接，在铁轭两侧的硅钢片上施加 6V 直流电压，再用万用表直流电压挡，依次测量各级铁芯叠片间的电压。当表指针指示为零或指针指示相反时，则被测处有故障接地点。

- 电流表法。当变压器出现局部过热时，怀疑是铁芯有多点接地，可用电流表测接地线电流。因为铁芯接地导线和外接地线导管相接，利用其外引接地套管，接入电流表，如测出有电流存在，则说明铁芯有多点接地；如果只有一点正常接地，测量时电流表应无电流或仅有微小电流值。

2）变压器铁芯多点接地的预防措施。制造或大修变压器而需要更换铁芯时，要选好材质；裁剪时，勿压坏叠片两面绝缘层，裁剪毛刺要小；保持叠片干净，污物、金属粉粒不可落在叠片上，叠压合理，接地片和铁芯要搭接牢固，和地线要焊牢。接地片离铁轭、旁柱符合规定距离，防止器身受潮使铁芯锈蚀，总装变压器时铁芯与外壳或油箱的距离应符合规定；其他金属组件、部件不可触及铁芯，应加强维护，防止过载运行，一旦出现多点接地应及时排除。

（5）变压器铁芯接地、短路故障的检测。

1）电流表法。用钳式电流表分别测量夹件接地回路中电流 $I_1$ 和铁芯接地回路中电流 $I_2$。当测得回路中电流相等，判定为上铁轭有多点接地；当所测 $I_2 \gg I_1$，则说明下铁轭有多点接地；当所测 $I_1 \gg I_2$，根据多年测试经验判定为铁芯轭部与外壳或油箱相碰。

2）用绝缘电阻表测量绝缘电阻。用绝缘电阻表检测铁芯、夹件、穿心螺杆等构件的绝缘电阻时，其判定标准如下。

对运行的大中型变压器，一般采用 1000V 绝缘电阻表测量穿心螺杆对铁芯和对夹件的绝缘电阻。对 10kV 及以下变压器，绝缘电阻不小于 2MΩ 为合格；20～35kV 级的变压器，绝缘电阻应不小于 5MΩ；40～66kV 级的，应不小于 7.5MΩ；66～220kV 高压变压器，绝缘电阻应不小于 20MΩ。所测结果小于上述规定时，说明有短路故障存在，应进一步打开接地片，分别测夹件、夹件、穿心螺杆、钢压环件对地的绝缘电阻，找出短路故障并及时排除。

3）直流电压法。用 12～24V 直流电压施加在铁芯上铁轭两侧，再用万用表毫伏挡分别测量各级铁芯段的电压降，对称级铁芯段的电压降应相等。在测量时若发现某一级电压降非常小，可能该级叠片间有局部短路故障，应进一步检查排除。

（6）变压器直流电阻不合格、断路和短路故障。对三相变压器其一次或二次绕组出现三相直流电阻不平衡，或某一相（或两相）大，另两相（或一相）小，说明变压器绕组有开路、引线脱焊或虚接；绕组匝数错误或有匝间、层间短路等故障；还可能是同一绕组用不同规格导线绕制以及绕向相反或连接错误等。而这些原因均会造成变压器三相直流电阻不平衡、变压器送电跳闸、不能正常运行或带负载能力下降等后果。为防止断路故障，应从下述几方面做好预防工作：

1）绕组绕制时用力不宜过猛，换位时换位处 S 弯不要弯折过度。

2）接头焊接要牢，不应有虚焊、假焊，焊口不应有毛刺或飞边。

3）绕制的线圈层间、排间绝缘距离要符合规范，以防放电时，灼伤导线而断路。

4）防止变压器长期过载运行。

5）母排和一次绕组瓷套管导杆连接要牢，一、二次绕组引线与本相套管引接头焊接要牢，如用螺栓连接，螺母要拧紧。

6）应加强变压器的日常维护保养工作。

（7）绕组放电、击穿或烧毁故障。在变压器内部如果存在局部放电，表明变压器绝缘有薄弱环节，或绝缘距离不符合要求，放电时间一长或放电严重，将会使绝缘击穿。绕组击穿或烧毁是较大故障，只有提高修造质量、严格遵守规程操作、加强维护保养，才能防止放电或击穿变压器。因此必须采取有效措施，防止变压器发生放电故障。

1）加强日常维护保养，对大中型及重要供电区域的变压器应有监视设备。

2）修理变压器应选用优质的绝缘材料，绝缘距离应符合要求，修复后密封要严。

3）保持吸湿器有效，应有防雷措施。

4）大型高压变压器要装有接地屏，防止放电。

2. 变压器故障处理实例

【例 4-1】 变压器整体绝缘电阻降低。

在一次日巡视检测中，发现一台 SJL—750/10 型变压器整体绝缘电阻降低，此时该变压器的绝缘电阻仅为 1.2MΩ。

经对该变压器进行检查，未发现变压器绕组有接地现象。但发现去湿器玻璃外壳破裂，外界潮气较长时间由此侵入，去湿器内硅胶变色发霉，吊芯检查和油化验，发现油中水分超标，器身受潮。随后将变压器器身放入烘箱，在（110±5）℃下烘干 12h，对变压器油进行真空过滤且化验合格，又更换了去湿器，组装后全面检查合格，排除了该故障。

【例 4-2】 变压器一次绕组绝缘电阻低。

有台备用三相电力变压器，额定电压为 10/0.4kV，在库中存放了一年多，运至现场时用绝缘电阻表测量一次绕组绝缘电阻仅为 0.9MΩ。

查入库前记录各项指标合格。检查发现箱沿密封不严，存放过程中潮气、水分入侵，吊芯检查发现油箱内侧面有锈迹，由于变压器静止存放，入侵水分沉在油箱底部，由于处于静止状态，入侵水分和变压器油及挥发物达到基本平衡，整个铁芯和绕组尚未受潮。所以只需要对油进行处理。在现场对变压器油采取真空滤油处理，使油箱底部水分在真空加热滤油过程中挥发掉，直至绝缘电阻合格为止。

【例 4-3】 变压器 B 相对地绝缘电阻为零。

一台电炉变压器 B 相对地的绝缘电阻为零。该变压器在运行中二段母线接地信号铃响，电压表指示一相降压、两相电压升高。经拉闸检查 6kV 断路器、母线和变压器高压套管均无异常，用绝缘电阻表测变压器绝缘，一次侧 B 相绝缘电阻为零，其余正常，判定 B 相接地。经吊芯检查发现一、二次绕组之间有一只顶丝,使一次对二次短路放电,引起不完全的接地,同时还发现二次绕组裸扁铜排外层有轻度电弧烧伤。经取出顶丝检查,发现是上方电抗器线圈上的顶丝松脱落入变压器内。将顶丝重新拧在电抗器线圈上,再合闸,变压器运行正常,B 相绝缘电阻达 120 MΩ。

【例 4-4】 变压器单相对地绝缘击穿。

有一台 S7—800kVA 变压器单相对地绝缘击穿。该变压器在运行中有异常响声且绝缘电阻仅为 1.5MΩ,但未引起值班人员重视,某天突然出现 A 相绝缘子处放电,气体继电器动作。经检查为 A 相绕组接地而击穿。原因是有一个 M10×85 螺柱卡在 A 相绝缘子和箱盖之间,构成 A 相绕组接地。取下该螺栓,吊出器身解体,取出 A 相一次绕组进行清理、检查,未发生排间、层间及匝间短路,将外层用绝缘带包扎好后套入,考虑到加强整体绝缘强度,对全部绕组进行重新烘干、侵漆处理,对变压器油重新过滤并检查合格。

【例 4-5】 变压器在运行中过热。

有一台 SJL—560kVA 的变压器在运行中过热,拉闸检查发现三相直流电阻不平衡。经检查,发现该变压器 A 相直流电阻是 B、C 相的 2 倍。经吊芯检查 A 相两根并绕的导线有一根在引线处脱焊。将脱焊的这跟导线重新和另一根并齐焊牢在引线上,从而排除了故障。

【例 4-6】 变压器在运行中因过热而跳闸。

SJL—1000/10 kVA 型变压器在运行中因过热而跳闸,拉闸检查发现三相直流电阻不平衡。吊芯检查发现 B 相二次绕组绝缘变色,该相直流电阻比 A、C 相小,经检查 B 相双螺旋式绕组中有三匝,因匝间绝缘损坏而形成匝间短路。该二次绕组由 3.08mm×10.80mm 扁铝纸包线 14 根并绕 18 匝组成,将 B 相取出加热后将电缆纸剥去,分别用 0.05mm×25.00mm 亚胺薄膜粘带穿套式连续补包好,略加整形,恢复原高度后再套装好。变压器油二次过滤,器身经烘烤合格。

【例 4-7】 变压器一送电就跳闸。

某台 3200kVA 变压器一送电就跳闸,直流电阻两小一大。

该变压器为 35/10.5kV 三相电力变压器,运行中有过热现象,曾出现一送电就跳闸的现象,现场测量一、二次对地绝缘电阻较高;测三相绕组直流电阻 A、B 两相相等且比 C 相为低。退出电网经吊芯检查发现 A、B 两相一次绕组靠近上方出头线处有 1/3 绕组匝间绝缘变色发脆、呈焦烊状,构成匝间短路,仔细查看这两相绕组引线和套管均呈虚假焊,基本处于断开状态,该故障是因引线虚假焊导致的匝间短路。修理时更换 A、B 相一次绕组，用原规格扁铜导线，绕制原匝数后，经整形、预烘、侵漆、烘干及套装，同时对变压器油进行真空过滤，这样彻底排除了该故障。

**【例 4-8】** 变压器一次绕组有放电故障。

一台 SJL—750kVA 变压器一次绕组有放电故障。

该变压器在运行中出现异常声音，油温逐渐升高，最后使气体继电器动作，用 1000V 绝缘电阻表测一次绝缘电阻为 0.5MΩ，二次为 2.1MΩ。吊芯检查发现器身受潮，A、B 两相一次绕组中底部有放电痕迹，查出其主要原因是注油后注油孔未垫胶垫和未堵塞，潮气由此入侵，而吸湿器因注油孔未堵不起吸湿作用，所以绕组和油均受潮而放电。对变压器油现场真空滤油，一次绕组虽放电但并未受电弧严重灼伤，不需包扎处理，仅器身烘干后组装，封、堵好注油孔，即排除了该故障。

**【例 4-9】** 变压器交接试验时出现放电现象。

一台 SL7—630/10 型变压器交接试验时出现放电现象。该变压器修后交接试验中，发生放电故障，经检查是一次瓷套管下端和油箱法兰盘处出现打火放电。其主要原因是一次绕组引出线在法兰盘上安装不正，偏向一边，缩小了绝缘距离，加之一次绕组引出线较长且未固定好，安装时出现了位置变形。

在油箱法兰内侧增加一只绝缘套管，在一次绕组颈部增加数片绝缘垫片，所增片数多少以固定紧绝缘套管为准，加强了一次绕组的固定，使之位置不偏斜，不挤向法兰边。

**【例 4-10】** 变压器在运行中有异声且过热。

一台 560kVA 电力变压器在运行中有异声且过热。该变压器在供电运行中出现"嘟嘟"响声，手摸外壳烫手，但配电盘上电压表、电流表指示正常；拉闸后吊芯检查，发现下夹件垫脚与铁轭间的绝缘纸板脱落且破损，使垫脚铁轭处叠片相碰，导致接地所致。此时松开上、下夹件紧固螺母，更换上、下铁轭间的绝缘纸板，放正垫脚，重新固定好上、下夹件螺母，就可以排除两点接地故障。

**【例 4-11】** 变压器在运行中出现铁芯过热。

一台 SJL—320kVA 变压器在运行中出现铁芯过热现象。停止运行，检测铁耗不合格，测一、二次绕组直流电阻合格，对地绝缘电阻达 100MΩ。判定质量不佳。吊芯后发现铁轭变色，拆下叠片查出间漆膜多处脱落，未脱落的漆皮过热老化变色，形成铁芯片间短路而构成多点接地。因此将所有叠片经碱水洗刷，去除两面残存漆膜，经清水冲洗，再烘干后上涂漆机，两面均匀涂上一层硅钢片漆，烤干后叠装。

**【例 4-12】** 两台变压器并联运行时负载分配不成比例。

某厂有 750kVA 及 1800kVA 两台电压等级、联结组别及阻抗电压均一致的变压器。并联投运后，测得二次侧空载电压分别为 386.7V（750kVA）及 383.9V（800kVA），负载时测得的二次侧线电流分别为 1200A 及 1400A，负载分配不合理。

两台变压器虽属同一电压等级，但使用挡的电压比显然不一样，二次侧空载电压相差 386.7V−383.9V=2.8V，以 750kVA 二次侧电压为基础，电压差为 0.724%，对并联运行的变压器，电压最大误差的相对值一般只允许在 0.5% 以内。

由于二次电压不同，在两台变压器之间产生了环流，二次侧电压高的一台（750kVA）除负载电流外增加了环流，1800kVA 的变压器电流是负载电流减去环流，故两者负载不按比例分配，长期用下去 750kVA 的变压器会因过热或烧损。

**【例 4-13】** 变压器改接（一）。

将一台 320kVA/0.4kV，Yyn0 连接的变压器，用在 6/0.4kV 电源上，即将 10kV 级降压变压器改接为 6kV 运行。

经检查该变压器一、二次绕组及铁芯均无故障，经计算只要变更一次绕组连接方式，就可用在 6kV 电源上。

方法：变压器吊芯后将原一次侧高压绕组Y形连接的接头拆开，按△形连接好，该变压器连接组别由原来 Yyn0 连接将改为 Dyn11 连接，就成了 6/0.4kV 降压变压器，运行正常。

**【例 4-14】** 变压器改接（二）。

某台 3150 kVA，35/6.3kV，Yd11 连接的降压电力变压器，因用户入户电源电压升为 10kV，所以应将 35/6.3kV 降压变压器改接为 35/10kV 运行。

经检查该变压器整体绝缘性能良好，绕组无故障，故可用改接线方法使二次电压变为 10kV，所以决定改变为二次连接方式使用。

改接方法：将该变压器二次绕组原△形连接的首末端引线打开，再接成Y形，二次侧额定电压便可由 6.3kV 升为 10kV，改接后变压器连接组为 Yy0。

### 4.4.3　农用变压器损坏的主要原因与反事故措施

（1）农用变压器损坏的主要原因，按所占损坏变压器的比例程度列举如下：

1）变压器缺油、油中含有水分和杂质，使绕组绝缘受潮和油电气强度降低而损坏。

2）累计过负荷、温升超过规定值，使绝缘加速老化变脆，变压器油过热分解而损坏。

3）未安装避雷器或避雷器失效（未做预防性试验），受雷击而损坏。

4）架设不合格，外力因素（如刮大风等）及失修造成二次侧混线短路而损坏。

5）变压器一、二次没有安装合格的熔丝，当过载及短路时失去保护作用而损坏。

6）高压套管受污损、碎裂，对油箱击穿放电而损坏。

在损坏的变压器中，有相当数量的变压器是使用粗放、维护不力或常年失修的带病运行的变压器。

（2）造成变压器损坏的主要因素。不论变压器损坏程度如何，原因大都是绝缘结构、介质（电缆纸、变压器油等）在温度、电气、化学、机械等的作用下损坏。

1）温度作用。除正常运行温度外，当发生过载或短路时，变压器油温将剧升，从而使固体绝缘介质失去水分、变脆、机械强度下降，甚至烧焦及热击穿。发生热击穿的时间一般要经历数小时，但当突发短路时，所经历的时间就较短。当有适当的保护时，不会发生热击穿。另外，变压器油在高温下也会发生过热分解，使性能劣化。

2）电气作用。当出现短时或瞬时内部过电压和大气过电压（雷击）时，在绝缘薄弱的部位便会发生局部放电，并发展成电化学击穿。过电压短时作用将产生积累效应，使劣化程度逐步扩大导致电击穿。

3）化学作用。主要是指氧化、水解和生成沉淀物的过程。氧化析出的沉淀物会腐蚀、影响绝缘，并导致老化，最后因热击穿而破坏。电化学击穿的时间有时要经历数小时到数年。

机械力作用：变压器绝缘在运行中要受到电动力作用，尤其是突然短路将受到强大的电动力，可能使绝缘遭到机械破坏。

（3）变压器反事故措施。

1）防止水及空气进入变压器。

• 变压器在运行中应防止进水受潮，套管顶部将军帽，储油柜顶部，套管升高座及其连管等处必须良好密封。必要时应进行检漏实验，如已发现绝缘受潮，应及时采取相应措施。

- 对大修后的变压器应按制定说明书进行真空处理和注油，其真空度抽真空时间，进油速度等均应达到要求。
- 从储油柜补油或带电滤油时，应先将储油柜的积水放尽，不得从变压器下部进油，防止水分。空气或油箱底部杂质进入变压器器身。
- 当气体继电器发出轻瓦斯动作信号时，应立即检查气体继电器，及时取气样检验，以判明气体成分，同时取油样进行色谱分析及时查明原因并排除。
- 应定期检查呼吸器的硅胶是否正常，切实保证畅通。
- 变压器停运时间超过 6 个月，在重新投入运行前，应按预试规程要求进行有关试验。

2）防止异物进入变压器。

- 变压器更换冷却器时，必须用合格绝缘油反复冲洗油管道，冷却器，直至冲洗后的油试验合格并无异物为止。如发现异物较多，应进一步检查处理。
- 要防止净油器装置内的硅胶进入变压器。应定期检查滤网和更换吸附剂。
- 加强定期检查油流继电器指示是否正常。检查油流继电器挡板是否损坏脱落。

3）防止变压器绝缘损伤。

- 检修需要更换绝缘件时，应采用符合制造厂要求，检验合格的材料和部件，并经干燥处理。
- 变压器运行检修时严禁蹬踩引线和绝缘支架。
- 变压器应定期检测其绝缘。

# 5

# 农用电动机相关知识

## 5.1 电动机的分类、代号及产品规格

### 5.1.1 电动机的分类、代号

**1. 分类**

电动机按电源分有交流电动机、直流电动机、三相交流异步电动机和单相交流电动机，按转子构造分有三相笼型异步电动机和绕线式转子异步电动机，按用途分有特种用途电动机、专用电动机等。

根据 GB 4831—1984《电机产品型号编制方法》，电动机按大小的划分如下：

（1）大、中、小型交流电动机（同步电机和异步电动机）。

1）中小型交流电动机，即中心高为 630mm 及以下或定子铁芯外径为 990mm 及以下的电动机。

2）大型交流电动机，即定子铁芯外径为 990mm 以上的电动机。

（2）大、中、小型直流电动机。

1）小型直流电动机，即中心高为 400mm 及以下或电枢铁芯外径为 368mm 及以下的电动机。

2）中型直流电动机，即电枢铁芯外径为 368～990mm 的电动机。

3）大型直流电动机，即电枢铁芯外径为 990mm 以下的电动机。

（3）马力电动机和小功率电动机。

1）马力电动机，折算至 1000r/min 时，其连续额定功率不超过 735W（1 马力）的电动机。

2）小功率电动机，折算至 1500r/min 时连续额定功率不超过 1.1kW 的电动机。

对分马力电动机，如规格代号不用中心高而用机外壳外径表示时，其后面的分隔符号"-"应改用"/"表示。

2. 产品名称及代号

电动机的类型代号表示电动机的各种类型而采用的汉语拼音字母缩写。各型异步电动机的主要产品名称及代号，见表 5-1。

**表 5-1**                 **异步电动机的产品名称及代号**

| 序 号 | 产品代号 | 产 品 名 称 |
|:---:|:---:|:---|
| 1 | Y | 三相异步电动机 |
| 2 | YS | 分马力三相异步电动机 |
| 3 | YR | 绕线型转子三相异步电动机 |
| 4 | YLS | 立式三相异步电动机（大、中型） |
| 5 | YRL | 绕线型转子立式三相异步电动机（大、中型） |
| 6 | YK | 大型二极（快速）三相异步电动机 |
| 7 | YRK | 大型绕线转子二极（快速）三相异步电动机 |
| 8 | YU | 电阻起动单相异步电动机 |
| 9 | YC | 电容起动单相异步电动机 |
| 10 | YY | 电容运转单相异步电动机 |
| 11 | YL | 双值电容单相异步电动机 |
| 12 | YJ | 极罩单相异步电动机 |
| 13 | YJF | 极罩单相异步电动机（方形） |
| 14 | YX | 三相异步电动机（高效率） |
| 15 | YUX | 电阻起动单相异步电动机（高效率） |
| 16 | YCX | 电容起动单相异步电动机（高效率） |
| 17 | YYX | 电容运转单相异步电动机（高效率） |
| 18 | YLX | 双值电容单相异步电动机（高效率） |

续表

| 序　号 | 产品代号 | 产　品　名　称 |
|---|---|---|
| 19 | YQ | 三相异步电动机（高起动转矩） |
| 20 | YH | 高转差率（滑率）三相异步电动机 |
| 21 | YD | 多速三相异步电动机 |
| 22 | YDT | 通风机用多速三相异步电动机 |
| 23 | YZP | 中频三相异步电动机 |
| 24 | YSR | 制冷机用耐氟三相异步电动机 |
| 25 | YUR | 制冷机用耐氟电阻起动单相异步电动机 |
| 26 | YCR | 制冷机用耐氟电容起动单相异步电动机 |
| 27 | YYR | 制冷机用耐氟电容运转单相异步电动机 |
| 28 | YLR | 制冷机用耐氟双值电容单相异步电动机 |
| 29 | YP | 屏蔽式三相异步电动机 |
| 30 | YPJ | 泥浆屏蔽式三相异步电动机 |
| 31 | YPL | 制冷屏蔽式三相异步电动机 |
| 32 | YPG | 高压屏蔽式三相异步电动机 |
| 33 | YPT | 特殊屏蔽式三相异步电动机 |
| 34 | YLJ | 力矩三相异步电动机 |
| 35 | YDJ | 力矩单相异步电动机 |
| 36 | YUL | 装入式三相异步电动机 |
| 37 | YEP | 制动三相异步电动机（旁磁式） |
| 38 | YEG | 制动三相异步电动机（杠杆式） |
| 39 | YEJ | 制动三相异步电动机（附加制动器式） |
| 40 | YEZ | 锥形转子制动三相异步电动机 |
| 41 | YCT | 电磁调速三相异步电动机 |
| 42 | YHT | 换向器式（正流子）调速三相异步电动机 |

续表

| 序　号 | 产品代号 | 产　品　名　称 |
|--------|----------|----------------|
| 43 | YCJ | 齿轮减速三相异步电动机 |
| 44 | YJI | 谐波齿轮减速三相异步电动机 |
| 45 | YXJ | 摆线针轮减速三相异步电动机 |
| 46 | YHJ | 行星齿轮减速三相异步电动机 |
| 47 | YZC | 三相异步电动机（低振动低噪声） |
| 48 | YZS | 三相异步电动机（低振动精密机床用） |
| 49 | YZM | 单相异步电动机（低振动精密机床用） |
| 50 | YTD | 电梯用三相异步电动机 |
| 51 | YTTD | 电梯用多速三相异步电动机 |
| 52 | YDF | 电动阀门用三相异步电动机 |
| 53 | YSL | 离合器三相异步电动机 |
| 54 | YDL | 离合器单相异步电动机 |
| 55 | YSB | 三相电泵（机床用） |
| 56 | YDB | 单相电泵（机床用） |
| 57 | YM | 木工用三相异步电动机 |
| 58 | YZT | 钻探用三相异步电动机 |
| 59 | YNZ | 耐振用三相异步电动机 |
| 60 | YGT | 滚筒用三相异步电动机 |
| 61 | YGB | 管道泵用三相异步电动机 |
| 62 | YG | 辊道用三相异步电动机 |
| 63 | YZ | 冶金与起重用三相异步电动机 |
| 64 | YZW | 冶金与起重用涡流制动三相异步电动机 |
| 65 | YZRW | 冶金与起重用涡流制动绕线转子三相异步电动机 |
| 66 | YZR | 冶金与起重用绕线转子三相异步电动机 |

| 序　号 | 产品代号 | 产　品　名　称 |
|---|---|---|
| 67 | YZRG | 冶金与起重用绕线转子（管道通风式）三相异步电动机 |
| 68 | YZRF | 冶金与起重用绕线转子（自带风机式）三相异步电动机 |
| 69 | YZD | 冶金与起重用多速三相异步电动机 |
| 70 | YZE | 冶金与起重用制动三相异步电动机 |
| 71 | YZJ | 冶金与起重用减速三相异步电动机 |
| 72 | YZRJ | 冶金与起重用减速绕线转子三相异步电动机 |
| 73 | YLB | 立式深井泵用三相异步电动机 |
| 74 | YQS | 井用（充水式）三相异步电动机 |
| 75 | YQSG | 井用（充水式）高压潜水三相异步电动机 |
| 76 | YQSY | 井用（充水式）潜水三相异步电动机 |
| 77 | YQY | 井用潜油三相异步电动机 |
| 78 | YQL | 井用潜卤三相异步电动机 |
| 79 | YI | 装岩机三相异步电动机 |
| 80 | YT | 轴流式局部通风机 |
| 81 | YZY | 正压形三相异步电动机 |
| 82 | YA | 增安型三相异步电动机 |
| 83 | YAR | 增安型绕线转子三相异步电动机 |
| 84 | YAQ | 增安型高启动转矩三相异步电动机 |
| 85 | YAH | 增安型高转差率（滑率）三相异步电动机 |
| 86 | YAD | 增安型多速三相异步电动机 |
| 87 | YACT | 增安型电磁调速三相异步电动机 |
| 88 | YACJ | 增安型齿轮减速三相异步电动机 |
| 89 | YATD | 电梯用增安型三相异步电动机 |

续表

| 序　号 | 产品代号 | 产　品　名　称 |
|---|---|---|
| 90 | YADF | 电动阀门用增安型三相异步电动机 |
| 91 | YB | 隔爆型三相异步电动机 |
| 92 | YBZS | 起重用隔爆型双速三相异步电动机 |
| 93 | YBR | 隔爆型绕线转子三相异步电动机 |
| 94 | YBQ | 隔爆型高起动转矩三相异步电动机 |
| 95 | YBH | 隔爆型高转差率（滑率）三相异步电动机 |
| 96 | YBD | 隔爆型多速三相异步电动机 |
| 97 | YBZD | 起重用隔爆型多速三相异步电动机 |
| 98 | YBEP | 隔爆型制动三相异步电动机（旁磁式） |
| 99 | YBEG | 隔爆型制动三相异步电动机（杠杆式） |
| 100 | YBEJ | 隔爆型制动三相异步电动机（附加制动器式） |
| 101 | YBCT | 隔爆型电磁调速三相异步电动机 |
| 102 | YBCJ | 隔爆型齿轮减速三相异步电动机 |
| 103 | YBXJ | 隔爆型摆线针轮减速三相异步电动机 |
| 104 | YBTD | 电梯用隔爆型三相异步电动机 |
| 105 | YBDF | 电动阀门用隔爆型三相异步电动机 |
| 106 | YBP | 隔爆型屏蔽式三相异步电动机 |
| 107 | YBPJ | 隔爆型泥浆屏蔽式三相异步电动机 |
| 108 | YBPG | 隔爆型高压屏蔽式三相异步电动机 |
| 109 | YBPL | 隔爆型制冷屏蔽式三相异步电动机 |
| 110 | YBPT | 隔爆型特殊屏蔽式三相异步电动机 |
| 111 | YBGB | 管道泵用隔爆型三相异步电动机 |
| 112 | YBZ | 起重用隔爆型三相异步电动机 |
| 113 | YBZB | 立式深井泵用隔爆型三相异步电动机 |

| 序 号 | 产品代号 | 产 品 名 称 |
|---|---|---|
| 114 | YBI | 装岩机用隔爆型三相异步电动机 |
| 115 | YBB | 耙斗式装岩机用隔爆型三相异步电动机 |
| 116 | YBT | 隔爆型轴流式局部通风机 |
| 117 | YBY | 链板运输机用隔爆型三相异步电动机 |
| 118 | YBJ | 绞车用隔爆型三相异步电动机 |
| 119 | YBHJ | 回拄绞车用隔爆型三相异步电动机 |
| 120 | YBC | 采煤机用隔爆型三相异步电动机 |
| 121 | YBCS | 采煤机用隔爆型水冷三相异步电动机 |
| 122 | YBK | 矿用隔爆型三相异步电动机 |
| 123 | YBU | 掘进机用隔爆型三相异步电动机 |
| 124 | YBUS | 掘进机用隔爆型水冷三相异步电动机 |
| 125 | YBS | 输送机用隔爆型三相异步电动机 |
| 126 | YOJ | 石油井下用三相异步电动机 |
| 127 | YIF | 仪用轴流单相异步风机 |
| 128 | YYJ | 电影放映机用异步电动机 |
| 129 | YYP | 电影洗片机用异步电动机 |
| 130 | YSK | 双轴伸空调器用电动机 |
| 131 | YSY | 电容运转风扇电动机 |
| 132 | YSZ | 电容运转转页式风扇电动机 |
| 133 | YZF | 罩极风扇电动机 |
| 134 | YDN | 电容运转内转子吊扇电动机 |
| 135 | YDW | 电容运转外转子吊扇电动机 |
| 136 | YPS | 电容运转排气扇电动机 |

| 序　号 | 产品代号 | 产　品　名　称 |
|---|---|---|
| 137 | YPZ | 罩极排气扇电动机 |
| 138 | YXB | 电容运转波轮式洗衣机电动机 |
| 139 | YXG | 电容运转滚筒式洗衣机电动机 |
| 140 | YYG | 洗衣机甩干用电动机 |

### 3. 特点代号

特点代号是表示电动机的性能、结构及用途而采用的汉语拼音字母，对于防爆电动机，代表防爆类型的字母 A（增安型）、B（防爆型）、ZY（正压型），标注位置紧接在电动机的类型代号后面。

## 5.1.2　电动机系列产品的规格代号

### 1. 产品规格代号

电动机的规格代号用中心高、铁芯外径、机座号、机壳外径、轴伸直经、凸缘代号、机座长度、铁芯长度、功率、电流等级、转速或极数等来表示。主要系列产品的规格代号，见表 5-2。

（1）机座长度采用国际通用字母符号来表示，S 表示短机座，M 表示中机座，L 表示长机座。

（2）铁芯长度按由短至长顺序用数字 1、2、3、…表示。

（3）凸缘代号采用国际通用字母符号 FF（凸缘上带通孔）或 FT（凸缘上带螺孔）连同凸缘固定孔中心基圆直径的数值来表示。

**表 5-2**　　　　　　　　　　**电动机系列产品规格代号组成及含义**

| 序　号 | 产　品　名　称 | 规　格　代　号 |
|---|---|---|
| 1 | 小型异步电动机 | 中心高（mm）—机座长度（字母代号）—铁芯长度（数字代号）—极数 |
| 2 | 中大型异步电动机 | 中心高（mm）—机座长度（字母代号）—极数 |
| 3 | 小型同步电动机 | 中心高（mm）—机座长度（字母代号）—铁芯长度（数字代号）—极数 |
| 4 | 中大型同步电动机 | 中心高（mm）—铁芯长度（数字代号）—极数 |

续表

| 序 号 | 产 品 名 称 | 规 格 代 号 |
|---|---|---|
| 5 | 小型直流电动机 | 中心高（mm）—机座长度（字母代号） |
| 6 | 中型直流电动机 | 中心高（mm）或机座号（数字代号）—铁芯长度（数字代号）—电流等级（数字代号） |
| 7 | 大型直流电动机 | 电枢铁芯外径（mm）—铁芯长度（mm） |
| 8 | 汽轮发电机 | 功率（MW）—极数 |
| 9 | 中小型水轮发电机 | 功率（kW）—极数/定子铁芯外径（mm） |
| 10 | 大型水轮发电机 | 功率（MW）—极数/定子铁芯外径（mm） |
| 11 | 测功机 | 功率（kW）—转速（仅对直流测功机） |
| 12 | 分马力电动机（小功率电动机） | 中心高或机壳外径（mm）—（或/）机座长度（字母代号）—铁芯长度、电压、转速（均用数字代号） |
| 13 | 交流换向器电动机 | 中心高或机壳外径（mm）—（或/）铁芯长度、转速（均用数字代号） |

2. 电动机的特殊环境代号

（1）"高原"用"G"。

（2）"船（海）"用"H"。

（3）"户外"用"W"。

（4）"化工防腐"用"F"。

（5）"热带"用"T"。

（6）"湿热带"用"TH"。

（7）"干热带"用"TA"。

# 5.2　常用三相异步电动机

## 5.2.1　特征与使用范围

各系列的交流异步电动机可以在海拔不高于 1000m，环境空气温度不高于 40℃的场所连续的在额定工作状态下运行。除了电动机具有的特殊防护外，不允许在有腐蚀性气体和有爆炸性气体或粉尘的环境中工作。非立式电动机的定子出线端，一般均装在电动机的机座侧面的接线盒内。部分三相异步电动机的产品型号、结构特征及适用范围，见表 5-3。

表 5-3　　　三相异步电动机的产品型号、结构特征与使用范围

| 序号 | 电动机名称 | 型号 | | 结构特征 | 适用范围 |
|---|---|---|---|---|---|
| | | 新型号 | 旧型号 | | |
| 1 | 异步电动机 | Y | J、JO、JQO、J2、JO2、JQ2、JO—L、JK、JL、JS | 铸铁外壳，小机座上有散热筋、大机座采用管道通风，铸铝笼型转子，有防护式和封闭式之分 | 用于一般拖动机械与设备上 |
| 2 | 绕线转子异步电动机 | YR | JR、JRO、YR | 防护式铸铁外壳，绕线型转子 | 用于电源容量不足以起动笼型电动机及要求起动电流小，起动转矩高的设备 |
| 3 | 绕线转子异步电动机 | YQ | JQ、JQO、JGO | 同 Y 型电动机 | 用于起动静止负载或惯性较大的负载机械。如压缩机、粉碎机等 |
| 4 | 高效率三相异步电动机 | YX | | 同 Y 型电动机 | 可驱动无特殊要求的各种机械设备 |
| 5 | 高转差率（滑差）异步电动机 | YH | JH、JHO | 结构同 Y 型电动机，但转子采用合金铝浇铸 | 用于传动较大飞轮惯量和不均匀冲击负荷的金属加工机械。如锤击机、剪切机、冲压机、压缩机、绞车等设备 |
| 6 | 多速异步电动机 | YD | JD、JDO | 此电动机是在 Y 型上派生 | 同 Y 型电动机，在使用上要求有 2～4 种转速的机械设备 |
| 7 | 精密机床用异步电动机 | YJ | JJO | 结构同 Y 型电动机 | 同 Y 型，使用于要求振动小，噪声低的精密机床上 |
| 8 | 制动异步电动机（旁磁式） | YEP | JPE | 电动机的定子同 Y 型，在转子上有旁磁路结构 | 用于要求快速制动的机械。如电动葫芦、卷扬机、行车、电动阀等机械设备 |
| 9 | 制动异步电动机（杠杆式） | YEG | JZD | 电动机的定子同 Y 型，转子上带有杠杆式制动机构 | 用于要求快速制动的机械。如电动葫芦、卷扬机、行车、电动阀等机械设备 |
| 10 | 制动异步电动机（附加制动器式） | YEJ | JZD | 电动机的定子同 Y 型，转子的非输出轴端带有制动器 | 用于要求快速制动的机械。如电动葫芦、卷扬机、行车、电动阀等机械设备 |

续表

| 序号 | 电动机名称 | 型 号 | | 结构特征 | 适用范围 |
| --- | --- | --- | --- | --- | --- |
| | | 新型号 | 旧型号 | | |
| 11 | 锥型转子制动异步电动机 | YEZ | ZD、ZDY、JZZ | 电动机的定子、转子均采用锥型结构，防护式或封闭式，铸铁外壳上有散热筋，自扇散热 | 用于要求快速制动的机械。如电动葫芦、卷扬机、行车、电动阀等机械设备 |
| 12 | 电磁调速异步电动机 | YCT | JZT | 封闭式异步电动机与电磁滑差离合器组成 | 用于纺织、印染、化工、造纸、船舶及要求变速的机械设备上 |
| 13 | 换向器式调速异步电动机 | YHT | JZS | 防护式，铸铁外壳，有手动和遥控调速两种方式，有换向器转子 | 用于纺织、印染、化工、造纸、船舶及要求变速的机械设备上。但效率与功率因数比 YCT 型高 |
| 14 | 齿轮减速异步电动机 | YCJ | JTC | 由封闭式异步电动机和减速器组成 | 用于低速、大转矩的机械设备。如运输机械、矿山机械、炼钢机械、造纸机械等要求低速大转矩的机械设备上 |
| 15 | 力矩异步电动机 | YLJ | JLJ、JN | 强迫通风式，铸铁外壳，笼型转子，导条采用高电阻材料 | 用于纺织、印染、造纸、电线、电缆、橡胶、冶金等具有软特性和恒转矩的机械设备上 |
| 16 | 起重冶金用异步电动机 | YZ | JZ | 封闭式，铸铁外壳上有散热筋，自扇吹冷，转子是铜条 | 用于起重机和冶金辅助机械 |
| 17 | 起重冶金用绕线转子异步电动机 | YZR | JZR | 封闭式，铸铁外壳上有散热筋，自扇吹冷，转子是铜条。转子为绕线式 | 用于起重机和冶金辅助机械 |
| 18 | 隔爆型异步电动机 | YB | JB、JBS | 防爆式，钢板外壳，铸铝转子，小机座上有散热筋 | 用于有爆炸性气体的场合 |
| 19 | 电动阀门用异步电动机 | YDF | | 同 Y 型电动机 | 用于起动转矩与最大转矩高的机械设备上。如电动阀门 |
| 20 | 化工防腐用异步电动机 | Y—F | JO—F、JO2—F | 结构同 Y 型，采用封闭及防腐措施 | 用于化肥、氯碱系统等化工的防腐系统中 |

续表

| 序号 | 电动机名称 | 型　号 | | 结构特征 | 适用范围 |
|---|---|---|---|---|---|
| | | 新型号 | 旧型号 | | |
| 21 | 船用异步电动机 | Y—H | JO2—H | 结构同 Y 型，机座由钢板焊接或由高强度具有韧性的铸铁制造 | 用于船舶机械设备上 |
| 22 | 浅水排灌异步电动机 | YQB | JQB | 由水泵、电动机和整体密封盒组成 | 用于农业的排灌及消防水泵 |

### 5.2.2　安装结构和防护等级

**1. 三相异步电动机的安装结构型式**

三相异步电动机的安装结构型式代号用 1 个字母及 3 个数字等组成，如 A101—有两个（或一个）端盖式轴承带地脚或具有附加减速装置。

A201—带地脚，端盖上带凸缘。

A301—无地脚，端盖上带凸缘。

A401—无地脚，机座上带凸缘。

A501—装入或附装式。

A602—端盖式轴承或座式轴承。

A722—座式轴承。

**2. 三相异步电动机的防护等级**

三相异步电动机的防护等级按电动机外壳上防止固体异物进入内部及防止人体触及内部的带电或运动部件，共分了 7 级，见表 5-4；按电动机外壳防水进入内部的程度，共分了 9 级，见表 5-5。

表 5-4　　　电动机外壳上防止固体异物进入内部及防止人体触
及内部的带电或运动部件部分划分的防护等级

| 防护等级 | 防护物质 | 定　　义 |
|---|---|---|
| 0 | 无防护 | 没有专门的防护 |
| 1 | 防护大于 50mm 的固体 | 能防止直径大于 50mm 的固体异物进入到电动机的机壳内，能防止人体的某一大面积部分（如手）偶然或意外的触及机壳内的带电体或运动部件，但不能防止有意识的接触这些部分 |
| 2 | 防护大于 12mm 的固体 | 能防止直径大于 12mm 的固体异物进入到电动机的机壳内，能防止手指触及机壳内的带电体或运动部件 |

| 防护等级 | 防护物质 | 定　　义 |
|---|---|---|
| 3 | 防护大于2.5mm的固体 | 能防止直径大于2.5mm的固体异物进入到电动机的机壳，能防止厚度（或直径）大于2.5mm的工具、金属线等触及机壳内的带电体或运动部件 |
| 4 | 防护大于1mm的固体 | 能防止直径大于21mm的固体异物进入到电动机的机壳，能防止厚度（或直径）大于2.5mm的工具、金属线等触及机壳内的带电体或运动部件 |
| 5 | 防尘 | 能防止灰尘进入机壳内达到影响电动机正常运行的程度，完全防止触及机壳内带电体和运动部件 |
| 6 | 尘密 | 能完全防止灰尘进入，完全防止触及机壳内带电体和运动部件 |

表 5-5　　　　　电动机外壳按防水进入内部的程度的防护等级

| 防护登记 | 防护物质 | 定　　义 |
|---|---|---|
| 0 | 无防护 | 没有专门的防护 |
| 1 | 防滴 | 垂直下落的滴水不能直接进入电动机内部 |
| 2 | 15°防水 | 与垂直线成15°角范围内的滴水不能进入电动机内部 |
| 3 | 放淋雨 | 与垂直线成60°角范围内的淋水不能进入电动机内部 |
| 4 | 防溅 | 任何方向的溅水应对电动机无有害影响 |
| 5 | 防喷水 | 任何方向的喷水应对电动机无有害影响 |
| 6 | 防海浪和强力喷水 | 强烈的海浪和喷水应对电动机无有害影响 |
| 7 | 浸水 | 电动机在规定的压力和时间下，浸入水中，进入电动机内的水，应对其无有害影响 |
| 8 | 潜水 | 电动机在规定的压力长时间浸入水中，进入电动机内的水，应对其无有害影响 |

3. 三相异步电动机防护等级的标志

表明电动机外壳的防护等级标志是由字母 IP 及两个数字组成的。第一位数字表示按防止固体物质进入内部几防止人体触及内部带电部位或运动部分的防护等级；第二位数字表示防止水进入内部的防护等级，如只需要单独标志一种防护型式的等级时，则被略去数字的位置用"X"补充。

如：IPX3 或 IP3X。说明该电动机的防护等级是"防淋水"或"防护大于2.5mm 的固体物质进入电动机内部。

### 5.2.3 三相异步电动机的工作原理

三相异步电动机是靠接入三相交流 380V 电源（相位差 120°）供电的电动机，由于三相异步电动机的转子与定子旋转磁场以相同的方向、不同的转速成旋转，存在转差率，所以叫三相异步电动机。图 5-1 所示为典型三相异步电动机外形。

**1. 三相异步电动机的工作原理**

当三相异步电动机定子绕组通入三相交流电后，便产生旋转磁场，如图 5-2 所示。该旋转磁场空间旋转时掠过转子导体，也就使转子导体将切割磁力线，从而产生感应电动势（可用发电机右手定则来判断感应电动势的方向）。由于转子绕组自身是短接的，所以在感应电动势的作用下，转子导体内便有感应电流通过。

根据载流导体在磁场中要受到电磁力的原理，将使转子导体受到一个与旋转场方向相同的电磁力 $F$（电磁力 $F$ 的方向可有电动机左手定则来判断），在这个电磁力 $F$ 的作用下，转子将沿着旋转磁场的方向旋转起来。

图 5-1 典型三相异步电动机外形

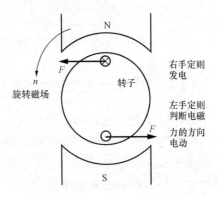

图 5-2 三相异步电动机的工作原理

**2. 电动机旋转方向的改变**

在图 5-3（a）所示电路中，定子三相绕组 A—X、B—Y、C—Z 为星形连接，并按三相电流 A、B、C 的相序分别接到三相电源上。从图 5-3（b）中四个不同瞬间所产生的磁场方向可以看出，它所产生的合成磁场是按顺时针方向旋转，也就是说，旋转磁场的方向是由线圈中电流的相序决定的。

如图 5-4 所示，如果将三相电源线上任意对调两相，将 B 相与 C 相电源线对调，电流变化的先后顺序变为 A—C—B。因此，C—Z 线圈中流过的是 B 相

电流 $I_C$，此时三相绕组中的电流所产生的合成磁场为反时针方向旋转。

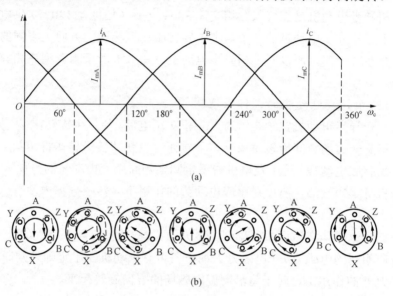

图 5-3　旋转磁场的产生

（a）电路为星形连接时工作曲线；（b）四个不同瞬间所产生的磁场方向

### 5.2.4　三相异步电动机的基本结构

三相异步电动机也叫三相感应电动机，主要由定子和转子组成。根据转子绕组结构的不同，有笼形和绕线形两种。

图 5-5 所示为 Y 系列三相异步电动机典型结构图；图 5-6 所示为笼型转子结构图（分铸铝转子和铜条转子）。

图 5-7 所示为 YR 系列绕线式转子三相异步电动机典型结构；图 5-8 所示为绕线式转子结构。

1. 定子结构

定子主要包括机座、定子铁芯、定子绕组三部分。

（1）机座由铸铁或铸钢制成，两头有端盖，装有轴承。

（2）定子铁芯由导磁率很高的厚 0.35～0.5mm 的环形硅钢片叠压而成。铁芯内圆开有嵌放绕组线圈的槽。

（3）定子绕组。中小型电机的绕组线圈采用高强度聚酯漆包圆铜线绕制，是按一定规律连接的对称的三相绕组。常用的绕组形式有单层链式、单层叠式、双层叠式、单层交叉式和单层同心式等几种。

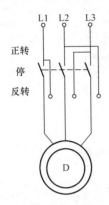

图 5-4　任意改变定子绕组的
电源引线就可以改变电动机
的旋转方向

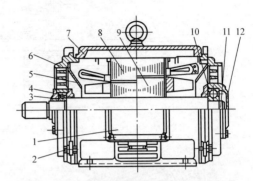

图 5-5　Y系列三相异步电动机典型结构

1—接线盒；2—紧固件；3—轴承外盖；4—轴承；5—挡风板；
6—端盖；7—机座；8—定子铁芯；9—转子；10—轴承内盖；
11—轴用挡圈；12—轴承外盖

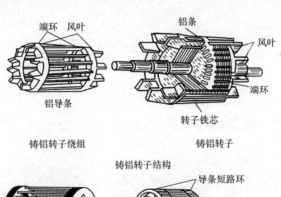

铸铝转子结构

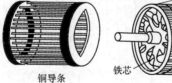

铜条转子结构

图 5-6　笼型转子结构

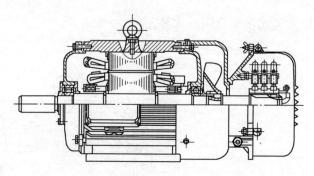

图 5-7　YR 系列绕线式转子三相异步电动机典型结构

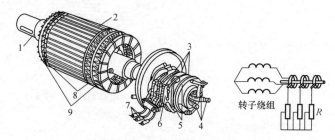

图 5-8　有举刷短路装置的绕线式转子结构

1—转轴；2—转子铁芯；3—集电环；4—转子绕组出线头；5—电刷；6—刷架；

7—电刷外接线；8——三相转子绕组；9—镀锌钢丝箍

1）单层链式。图 5-9 所示为三相 24 槽 4 极单层链式全节距绕组展开图。

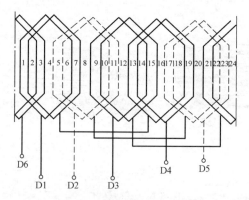

图 5-9　三相 24 槽 4 极单层链式全节距绕组展开图

2）单层叠式。图 5-10 所示为三相 24 槽 4 极单层叠式短节距绕组展开图。

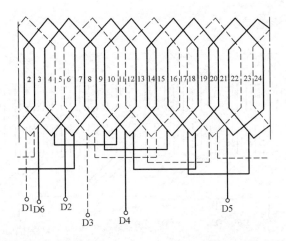

图 5-10　三相 24 槽 4 极单层叠式短节距绕组展开图

3）单层交叉式。图 5-11 所示为三相 36 槽 4 极单层交叉式绕组展开图。

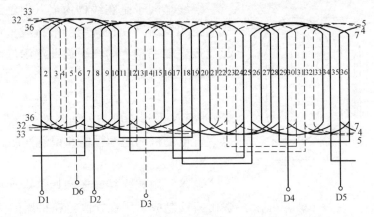

图 5-11　三相 36 槽 4 极单层交叉式绕组展开图

4）双层叠式。图 5-12 所示为三相 36 槽 4 极双层双叠式短节距绕组展开图。

5）单层同心式。图 5-13 所示为三相 36 槽 4 极单层同心式绕组展开图。

**2. 转子结构**

转子由转轴、转子铁芯和转子绕组组成。

（1）转轴用来固定转子铁芯和传递机械功率，一般用中碳钢加工而成。

（2）转子铁芯由 0.35～0.5mm 的圆形硅钢片叠压而成，其表面开有均匀分布的槽，用来嵌放或浇铸转子绕组。

（3）转子绕组。笼型绕组采用铸铝工艺将转子绕组和风叶一次铸出。此类电动机叫笼型异步电动机。

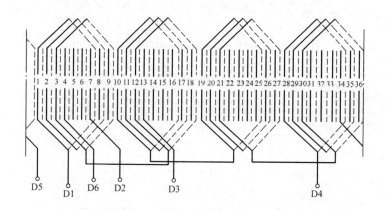

图 5-12　三相 36 槽 4 极双层双叠式短节距绕组展开图

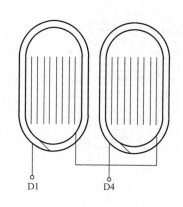

图 5-13　三相 36 槽 4 极单层同心式绕组展开图（只画出 A 相）

绕线形转子是在线槽内嵌入用绝缘导线绕成的三相绕组。三相绕组一般接成星形。三个起端接到装在轴上的三个彼此绝缘的滑环上，故又称之为滑环型转子。

（4）滑环。绕线式转子的转轴上有三个滑环，滑环又通过电刷与外面附加的变阻器连接，以改善电动机的起动性能和调速性能。

3. 端盖

端盖是用来支持转子和遮盖电动机的，一般用铸铁制成，用螺栓固定在机座的两端。

4. 出线盒

出线盒是用来固定定子绕组的引出线头的，一般用铸铁制成。在出线板接线柱旁边标有各相绕组起端和末端的符号，根据不同的要求，可以接成星形或三角形，图 5-14 所示为一路星形接法；图 5-15 所示为一路三角形接法；图 5-16 所示为两路并联星形接法。有些电动机只有三根引出线头，使用安装时只要接通 380V 电源即可。

5. 气隙

定子与转子之间的间隙称为气隙，通常为 0.2～2mm。气隙过大，磁阻和励磁电流增大，功能因数降低；气隙过小，制造及修理的工艺难度大，转动时易发生摩擦（俗称扫膛）。

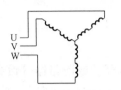
图 5-14　一路星形接法

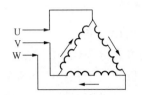
图 5-15　一路三角形接法

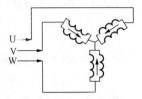
图 5-16　两路并联星形接法

**6. 铭牌**

铭牌是厂家固定在设备上的金属牌，上面记录了厂家名称、出厂年月、序（编）号以及主要技术指标。如额定功率、额定电压、额定电流、频率、额定转速、绝缘等级、温升等。

## 5.3　异步电动机的接线与起动方式

### 5.3.1　接线方式

**1. Y系列三相异步电动机的接线方式**

三相异步电动机的定子绕组有Y（星形）接线和△（三角形）接线两种。国产 Y 系列的异步电动机，4kW 及以上功率的均采用三角形接线，以便于采用Y－△起动法起动。异步电动机三相绕组共六个首末端都引进了电动机机座的接线盒中，首端用 U1、V1、W1 标志，末端用 U2、V2、W2 标志。星形、三角形接线如图 5-17 所示。

**2. 改变三相异步电动机转动方向的接线**

从工作原理知道，三相异步电动机转子的转向总是与定子旋转磁场的转向相同。而定子旋转磁场的转向取决于定子三相绕组电流的相序。因此，只要把电动机接到电源开关的三根端线任意交换其中两根的位置，就改变了定子

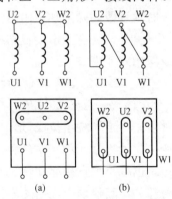
图 5-17　三相异步电动机接线
（a）星形接线；（b）三角形接线

三相绕组电流的相序，电动机的转向就会改变。如果生产机械需要经常正、反转运行时，则可以用专用开关或交流接触器等组成的正、反转自动控制线路，就可实现控制电动机自动正、反转。

### 5.3.2 电动机的起动方式

**1. 三相异步电动机的起动方式**

三相异步电动机的起动方式分为以下三类。

（1）直接起动。将电动机的定子三相绕组通过闸刀开关或断路器等设备接到三相电源上，电动机在额定电压下开始起动。直接起动具有接线简单、操作方便、可靠等优点，但起动电流大。如果供电变压器容量足够大，应尽量采用直接起动的方法，如发电厂内，厂用电动机大多采用直接起动。在农村电网中，直接起动法一般只适用中、小容量电动机的起动。

（2）降压起动。起动时通过专用设备，使加到电动机定子绕组上的电压降低，以降低起动电流，待电动机转速趋于稳定值时，再将定子绕组的电压恢复到额定值。降压起动虽然可以减小起动电流，但同时也减小了电动机的起动转矩。因此降压起动适用于笼型电动机空载或轻负载情况下的起动。

（3）转子回路串入附加电阻起动。这种起动方式只适用于绕线式异步电动机，在转子回路中串入附加电阻，既可以减小起动电流，又可以提高转子的功率因数，增大了起动转矩。可用于起动要求较高，重负载起动的场合，如起重机吊钩电动机的起动。起动初始，串入附加电阻，随着电动机转速的升高，再及时地逐段切除附加电阻。

另外，还有从电动机结构上改善起动性能的办法，如笼型转子采用双笼型或深槽式笼型。

**2. 三相笼型异步电动机常用的降压起动方式**

（1）Y—△（星/三角）换接起动。适用于正常接线为△形的电动机，起动时，先将定子绕组接成Y形，待转速达到稳定值时，再改接成△形。采用Y—△换接起动方法，起动时线路的电流仅为△形接线直接起动时的 1/3，同时起动转矩也减小为直接起动转矩的1/3。Y—△换接的方法，对小容量电动机可用手动开关，其他场合应用交流接触器等设备实现自动换接。

（2）自耦变压器（补偿器）起动。自耦降压变压器的一次侧接电源，二次侧降低的电压接电动机定子绕组起动，当电动机转速升至稳定值时，切除自耦变压器，将定子绕组直接接到额定电压的电源上运行。通常将自耦变压器和切换的开关安装在同一封闭箱中，称为补偿器。补偿器中的自耦变压器有几挡抽头，对应不同的二次侧电压等级（如 $40\%U_N$、$60\%U_N$、$75\%U_N$），使用时可根据供电电源容量、实际电压水平、负载转矩的大小而灵活选择。与Y—△换接起动相比，它不受电动机定子绕组接线方式的限制，且有不同抽头的选择，但设备费用较贵，起动次数不能频繁。

（3）定子回路串电抗器起动。起动时在定子回路中串接电抗器，降低起动电流，起动后短路掉电抗器加全电压（额定电压）运行。

3．三相绕线式异步电动机的起动方式

绕线式异步电动机的特点是可以在转子回路中串接可变电阻器等元件。

第一种起动方法是串可变电阻器。如图 5-18 所示，接成Y形的三相起动电阻经电刷、滑环引入到转子回路。为减少起动时间，保持在整个起动过程中都有较大的转矩，随着转速的升高，应逐级切除起动电阻。对装有提刷装置的电动机，起动完毕后，还应把转子绕组自行短路，然后把电刷从滑环上提起，以减少电刷的磨损。

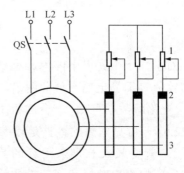

图 5-18　线绕式转子串接变阻器起动线路

1—起动变阻器；2—电刷；3—滑环

第二种起动方法是在转子回路中串频敏变阻器。转子回路串电阻要逐级切除，控制较复杂，为了克服这一缺点，可在转子回路中串频敏变阻器起动。频敏变阻器是一个三柱式三相铁芯线圈，不过铁芯是用厚钢板叠成，相当于一个铁耗特大的三相电抗器。在电动机起动瞬间，转子电流频率高，频敏电阻器的铁耗大，其等效电阻大，从而限制了起动电流，增大了起动转矩。随着转速升高，转子电流频率逐渐降低，频敏电阻器铁耗减小，其等效电阻自动无级平滑的减小、使起动过程能迅速而平稳地进行。

绕线式电动机转子串电阻使其起动性能优良，但其结构也较复杂，维护工作复杂。

## 5.4　异步电动机工作中的检查与常见故障判断处理

### 5.4.1　异步电动机运行中的检查

1．三相异步电动机的额定电流估算

三相异步电动机几个额定值的关系为

$$P_N = \frac{\eta_N U_N I_N \cos\varphi_N}{1000}$$

式中　$P_N$——额定功率，kW；

　　　$\eta_N$——额定效率；

　　　$U_N$——额定线电压，V；

　　　$I_N$——额定线电流，A；

　　$\cos\varphi_N$——额定功率因数。

当只知道电动机额定功率和额定电压 $U_N$=380V 时，可取 $\eta_N$=0.9，$\cos\varphi_N$=0.8，估算出电动机的额定电流

$$I_N=\frac{P_N\times1000}{380\times0.8\times0.9}$$

对于几十千瓦以下的中、小型电动机还有更粗略的估算方法，即额定电流的估算值等于额定功率值的两倍，如一台 11kW 的电动机，估算其额定电流为 22A。查铭牌数据可知，一台 2 极 11kW 的电动机，一台 4 极的 11kW 的电动机，$I_N$=22.6A，可见估算的数据是较准的。

2．新安装或长期未运行的异步电动机在起动前的检查

（1）检查电动机和起动设备的绝缘电阻。用 500V 绝缘电阻表测定，其绝缘电阻不得小于 0.5MΩ，若小于此值，应进行烘干处理。

（2）根据电动机铭牌上的电压，检查电源电压是否相符。

（3）根据电动机铭牌上的接法（星形或三角形），检查接线是否正确。如果电动机绕组的首、末端已弄混，应检查、判断明确。

（4）检查电动机外壳的接地或接零保护是否可靠和符合要求。

（5）检查电动机各螺丝是否拧紧，轴承是否缺油（长期不用的电动机），转轴是否灵活。

（6）检查传动装置是否符合要求。皮带松紧是否适度，连接是否紧固；联轴器的螺丝和销子是否紧固。

（7）检查起动设备是否完好，接线是否正确，规格是否符合电动机要求。

（8）检查熔断丝是否完好，规格是否符合要求。

（9）如果是绕线型电动机，应检查电刷是否还能使用，与滑环接触是否良好（否则应换新电刷），举刷和滑环短接装置是否完好，扳手是否灵活。

（10）第一次起动应不带负载空转试运行，待无问题后，再带上负载试起动、试运行。若试运转中发现有异常声音或不转，应立即停止检查。若空载试起动反转，应将电源线的任意两相或电动机出线的任意两相对调接入再试运转。

3. 异步电动机起动时的注意事项

（1）电动机接通电源后，若不转或转速很慢、声音不正常及拖动的机械装置不正常，要立即切断电源进行检查，待查明原因排除故障后方可重新起动。

（2）密切监视起动过程中电动机电流的变化，随着转速的升高，电流表指示应迅速回到额定电流以下。

（3）电动机连续起动的次数，一般正常情况下，允许在冷态下起动 2～3 次，在热态下起动 1～2 次。这是为了避免电动机绝缘因过热而加速老化，缩短电动机的使用寿命。

（4）多台电动机共用一台变压器时，应当按次序逐台起动，不要同时起动。

（5）严格按照起动设备的操作规程进行起动操作。

4. 异步电动机在运行时的监视参数

严密监视电动机的运行状态，就有可能减少或避免事故的发生。

（1）监视电动机的温度不要超过规定值。负荷过重、通风不良、环境温度过高、绕组故障都会导致电动机温度过高。

（2）监视电动机的电流不超过额定值。当环境温度过高时，电流还应降低到额定值以下使用；当环境温度较低时（如冬天），电流可适当超过额定值使用，但最多不得超过额定电流的 10%。

（3）注意电源电压的变化。当电压波动范围在额定电压的 ±5%（如额定电压 380V，则允许在 400～360V）内时，电动机可长期运行。电源电压太高，要停止使用，由有关人员对供电变压器或电压补偿装置进行调整，以免电动机过热或绝缘损坏。电源电压太低，要停止使用，或者降低电动机的负载运行，但须把电动机的温度限制在允许范围内。

（4）注意三相电压和三相定子电流的不平衡程度。三相电源电压不平衡会引起电动机额外发热、效率降低、电磁噪声增加、振动增大。当相间电压差小于 5% 时，允许长期运行。若相间电压差过大，则要查找原因，进行处理。若三相电源电压是平衡的，三相定子电流允许不平衡度可达 10%，如果太大，则说明定子绕组有问题，要停止使用。

（5）注意电动机的通风情况和周围环境的清洁，不允许水、油、杂物落入电动机内。注意室内空气的流通，以利散热。室外工作的电动机，不要直接在太阳下曝晒。

（6）注意电动机的声响、振动、气味的变化。例如出现不均匀噪声、振动加大、绝缘焦糊味均应立即停止检查。

（7）注意绕线式电动机电刷的工作情况。电刷下是否火花较大，电刷是否跳动，是否磨损太多等。

（8）注意电动机和机械设备的转速是否正常，传动装置是否正常。如皮带太松打滑和跳动，联轴器松动。

（9）注意轴承的工作情况。用听音棒接触轴承盒，若听到冲击声，则可能有滚珠破碎；有丝丝的干摩擦声，则是轴承缺油。轴承盒内的油量约为全容积的 2/3 最好，换油周期应按规定执行。

（10）注意起动设备的温度和声响是否正常。

5. 三相电源缺一相时异步电动机运行情况

由于熔断器熔丝烧断，开关触头接触不良，电源断线等原因，会造成三相电源缺一相电的情况。若三相电动机此时尚未起动，而后合上开关送电后，电动机会发出较大的嗡嗡声，电动机不会起动，电流很大，应立即切断电源进行检查。若电动机正在运转中，出现缺一相电的情况，电动机会继续运转，但电流会增大较多，导致温度上升较快，转速也会略有下降，时间长了会烧毁电机。发现这种情况也应立即切断电源进行检查。

6. 熔断器熔体（保险丝）额定电流的正确选择

对一台不经常起动且起动时间不长的电动机的短路保护，熔体的额定电流应大于或等于 1.5～2.5 倍电动机额定电流。对于频繁起动或起动时间较长的电动机，熔体的额定电流应大于或等于 3～3.5 倍电动机额定电流。

例如，一台水泵的电动机的型号为 Y132S—4，额定功率为 5.5kW，额定电流为 11.6A，该电动机正常工作不需频繁起动，可选熔断器熔体的额定电流为

$$（1.5～2.5）×11.6=17.4～29（A）$$

查电气设备手册选最相近数据（如 30A）的熔体。

### 5.4.2　常见故障检查与判断

1. 常见故障

**故障现象 1　三相异步电动机通电后不转或转得很慢**

出现上述现象，可能是由以下原因引起的。

（1）缺一相电，可能是由于熔断器熔丝熔断，开关一相接触不良或定子绕组某一相断线等原因引起。

（2）绕线式转子绕组断线或滑环与电刷接触不良，笼型转子导条脱落或断裂。

（3）电动机所拖动的机械负载有故障，如水泵的叶轮和泵壳摩擦、叶轮上

堵有杂物、电动机与机械装置安装不正确等。

（4）电动机本身有机械故障，如轴承损坏、润滑油冻结等。

（5）电压过低。

（6）定子绕组接线错误，如△形接成了Y形。

（7）定子绕组匝间短路或绝缘受潮受损而碰机壳。

**故障现象 2　异步电动机的熔断器体（保险丝）熔断**

出现上述现象，可能是由以下原因引起的。

（1）电源电压过高或过低。

（2）负载过重。

（3）定子绕组接线错误，如Y形接成了△形，一相绕组头尾接反。

（4）起动时间太短，如Y—△换接时，从"Y"接位置过早地切换到"△"接位置。

（5）绕组接地或短路。

（6）熔体与熔断底座接触不良。

（7）熔体额定电流规格选择不当。

（8）起动设备接线错误。

**故障现象 3　异步电动机运转时温度过高**

出现上述现象，可能是由以下原因引起的。

（1）电源电压过高或过低。

（2）缺相运行。

（3）定子绕组接线错误。

（4）定子绕组匝间、相间短路、接地。

（5）绕线式转子线圈接头松脱或笼型转子断条。

（6）负载过重，超过电动机额定值。

（7）机械部分有故障，造成电动机过负载。

（8）电机轴承损坏、定转子铁芯有摩擦、装配不好。

（9）环境温度过高，散热困难。

（10）风道堵塞或风扇损坏。

**故障现象 4　异步电动机运行中声音不正常，噪声大**

出现上述现象，可能是由以下原因引起的。

（1）缺相运行。

（2）三相电流不平衡，可能是电源电压三相不平衡引起的，也可能是定子绕组内有短路现象。

（3）定子与转子发生摩擦。

（4）轴承缺油、磨损厉害、滚珠破碎。

（5）风扇与端盖间有杂物。

（6）转子绕组导条断裂、端环松脱。

**故障现象 5　异步电动机剧烈振动**

出现上述现象，可能是由以下原因引起的。

（1）电动机与被拖动的机械安装不正确，如两轴中心位置不一致、两皮带轮不平行。

（2）转子与定子发生摩擦。

（3）电动机轴承损坏。

（4）被拖动的机械装置损坏。

（5）电动机或被拖动的机械地脚及基础有缺陷或地脚螺丝松动。

**故障现象 6　电动机轴承发热**

出现上述现象，可能是由以下原因引起的。

（1）轴承润滑不良，油加得太多、缺油、油质不清洁。

（2）轴承磨损。

（3）轴承中心线安装不正。

（4）皮带太紧。

（5）端盖没有装好，或者松动。

（6）轴承盖螺丝压得太紧。

（7）主轴弯曲。

**故障现象 7　异步电动机运行时，电流表指针来回摆动**

出现上述现象，可能是由以下原因引起的。

（1）笼型转子断条。

（2）绕线式转子一相电刷接触不良或断路。

（3）三相集电环短路装置接触不良。

**故障现象 8　绕线式异步电动机电刷冒火或集电环发热**

出现上述现象，可能是由以下原因引起的。

（1）电刷研磨得不好，与集电环接触不良。

（2）加在电刷上的压力不均匀或压力太大。

（3）集电环由于磨损出现沟槽不够光滑或不圆。

（4）集电环和电刷污秽，有油灰等污垢。

（5）电刷牌号不对。

（6）电刷挤压得太紧，在刷握内不能自由移动。

### 故障现象 9　运行中电动机绕组温度判断

出现上述现象，可能是由以下原因引起的。

比较准确的方法是用酒精温度计测量。可将温度计插入电动机吊装螺丝孔内进行，所测得的温度再加上 10℃就是电动机绕组最热点的温度。

另一种方法是在电动机外壳上洒几滴水，发现只冒热气而不发出声音，说明电动机温度在允许范围内；如果不仅冒热气，还发出"噻噻"声，说明电动机已过热。

还有一种最简单的方法是用手摸，如果手一放到电动机外壳上，烫得马上缩手，说明电动机过热。不过这种方法最不准，因为每个人的感觉是不一样的。

### 故障现象 10　电动机缺相运行时的故障现象与检查

出现上述现象，可能是由以下原因引起的。

三相异步电动机缺相运行，最常见的情况是电源一相开路和定子绕组一相开路，二者的检查方法如下。

（1）电源一相开路。用万用表电压挡测量电动机主接触器上接线端头的三相交流电压。测量方法是使万用表的两支表笔依次测量三个端头，共测量三次；如果只有一次测出电压，则其两次均测不出电压，则表明电源一相开路（即电源缺相）。

如果接触器的接线端缺相，则应先断电，然后按下述两种方法之一检查接触器触头的通断情况。

1）拆开接触器的灭弧罩，用力压合触头，用万用表电阻挡检查三个触头的闭合状态是否良好。

2）先拆除接触器下端接线端头上的三根电动机负载线，然后通电并起动控制按钮，使接触器吸合，再用万用表电压挡测量接触器下接线端头（测量方法与电源一相开路的查找方法相同）同样可以判断触头闭合状态是否良好。

（2）定子绕组一相开路。拆开电动机的接线盒，用万用表电阻挡分别测量连接的三个端头。如果有两次或一次测得的电阻值很大或无穷大，则表明绕组有开路故障。

### 2．检查、判断电动机的常见故障与处理措施

（1）检查方法。

1）了解情况。查看电动机的铭牌和产品说明书，了解电动机的型号规格和运行特点，向操作人员了解故障前电动机和配套生产机械的运行情况、故障发

生过程及故障现象。

2）现场检查。对电动机的外观和周围环境进行观察，查看电动机的机壳、端盖、机座等是否损坏，起动设备是否完好，控制设备上的电压表、电流表示值是否超出规定范围，线路上的指示、信号装置（例如熔断器的信号器等）是否正常等；然后用手转动转子，检查电动机是否灵活，有无卡涩现象。

3）检查绝缘。用绝缘电阻表测量绕组绝缘电阻，检查绕组是否接地，有无相间短路现象。

4）试运行鉴别。通过以上检查，如果未发现电动机及其附属设备的严重缺陷，则可进行空载试运行，仔细观察电动机的运行情况，如温升、电流、电压和转速等，据此作出进一步的判断。同时，还可以在试运行过程中断电，以大致判断电动机的故障性质。例如，切断电源后，若故障现象立即消失，则可判定是电路方面的故障；若故障仍然存在，则可判定是机械方面的故障。

必须指出，在试运行过程中，一旦出现严重振动、异常声音或有焦煳味等异常现象，应立即切断电源，以免故障进一步扩大。

（2）处理电动机的常见故障的措施。电动机的故障繁多，本章因篇幅有限，不可能详细说明各种故障现象产生的原因和处理方法；三相异步电动机的定子绕组故障和其他最常见故障的现象、故障原因和处理方法，见表 5-6 和表 5-7。供读者在检查、分析和排除电动机故障时参考。

表 5-6　　三相异步电动机定子绕组发生故障的原因和检查处理方法

| 故障现象 | 故障原因 | 检查方法 | 处理方法 |
|---|---|---|---|
| 绕组接地 | （1）嵌线时定子槽底有毛刺未除尽，绝缘漆包线被毛刺刮破。<br>（2）嵌线整形时，槽绝缘端部有裂口，或槽绝缘未好。<br>（3）绕线模过大，造成嵌线后的线圈端部伸出线芯两端过长，与端盖内壁相碰。<br>（4）电动机长期过载，绝缘老化、开裂、脱落。<br>（5）绕组受潮，绝缘失去作用。<br>（6）雷电造成过电压，击穿绕组绝缘。<br>（7）引出线套管损 | （1）观察法。观察绕组端部和接近槽口部分的绝缘物有无破裂和焦黑痕迹，如果有则接地点就可能在该处。<br>（2）冒烟法。在铁芯与线圈之间加一低电压，并用调节器来调节电压，限制电流在 5A 以内，以免烧坏铁芯。当电流通过接地点时，烧损的绝缘便会冒白烟，甚至出现火花。<br>（3）灯泡检查法。将灯泡的一根引线接地（即接电动机外壳），另一根引线接到绕组的引出线头上，逐相检查。电源电压可为 220V，灯泡的功率不超过 40W。若灯泡呈暗红色，则表明绕组受潮。<br>（4）万用表检查法。将万用表拨到电阻挡，把万用表的一根引线接在电动机的机座上，另一根引线接在电动机的引线上。如果测得的电阻值很小，则表明绕组的接地。<br>（5）绝缘电阻表检查法。将 500V 绝缘电阻表的一根引线接在机座上，另一根引 | （1）在接地处填塞新的绝缘材料，然后涂刷绝缘漆并烘干。<br><br>（2）如果接地点在槽内，则应更换绕组。<br><br>（3）如果绕组受潮，则应烘干后浇上绝缘漆，使绝缘电阻达到 0.5MΩ 以上 |

续表

| 故障现象 | 故障原因 | 检查方法 | 处理方法 |
|---|---|---|---|
| 绕组接地 | 伤,使导线与机壳相碰 | 出线接在电动机的引线上,如果测得的电阻值很小,则表明绕组接地 | |
| 绕组断路 | (1)焊接点不实焊接处脱焊。<br>(2)连接线和引线连接不良、磨损断裂或短路烧断。<br>(3)端部绕组导线或连接线被机械力撞断。<br>(4)并绕导线中有一根或几根导线断路,运行中其余导线过热而烧断。<br>(5)由于绕组短路、接地而发热烧断线圈导线。<br>(6)电动机频繁起动和正反转,振动过大而引起绕组断路。<br>(7)检修或维护时不慎造成绕组断路或绕组绕制质量差 | (1)观察法。仔细观察绕组端部有无碰断现象和接线头处是否脱焊。<br>(2)万用表检查法。把万用表拨到电阻挡,将两支表笔与各相绕组两端相接,检查各相是否断路。若有一相不通,则表明该相断路,然后分别测试该相各组绕组是否断路。<br>(3)灯泡检查法。与上述万用表检查法相同。如果灯泡发光,则表明绕组完整;如果灯泡不亮,则表明绕组断路。<br>(4)测量三相电流法。首先在三相绕组中通入低压(50～100V)大电流,然后测量三相电流。若三相的直流电阻值相差大于5%,则电阻大的一相为断路相 | (1)如果断路点在绕组端部,则应重新连接和接牢,并包上绝缘材料,然后套上绝缘套管,绑扎后进行浇漆和烘干处理。<br>(2)如果绕组匝间、相间短路和绕组接地而造成绕焦,则应更换绕组。<br>(3)如果引出线断路,可调换引出线。或者缩短引出线(如果长度足够),重新焊接接头 |
| 绕组短路 | (1)绕组绝缘严重受潮,未经烘干即投入运行。<br>(2)电动机长期过载运行,绕组中电流过大,使绝缘老化焦脆而失去绝缘作用。<br>(3)电源电压过高或者绕组引出线套管或绕组之间的接线套管未套好(绝缘不良)。<br>(4)绕组受到机械损伤,或嵌线时,操作不慎,碰伤线圈外层绝缘。 | (1)观察法。绕组的短路处由于电流过大,产生高温,短路处的绝缘老化、焦脆。凡是绕组绝缘焦脆的部位,就是短路地点。<br>(2)探温检查法。使电动机空载运行几分钟,若有焦臭味或出冒烟现象,则立即停机迅速拆开电动机,抽出转子,观察冒烟部位,用手触摸绕组,如果有一只或一组线圈烫手,则表明该线圈或线圈组存在短路故障。<br>(3)绝缘电阻表检查法。用绝缘电阻表测量任意两相绕组间的绝缘电阻,如果绝缘电阻值很小,则表明这两相短路。<br>(4)测量三相电流法(对笼型电动机)。先使电动机空载运行,测量三相电流;然后将两根电源线互换,作第二次空载运行校验。如果电流不随电源线的调换而改变,则电流较大的一相绕组可能存在短路故障。<br>(5)测量电压降法。将故障相绕的各极绕组连接线的绝缘剥开,在该相绕组的出线端通入低压(一般为50～100V)交流电,测量各极绕组的电压降。如果读数相差较大,则读数量最小的绕组即为短路极绕组。同理,测出读数最小的线圈即为短路极绕组。同理,测出读数最小的线圈即 | (1)如果短路线圈的绝缘尚未焦脆,可在线圈短路处重垫绝缘布,然后涂刷绝缘漆,并予以烘干。<br>(2)如果短路故障发生在线槽里面,可进行局部拆修重嵌。如果短路故障发生在底层,可将上边的线圈取出槽外,把故障线圈修好后,再按顺序放回槽内。另外,也可将故障线圈跳接和穿绕修补。具体的工艺要求可参阅《电动机修理手册》 |

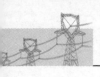
续表

| 故障现象 | 故障原因 | 检查方法 | 处理方法 |
|---|---|---|---|
| 绕组短路 | （5）绕组的层间绝缘、端部绝缘未垫好。<br>（6）绕组端部太长，触碰端盖 | 为短路线圈。<br>（6）短路侦察器检查法。短路侦察器是一只铁芯由 H 形硅钢片叠压而成的开口变压器，绕组绕于铁芯凹部。使用前，在侦察器绕组上串一只电流表，再接到规的单相交流电源上。使用时，将侦察器的开口部分置于被检查的定子铁芯槽口上。这样，H 形铁芯与定子铁芯齿部便构成变压器的闭合磁路，即侦察器绕组相当于变压器的一次绕组，而被检查的定子槽内的绕组则相当于变压器的二次绕组。此时，若槽内绕组无短路故障，则电流表读数较大（相当于变压器二次侧短）。此时使用短路侦察 器沿电机的定子铁芯内圆逐槽检查，就可查出定子绕组短路的部位。如果不使用电流表，则可在被测绕组另一边的槽口上放置一块厚度为 0.5mm 的软钢片或旧手锯条。若被测绕组匝间短路，则钢片就会产生振动，并发出"吱吱"响声 | |

表 5-7 　　　　　　　三相异步电动机常见故障的原因和处理方法

| 序号 | 故障现象 | 故障原因 | 处理方法 |
|---|---|---|---|
| 1 | 接通电源后，电动机不能起动，且无任何声响 | （1）电源未接通。<br>（2）熔体熔断。<br>（3）绕组断路。<br>（4）绕组接地或相间匝间短路。<br>（5）绕组接线错误。<br>（6）过电流整定值太小。<br>（7）控制设备接线错误。<br>（8）电源线有两相或三相断线或接触不良 | （1）检查断路器、熔体、各副触点和电动机引出线头有无断路现象。<br>（2）查出熔断原因，排除故障，按电动机规格配装新熔体。<br>（3）将断路部位加热，使其绝缘软化，然后将断线挑起，用同规格导线将断路部位补焊，包好绝缘，再涂漆、烘干处理。<br>（4）处理方法同（3）条，是在接地或短路部位垫好绝缘布，然后涂漆或烘干处理。<br>（5）对照接线图核查，将绕组端部加热后重新按正确接法接线（包括绑扎和绝缘处理）。<br>（6）适当调高过电流整定值。<br>（7）纠正接线。<br>（8）查出断线或接触不良处，予以修复 |
| 2 | 电动机起动困难，加额定负载后，电动机的转速比额定转速低 | （1）电源有一相断路。<br>（2）熔体熔断一相。<br>（3）△接线组一相或两相断线。<br>（4）定、转子相擦。<br>（5）负载机械卡死。 | （1）查出断路处，重新接好。<br>（2）更换熔体。<br>（3）查出断线处，重新接好。<br>（4）查明相擦原因并排除。<br>（5）检查负载机械和传动装置。<br>（6）更换轴承。 |

| 序号 | 故障现象 | 故障原因 | 处理方法 |
|---|---|---|---|
| 2 | 电动机起动困难，加额定负载后，电动机的转速比额定转速低 | （6）轴承损坏。<br>（7）电压过低。<br>（8）对于小型电动机，润滑脂太硬或装配太紧 | （7）检查是否将△接绕组误为Y接线，是否由于电源导线过细而使压降过大，是否由于电源电压过低使电动机不能起动。<br>（8）调换合适的润滑脂，提高装配质量 |
| 3 | 接通电源后，熔体立即熔断或断路器跳闸 | （1）电动机起动电流大，断路器或熔体规格不匹配。<br>（2）定子绕组有相间、匝间或接地短路。<br>（3）误将Y接绕组接成△接或将其中一相头尾接反。<br>（4）电动机负载过大或被卡住。<br>（5）电动机单相起动。<br>（6）绕线转子电动机所接的起动电阻太小或被短路。<br>（7）电源到电动机之间的连接线短路 | （1）按电动机额定容量和负载情况重新选择合适的断路器或熔体。<br>（2）参阅本表第1条的"处理方法"中的第（4）项。<br>（3）查出错误接线，重新连接。<br>（4）将负载调低到额定值，并排除所拖动机械的故障。<br>（5）检查电源线、电动机引出线、熔断器、开关的各副触点，查出断线或假接故障，然后予以处理。<br>（6）排除短路故障或增大起动电阻。<br>（7）查明短路点后予以修复 |
| 4 | 电动机起动困难，加额定负载后，电动机的转速比额定转速低 | （1）电源电压过低。<br>（2）△接绕组误为Y接。<br>（3）笼型转子开焊或断裂。<br>（4）绕线转子电刷或起动变阻器接触不良。<br>（5）绕组接线错误。<br>（6）绕线转子绕组一相断路。<br>（7）电刷与集电环接触不良 | （1）用电压表或万用表检查电动机输入端电压，提高电源电压。<br>（2）改正接线即可。<br>（3）查明开焊或断裂故障后，予以处理。<br>（4）检修电刷与起动变阻器接触部位。<br>（5）参阅本表第1条的"处理方法"中的第（5）项。<br>（6）用校验灯、万用表等查出断路处，然后排除故障。<br>（7）使电刷与集电环接触紧密，增大接触面积，如研磨电刷接触面，调整刷压，用车床加工集电环表面等 |
| 5 | 电动机外壳带电 | （1）电源线与接地线搞错。<br>（2）绕组受潮或绝缘损坏、老化。<br>（3）引出线绝缘损坏或与接线盒相碰和绕组端部碰壳。<br>（4）接线板损坏或油污太多。<br>（5）接地不良或接地电阻太大 | （1）改正接线。<br>（2）烘干绕组或更换损坏、老化的绝缘。<br>（3）包扎绝缘带或重新接线；将绕组端部整形，加强绝缘，在槽口衬垫绝缘并浸漆。<br>（4）清理或更换接线板。<br>（5）检查接地装置，查明原因，对症予以处理 |
| 6 | 电动机空载或负载运行时电流表针来回摆动 | （1）笼型转子导条断裂或开焊。<br>（2）绕线电动机的电刷与集电环接触不良。 | （1）查出断裂或开焊处，然后予以修理。笼型转子修复后应进行静、动平衡校验。<br>（2）参阅本表第4条的"处理方法"中 |

| 序号 | 故障现象 | 故障原因 | 处理方法 |
|---|---|---|---|
| 6 | 电动机空载或负载运行时电流表针来回摆动 | （3）绕线电动机的集电环短路装置接触不良。<br>（4）绕线电动机的转子绕组有断路处 | 的第（7）项。<br>（3）修理或更换短路装置。<br>（4）参阅本表第 4 条的"处理方法"中的第（4）项 |
| 7 | 绕组绝缘电阻降低 | （1）绕组受潮或被水淋湿。<br>（2）绕组绝缘沾满粉尘、污垢。<br>（3）电动机的接线板损坏，引出线绝缘老化破裂。<br>（4）电动机过热后绕组绝缘老化 | （1）用绝缘电阻表检查后，进行烘干处理。<br>（2）清除粉尘、污垢后，进行干燥和浸漆处理。<br>（3）重新包扎引线绝缘，更换或修理出线盒和接线板。<br>（4）经鉴定，如果绕组可以继续使用，则将其清洗干净，重新浸漆和烘干；如果绝缘老化，不能保证绕组安全运行，则应更换绕组 |
| 8 | 三相空载电流对称平衡，但普遍增大 | （1）重绕绕组时，线圈匝数不够。<br>（2）Y接线误为△接线。<br>（3）电源电压过高。<br>（4）电动机装配不规范（如装反，定、转子铁芯未对齐，端盖螺栓固定不匀称，造成端盖偏斜或松动）。<br>（5）气隙不均或过大。<br>（6）拆卸绕组时，造成铁芯过热烧损 | （1）重绕绕组，适当增加线圈匝数。<br>（2）改正接线即可。<br>（3）测量调整电源电压。<br>（4）检查装配质量，排除故障，必要时重新组装电动机。<br>（5）调整气隙，对于曾车削过转子的电动机，应调换转子，或者改绕转子绕组，解决空载电流过大问题。<br>（6）检修铁芯或重新计算绕组参数进行补偿 |
| 9 | 电动机空载运行时空载电流不平衡，且相差很大 | （1）电源电压不平稳。<br>（2）定子绕组首尾端接错。<br>（3）重绕绕组时，三相绕组匝数不均。<br>（4）绕组有故障，如匝间短路，某组线圈接反等 | （1）测量电源电压，找出并清除电压不平稳的原因。<br>（2）查明首尾端，改正接线后起动电动机，测量三相电流。<br>（3）重绕绕组，改正错误匝数。<br>（4）拆开电动机，检查绕组极性和故障，排除故障和纠正接线 |
| 10 | 电动机运行中声音不正常，噪声很大 | （1）三相电源中断一相，电动机缺相运行。<br>（2）定、转子铁芯相擦。<br>（3）三相电源不平衡。<br>（4）电源电压太高或三相电压不平衡。<br>（5）转子风叶碰壳。<br>（6）转子风叶碰绝缘纸。<br>（7）轴承严重缺油。<br>（8）联轴器松动。<br>（9）改极重绕时，槽配合不当。 | （1）电动机停转后再起动，如果是缺相故障，则电动机不能起动运转，此时可检查熔体、开关和接触器的触头，并排除故障。如果起动设备无故障，则应检查绕组是否一相断路，然后修复或更换绕组。<br>（2）检查二者相擦原因。如果是轴承损坏，则应更换轴承；如果是转轴弯曲，则应修理或更换转轴；如果是铁芯松动或变形，则应修理或更换铁芯。<br>（3）检查每相电流平衡情况。<br>（4）测量电源电压，检查电压过高和不平衡的原因，然后对症处理。 |

续表

| 序号 | 故障现象 | 故障原因 | 处理方法 |
|---|---|---|---|
| 10 | 电动机运行中声音不正常，噪声很大 | （10）定子绕组接槽。<br>（11）绕组重绕时每相匝数不相等。<br>（12）绕组有故障（如短路） | （5）矫正风叶，拧紧螺栓。<br>（6）修剪绝缘纸。<br>（7）清洗轴承，加入新油。<br>（8）检修和紧固联轴器。<br>（9）校验定、转子槽配合情况。<br>（10）参阅本表第1条的"处理方法"中的第（5）项。<br>（11）重绕绕组，改正匝数。<br>（12）参阅本表第1条的"处理方法"中的第（4）项 |
| 11 | 电动机运行中过热或冒烟 | （1）电动机过载运行。<br>（2）工作环境恶劣，环境温度增高。<br>（3）电动机风道堵塞。<br>（4）定子绕组匝间或相间短路。<br>（5）定子绕组接地。<br>（6）定、转子铁芯相擦。<br>（7）电源电压过高或过低。<br>（8）笼型转子导条断裂、开焊。<br>（9）绕线转子绕组与集电环连线开路。<br>（10）电动机缺相运行。<br>（11）电动机频繁起动，或正反转次数过多。<br>（12）风扇发生故障，通风不良。<br>（13）绕组表面沾满尘垢或异物，影响电动机散热。<br>（14）绕组接线错误，Y接误为△接或△接误为Y接 | （1）如果是负载过大，则应减小负载或调换容量较大的电动机。如果是机械原因引起过载（如传动胶带太紧、转动不灵活等），则应拆修所拖动的机械设备，使转轴转动灵活。<br>（2）采取降温措施，如室外搭简易凉棚，室内用鼓风、风扇吹风。<br>（3）参阅本表第1条的"处理方法"中的第（2）项。<br>（4）参阅本表1条的"处理方法"中的第（4）项。<br>（5）参阅本表第10条的"处理方法"中的第（2）项。<br>（6）用万用表检查电动机输入端电源电压，若过高或过低，则采用措施，使电源电压正常。<br>（7）参阅本表第4条的"处理方法"中的第（3）项。<br>（8）查明开路原因，予以修复。<br>（9）参阅本表第10条的"处理方法"中的第（1）项。<br>（10）减小电动机起动和正反转次数，或者调换合适的电动机。<br>（11）检查风扇是否损坏，扇叶是否变形或是固定好，必要时更换风扇。<br>（12）清扫或清洗绕组（洗清后应烘干绕组）。<br>（13）查明接线错误后，改正接线即可 |
| 12 | 集电环发热或有刷火 | （1）集电环呈椭圆或偏心。<br>（2）电刷压力太小或刷压不均。<br>（3）电刷卡在刷握内，导致电刷与集电环接触不良。<br>（4）电刷牌号不符合要 | （1）将集电环磨光或车光。<br>（2）调整刷压，使其符合要求。<br>（3）修磨电刷，使电刷握内的间隙符合要求，并使间隙均匀。<br>（4）采用制造厂规定的电刷或选用性能与制造厂规定相近的电刷。<br>（5）用清洁的软棉布蘸汽油擦净集电环 |

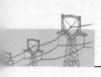

| 序号 | 故障现象 | 故障原因 | 处理方法 |
|------|----------|----------|----------|
| 12 | 集电环发热或有刷火 | 求。<br>（5）集电环表面脏污，表面光洁度不够，引起导电不良。<br>（6）电刷数目不良够或截面积过小 | 表面。<br>（6）增加电刷数目或增大电刷接触面积，使电流密度符合工作要求 |
| 13 | 泄漏电流大 | （1）绕组受潮。<br>（2）绕组的绝缘表面有油垢、粉尘。<br>（3）绕组绝缘老化 | （1）参阅本表第 7 条的"处理方法"中的第（1）项。<br>（2）参阅本表第 11 条的"处理方法"中的第（13）项。<br>（3）参阅本表第 5 条的"处理方法"中的第（2）项 |
| 14 | 层间绝缘击穿 | （1）层间垫条材质不良，或厚度不够。<br>（2）层间垫条垫偏，或尺寸不合适。<br>（3）垫条松动，造成层间垫条磨损 | （1）改用材质好的垫条（环玻璃布板垫条）或适当加厚垫条。<br>（2）要求下料尺寸正确，严格按工艺规程细心操作。<br>（3）加槽衬或加厚垫条 |
| 15 | 匝间绝缘击穿 | （1）匝间绝缘材质不良。<br>（2）绕线、嵌线时匝间绝缘受损。<br>（3）匝间绝缘厚度不够或结构不合理 | （1）浸树脂漆补强或采用"三合一"粉云母带。<br>（2）重绕、重嵌线时严格按工艺的规程操作。<br>（3）按匝间电压大小正确选择匝间绝缘厚度或绝缘结构 |
| 16 | 定子线圈绝缘磨损或电腐蚀 | （1）线圈与槽壁间的间隙过大（对于采用"模压"工艺的成型绕组）。<br>（2）槽楔松动。<br>（3）线圈外形尺寸超差。<br>（4）防晕漆失效。<br>（5）绝缘沾有油垢、粉尘 | （1）浸 1032 漆或树脂漆，将槽部空隙填满。<br>（2）更换槽楔（调整槽楔的宽度或厚度）或在槽楔下加垫条。<br>（3）按图纸要求重绕线圈。<br>（4）起出线圈，重新涂刷防晕半导体漆。<br>（5）清除绕组绝缘上的油垢和粉尘 |
| 17 | 电动机运行中严重振动 | （1）轴承磨损。<br>（2）转子不平衡。<br>（3）风扇不平衡。<br>（4）气隙不均。<br>（5）转轴弯曲。<br>（6）铁芯变形或松动。<br>（7）机壳强度不够。<br>（8）电动机与所拖动机械的中心未校正。<br>（9）联轴器或胶带轮安装不符要求。<br>（10）机械连接部件的橡胶圈严重破损，胶带轮不平 | （1）更换轴承。<br>（2）检查原因，清扫、紧固各部位螺栓后校动平衡。<br>（3）检修风扇，校正几何形状和校正平衡。<br>（4）调整气隙，使其符合要求。<br>（5）校直和更换转轴。<br>（6）校正铁芯，然后重新叠装铁芯。<br>（7）找出薄弱部位，进行加固，以增加机械强度。<br>（8）重新校正中心。<br>（9）重校正，必要时检修联轴器或胶带轮，重新安装 |

续表

| 序号 | 故障现象 | 故障原因 | 处理方法 |
|---|---|---|---|
| 17 | 电动机运行中严重振动 | 衡等。<br>（11）笼型转子开焊、断路。<br>（12）基础强度不够或电动机安装不平。<br>（13）地脚螺栓松动。<br>（14）齿轮松动。<br>（15）定子绕组发生故障（如短路、接地、断路等）。<br>（16）绕线转子绕组短路 | （10）检修机械连接部件。<br>（11）参阅本表第4条的"处理方法"中的第（3）项。<br>（12）将基础加固，并将电动机座找平、垫平，最后紧固。<br>（13）紧固或更换地脚螺栓。<br>（14）检查齿轮，予以修理，使其符合要求。<br>（15）参阅本表第1条的"处理方法"中的第（3）和第（4）项。<br>（16）参阅本表第4条的"处理方法"中的第（6）项 |
| 18 | 电动机运行时轴承过热 | （1）润滑脂过多或过少。<br>（2）润滑不良，含有杂质。<br>（3）轴承损坏。<br>（4）轴承与轴配合过松或过紧。<br>（5）轴承与端盖配合过紧或过松。<br>（6）滑动轴承油环转动不灵活。<br>（7）转轴弯曲。<br>（8）胶带过紧或联轴器安装不当。<br>（9）电动机端盖或轴承盖未装平。<br>（10）油封太紧。<br>（11）轴承规格（型号）选得过小，造成过载，滚动体受载荷过大。<br>（12）轴承内盖偏心，与轴相擦 | （1）清洗轴承，加入新润滑脂，润滑脂以占整个轴承室容积的1/2～2/3为宜。<br>（2）检查油内有无杂质，如有，调换纯净的润滑脂。<br>（3）更换轴承。<br>（4）过松时在转轴上喷涂金属或镶套，过紧时将转轴加工到规定尺寸。<br>（5）过松时在端盖上喷涂金属或镶套，过紧时将端盖加工到规定尺寸正确。<br>（6）检修油环，使油环尺寸正确。<br>（7）参阅本表第17条的"处理方法"中的第（5）项。<br>（8）调整胶带张力，校正联轴器传动装置。<br>（9）将端盖或轴承盖装入止口内，并找平，然后均匀拧紧螺栓。<br>（10）修理或更换油封。<br>（11）选择规格（型号）合适的轴承。<br>（12）修理轴承内盖，使其与轴的间隙合适 |
| 19 | 伸出铁芯部分的笼条拱起 | 电动机起动、制动和正反的转时，笼条内通过较大的电流，在电热效应下笼条局部热胀；当起动、制动终了时，笼条开始收缩，在离心力作用下，笼条端部强度不够，便产生笼条拱起故障 | （1）加热拱起部分，用机械方法将拱起部分调直。<br>（2）拆下笼条，调直后再将其插入槽内，并进行焊接。<br>（3）调换强度较高的笼条 |
| 20 | 焊接的铜端环在焊口接触处断开 | 为了节省铜料，修理中有时使用几段铜料经焊接制成圆形端环，这种拼成的端环，如果焊接不良，运行中就会胀开，并割破定子绝缘 | （1）采用铜料锻制整体端环。<br>（2）改善焊接工艺。<br>（3）正确切开焊接破口 |
| 21 | 铸铝转子风叶变形或断裂 | （1）拆装时受到机械损伤。<br>（2）铸铝时风叶有杂质 | （1）按工艺要求正确操作。<br>（2）采用氩弧焊机补焊。<br>（3）校正变形风叶 |

| 序号 | 故障现象 | 故障原因 | 处理方法 |
|---|---|---|---|
| 22 | 铸铝转子笼条断裂 | （1）铝或槽内含有较多杂质。<br>（2）用火熔化旧铝复用，铝液中含有杂质。<br>（3）单冲时，转子叶片个别槽漏冲。<br>（4）转子铁芯压装过紧，铸铝后转子铁芯胀开，过大的拉力将铝条拉断。<br>（5）浇注时中途停顿，先后注入的铝液结合不良。<br>（6）铸铝后脱模早 | （1）检查铝的化学成分。<br>（2）不可用火熔化旧铝复用。<br>（3）熔化铝后，将漏冲槽冲开。<br>（4）调换铜笼条。<br>（5）调换新转子。<br>（6）调换新转子 |
| 23 | 笼条在槽内松动 | （1）笼条尺寸选得过小。<br>（2）槽形尺寸不一致。<br>（3）笼条或槽形磨损 | （1）按槽形选择笼条尺寸。<br>（2）校正槽形。<br>（3）校正槽形 |
| 24 | 楔形笼条从槽口凸出 | （1）电动机转速过高。<br>（2）笼条下面垫条松动或弹力不够 | （1）检查改极时转子强度。<br>（2）拍紧垫条，使其固定好 |
| 25 | 双笼转子铜条开焊 | （1）电动机处于频繁重载起动、制动运行。<br>（2）上笼电流密度过大，起动操作不合理 | （1）按产品说明书规定的起动、制动次数操作。<br>（2）按相关规程的规定操作 |
| 26 | 铜笼在端环处断裂 | （1）存在严重的机械振动，笼条在槽内松动。<br>（2）端环采用焊接结构时，焊接工艺不良 | （1）查明并消除机械振动原因，更换笼条，重新焊接。<br>（2）更换笼条，正确施焊 |
| 27 | 铜笼开焊 | （1）焊接工艺不良。<br>（2）笼条与端环配合间隙不正确。<br>（3）笼条在槽内松动。<br>（4）机组振动。<br>（5）焊条牌号不合适。<br>（6）电动机过载 | （1）按正确工艺施焊。<br>（2）使间隙均匀，保持 0.1～0.12mm 以内。<br>（3）参阅本表第23条。<br>（4）参阅本表第17条。<br>（5）选用合适牌号的焊条。<br>（6）参阅本表第11条的"处理方法"中的第（1）项 |
| 28 | 铝端环有轴向和径向裂纹 | （1）铸造时铝液中含渣。<br>（2）铝液中含有杂质。<br>（3）铸模设计不合理 | （1）控制浇注湿度和化学成分。<br>（2）参阅本表第22条的"处理方法"中的第（1）项。<br>（3）修改设计 |

### 5.4.3 农用电动机安全运行的措施

电动机是农用机械中最常用的动力，因此，电动机的安全运行是保证农用机械正常工作的基本条件。为保证农用电动机的安全运行应采取以下措施。

1. 正确选择电动机

（1）合理选择电动机的功率　农用机械选用电动机功率的大小是根据生产机械的需要所确定的。如果容量过大，使电动机轻载，会使投资费用增大，运行费用增加，很不经济；如果电动机额定功率选小了，使电动机的绝缘因过热而损坏，甚至烧毁。因此，可按以下要求确定电动机的功率：若农业生产机械与电动机之间是直接传动，则所选电动机的功率应是被拖动机械功率的 1～1.1 倍；若农业机械与电动机之间是经过皮带传动，则所选电动机的功率应是被拖动机械功率的 1.05～1.15 倍。应注意的是，一种农用机械使用的时间不是很长，所以一般不要每种机械都单独配一种动力机，这样花费成本太多，管理也不方便。一般地说，电动机可以在发挥 75%～100% 的额定功率范围内通用。

（2）正确选择电动机的结构型式。农用电动机从按结构型式来分，有开启式（电动机的转动部分和导电部分无专用的防护装置）、防护式（电动机对滴水、溅水、杂物进入有不同程度的防护能力）、封闭式（电动机具有封闭的外壳）、防爆式（具有专门的防爆结构）等电动机。

农用机械的工作环境千差万别，例如粉碎机械的使用环境是被粉碎的农作物秸秆、瓜秧四处飞扬。水泵的使用环境是有滴水和溅水。为了保证安全作业，必须按照工作环境选择适当的防护形式。如在恶劣环境下或户外，宜选用封闭式电动机；易燃易爆的环境，宜选用防爆式电动机；在有滴水、溅水的环境，宜选用防护式电动机。

（3）正确选择农用电动机的额定工作电压。所选电动机的额定电压应与供电电网的电压一致。给三相异步电动机所加的电压在其额定电压的–5%～+10% 都会正常工作。在农村低压电网电压为 220/380V，因此农村用的中小型异步电动机都是低压的，额定电压为 220/380V（△/Y接法），即电网电压为 220V 时电动机采用△形接法；电网电压为 380V 时电动机采用Y形接法。这种电动机还有一个优点，就是可采Y/△降压起动。当电动机的额定功率达到变压器容量的 1/3 时，此电动机必须采用降压起动，需特别强调的是：在农村只要有三相电源的地方，一定选用三相电动机，这是因为在功率相同的条件下，三相异步电动机和单相异步电动机相比，具有体积小、重量轻、振动小、价格低等优点。

（4）保护设施应完备。最起码的保护措施应有失压欠压保护装置（电动机运行中如果电压过低，电流将会大大增加，长此运行，电动机将因过热烧毁，因此，在电网电压过低时，应及时切断电机电源，在电网电压恢复时，也不允许电动机自行起动，这种在低压运行中的保护措施叫失压保护。起动失压保护可防止发生设备及人身事故）、缺相保护装置、短路保护装置（当电动机发生短路故障时，电路中流过很大的短路电流，熔断器中的熔体就会自动熔断，切断电源，保护电动机、电气线路和电气设备）和过载保护装置（通常采用热继电器来实现，热继电器可以反映电动机的过热状态并发出信号，使电动机停机），另外还应特别注意电动机外壳应可靠接零或接地。根据 DL/T 499—2001《农村低压电力技术规程》中的规定，农村电动机外壳应采用保护接地，不宜采用保护接零。

（5）除保管原始技术资料外，还应建立电动机运行记录、维修资料等。

2. 加强日常维护

（1）经常清除电动机外部的灰尘和油污等，特别是清除电动机散热筋内的灰尘，不要让电动机的散热筋内有尘土和其他杂物，确保电动机的散热状况良好。

（2）要定期检查和维修电动机的控制设备。

（3）经常检查电动机的温度和温升是否过高。在运行中，必须要求电动机各部位的温度不超过最高允许温升，最高允许温升即电动机最高允许温度与周围环境温度之差（一般定为40℃）。

（4）仔细听电动机的声音是否正常。农用电动机运行时，应注意电动机发出的声响，根据声响判别电动机的运行情况。正常时，电动机声音均匀，没有杂音。若农用电动机出现异常声音，通常有机械和电气两个方面的原因。区别方法是：接上电源有不正常的声音存在，切断电源不正常声音仍存在，这是机械故障，否则为电气方面故障。机械故障最常见的是，轴承损坏，主要是轴承间隙过大或严重磨损，缺少润滑油或油脂选择不当引起的，这时就需要及时清洗或更换轴承，保证电动机在运行过程中有良好的润滑，一般的电动机运行5000h 左右后，应补充或更换润滑脂。电气故障产生的噪声叫电磁噪声，最常见的是电动机缺相运转，当电动机缺相运行时，转速会下降，并发出异常的"嗡嗡"声。如果运行时间过长，将会烧坏电动机。缺相运行主要是电源电路出现问题引起的，如电源线一相断线，或电动机有一相绕组断线。要防止电动机缺相运行，首先要注意发现缺相运行的异常现象，并及时排除，其次对于重要的电动机应装设缺相保护。

（5）拧紧各紧固螺钉，检查接地是否可靠。电动机在运行中，尤其是大功率电动机更要经常检查地脚螺栓、电动机端盖、轴承压盖等是否松动，接地装置是否可靠等。若发现问题要及时解决。电动机振动加剧，噪声增大和出现异味是电动机运转异常、随时就要出现严重故障，必须尽快停机，查明原因排除故障。

（6）长时间（3个月）停用的电动机，使用前应测量其绝缘电阻。用500V绝缘电阻表测电动机的绕组与绕组，绕组与外壳的绝缘电阻，若阻值低于0.5MΩ，就应驱除潮湿水分后再开机，具体干燥的方法有外部干燥法，电流干燥法和两者同时进行的联合干燥法。外部干燥即利用外部热源进行干燥处理，常用的措施有：

1）吹送热风。利用加装电热器的鼓风机（农用小型电动机可用电吹风）进行吹送热风以达到干燥处理的目的。

2）灯泡烘烤。在密闭箱内，利用数个200W左右的灯泡进行烘烤，既可在周围进行烘烤，也可把农用电动机拆开，将灯泡放在定子孔内进行烘烤。烘烤热源也可采用红外线灯泡或红外线热电管。特别注意：烘烤温度不能过热，应控制在125℃以下为宜。电流干燥可根据农用电动机的阻抗和电源的大小将电动机三相绕组串联或并联（单相的农用电动机可将电机的主副绕组适当连接），然后接入一可变电阻器，调整电流至额定电流值的60%左右，通电进行干燥。

（7）遇到以下情况应紧急停机。农用电动机发生下列情况之一时，应立即停止运行，进行检查，故障排除后才能继续工作：

1）电动机内部、控制设备、农用机械或被加工的物料冒烟起火。

2）当发生人身触电事故或人身伤亡事故时。

3）轴承温度超过允许最高温度值。

4）电动机温度超过允许值且转速下降。

5）三相电动机单相运行（缺相运行）。

6）电动机内部发生撞击或扫膛。

7）电动机堵转运行。

8）电动机声音不正常。

9）电动机转速不正常等。

10）电动机剧烈振动，传动装置失灵或损坏，危及安全运行。

# 6 电动机的控制方式与起动设备

## 6.1 电动机的控制方式

### 6.1.1 电动机工况转换控制电路

**1. 单相、三相闸刀开关电路**

闸刀开关主要用在照明、三相动力电路及 7.5kW 以下电动机起动电源开关，因为在它的下面连接有熔断器，所以不但能起开关作用，而且还能起到短路保护作用。三相闸刀开关的接线如图 6-1 所示。

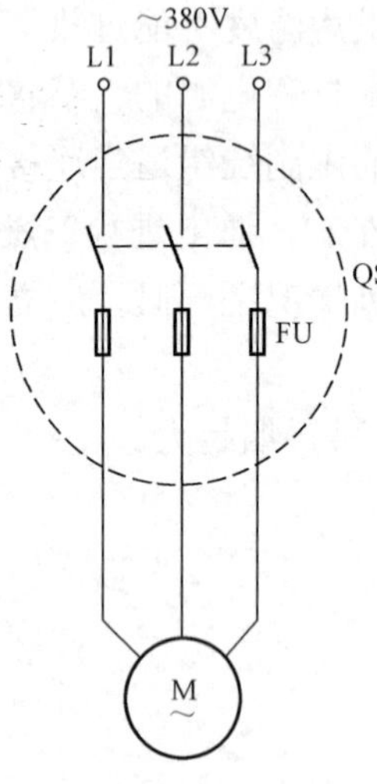

闸刀分为单相闸刀和三相闸刀两种，有 5、10、15、30、100A 等多种规格。闸刀开关具有结构简单、维修方便、造价低廉等优点，应用十分广泛。但它带电合闸拉闸的灭弧能力较差。

在安装、维修和使用闸刀开关时注意：

（1）闸刀应当竖直安装在绝缘板上，不应平装或倒装，应使刀柄在合闸时方向向上，并应安装在防潮、防尘、防振的地方。

（2）闸刀的额定电压应大于电源的额定电压，其额定电流应稍大于最大负载电流。如果用闸刀控制小型电动机，则选用闸刀的额定电流应为电动机额定电流的 3 倍。

图 6-1 三相闸刀开关电路

（3）带负荷操作闸刀时，人体应尽量远离闸刀，动作必须迅速，避免短路时因刀片与额头之间产生电弧而灼伤人体。

（4）在带电操作闸刀时，必须把上、下闸刀灭弧盖盖好并拧紧固定螺丝，以增加它的灭弧能力。

（5）安装闸刀开关时，电源线从上接线端进入，通过闸刀、熔断器后，下接线端接负载。接好后，要用手拉试所有接过的电线，检查是否压紧，以防接触电阻增大烧坏接线端子螺丝。

2. 组合开关电路

组合开关是一种手动式转动开关。它由若干个动触头和静触头（片）组成，分别装于数层绝缘件内，转动手柄操作，手柄可向任意方向旋转，每旋转 90°，动触片就接通或分断电路一次。也可以由几个同时或不同时接通或分断的动、静触片组合成各种系列的转换开关，如作为电动机正转或正、反转直接起动控制的组合开关。其外形及电路如图 6-2 所示。

3. 可逆转换开关电路

QX1—13M/4.5 型可逆转换开关适用于交流电压为 380V，容量为 4.5kW 以下的三相异步电动机做直接起动、停止及逆转控制，具有安装方便、功能齐全、成本低的优点，适用于操作正、反转工作不频繁的场所，尤其适用于升降机、电动起重机等场所的电气开关。但它所控制的电动机不具备任何的保护装置，开关也不能自复位，需手动操作。

QX1—13M/4.5 型可逆转换开关的内部接线，如图 6-3（a）所示。它的内部有 6 个动触头，分成两组，$L_1$、$L_2$、$L_3$ 分别接三相电源，$D_1$、$D_2$、$D_3$ 分别接电动机。可逆开关的手柄有三个位置：当手柄处于"停止"位置时，如图 6-3（b）所示（粗线部分），开关的两组动触片都不与静触片接触，所以电路不通，电动机不转；当手柄拨到"正转"位置时，如图

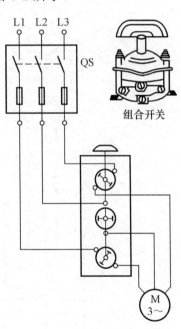

图 6-2　组合开关的外形及电路

6-3（c）所示（粗线部分），A、B、C、F 触点闭合，电动机接通电源，正向运转；当电动机需反方向运转时，可把可逆转换开关手柄拨到"反转"位置上，如图 6-3（d）所示（粗线部分），这时 A、B、D、E 触片接通，电动机换向反转。

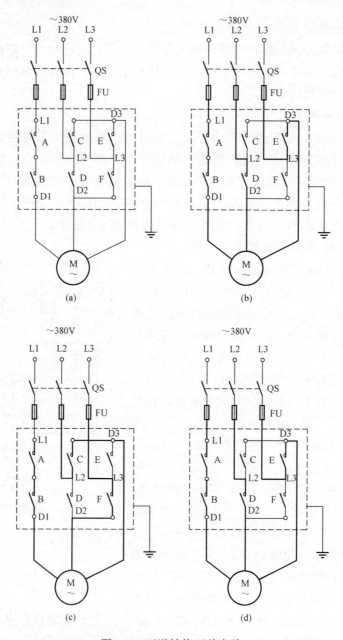

图 6-3 可逆转换开关电路

（a）可逆转换开关的内部接线；（b）手柄处于"停止"位置的接线；

（c）手柄处于"正转"位置的接线；（d）手柄处于"反转"位置的接线

使用可逆转换开关要注意以下问题：

（1）可逆转换开关正常操作频率为 200 次/h，如果需提高操作频率，则应根据实际情况降低电动机容量使用。

（2）可逆转换开关一般为水平或垂直安装，也可以倾斜安装，其倾斜度不得大于 30°，但不得倒装。

（3）可逆转换开关接线时，要按线路图连接，其连接线需用铜导线，截面积应不小于 4mm²，接线螺丝必须拧紧。

（4）可逆转换开关必须装接地线，接地线截面积不应小于 4mm²，要用多股铜导线连接在接地螺钉上。

（5）在接线前要用干燥软布将开关上绝缘件的灰尘除去，特别是相邻两线间距的灰尘一定要擦净。接线后，在切断电源的情况下拨动手柄，将其拨到正转或反转位置上，检查触点的接触是否良好，只有接触良好，才能通电使用。

（6）可逆转换开关用 6mm 长螺钉穿过外壳底部四个孔在适当位置上加以固定。

（7）在操作可逆转换开关使电动机处于正转状态时，若需反转，则必须先将手柄拨至"停转"位置，然后再把手柄拨至"反转"位置。

（8）开关应串接三只合适的保险丝，以防因负载和开关短路造成事故。

### 4. 手动Y/△起动器电路

QXI 系列Y/△起动器适用于交流电压在 500V 以下，容量为 13kW 以下的三相笼型感应电动机的起动控制。电动机定子绕组为三角形接法时，Y/△起动器可在起动时将定子绕组接成星形，待起动完毕后，再将定子绕组转换为三角形运行。这种起动设备没有过载保护和短路保护。

QXI-B 型为开启式自动灭弧装置，不带灭弧罩，只适用于无负载或负载较轻的情况下起动电动机。其接线方法，如图 6-4 所示。

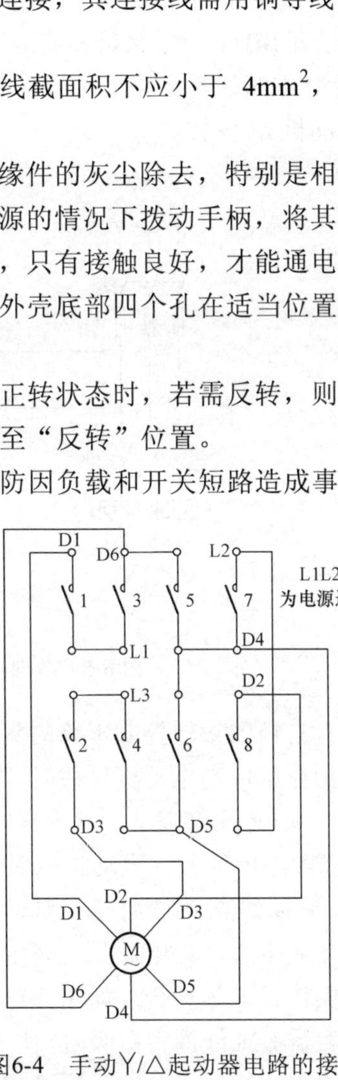

图6-4 手动Y/△起动器电路的接线方法

使用 QXI 系列Y/△起动器时注意：

（1）起动器的起动时间：用于 13kW 以下电动机时为 11～15s，每次起动完毕到下一次起动的间歇时间不得小于 2min。

（2）QXI 系列丫/△起动器可以水平或垂直安装，但不得倒装。

### 5. 单向控制电动机磁力起动器

在工矿企业的生产中，控制电路应用最多的是单向控制电动机磁力起动器电路，能单方向控制电动机起、停，还具有自锁、短路保护和过载动作保护作用，具有自锁的正转控制电路，如图 6-5 所示。起动电动机时，合上电源开关 QS，按下起动按钮 SB1，接触器 KM 线圈得电，KM 主触点闭合，使电动机 M 运转；松开 SB1，由于接触器 C 动合辅助触点闭合自锁，控制电路仍保持接通，电动机 M 继续运转。停止时，按下 SB2，接触器 KM 线圈断电，KM 主触点断开，电动机 M 停转。

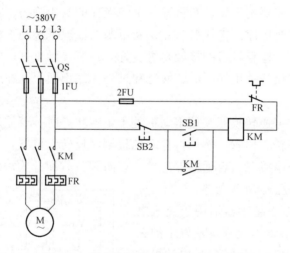

图 6-5　单向控制电动机磁力起动电路

具有自锁的正转控制电路的另一个重要特点，是它具有欠压与失压（或零压）保护作用。当电动机过载时，主回路热继电器 FR 所通过的电流超过额定电流值，使 FR 内部发热，其内部金属片弯曲，推动 FR 动断触点断开，接触器 KM 的线圈断电释放，电动机便脱离电源停转，起到了过载保护的作用。

### 6. 用按钮点动控制电动机的起、停电路

在工业生产过程中，常会采用按钮点动控制电动机的起、停。它多适用于在地面操作行车等场合。如图 6-6 所示，当需要电动机工作时，按下按钮 SB，交流接触器 KM 线圈得电吸合，使三相交流电通过接触器主触点与电动机接通，电动机便起动运行。当松开按钮 SB 时，由于接触器线圈断电，接触器便释放，电动机断电停止运行。

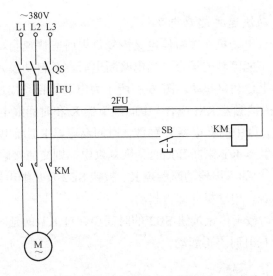

图 6-6　用按钮点动控制电动机的起、停电路

### 7. 可逆点动电动机控制电路

可逆点动电动机控制电路，如图 6-7 所示。当按下 SB1 时，接触器 1KM 得电吸合，电动机 M 正向转动；当按下 SB2 时，接触器 2KM 得电吸合，电源相序改变，电动机反向转动；当松开 SB2 或 SB1 时，电动机停转。为了防止两个接触器同时接通造成两相短路，在两个线圈回路中，各串联一个对方的动断辅助触点做联锁保护。

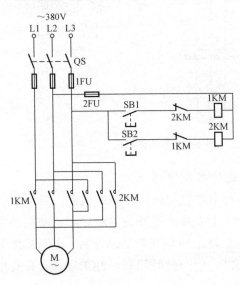

图 6-7　可逆点动电动机控制电路

### 8. 电动机自动快速再起动电路

在某些情况下，电动机在短暂停电又恢复供电时需快速自动起动。例如，在重要的需连续作业不能停转的场合，当电路断电后，又自动投入了备用电源，这时要求电动机能马上自动再起动。图 6-8 所示为电动机自动快速再起动电路。当起动电动机后，交流接触器 KM 闭合，中间继电器 K 和时间继电器 KT 先后吸合。如果这时发生断电，则中间继电器 K 释放，时间继电器 KT 断电，延时断开触点。如果在延时继电器触点 KT 未断开期间又恢复供电，则交流接触器 KM 由时间继电器断开触点 KT、中间继电器动断触点 K、按钮 SB2 及热继电器 FR 线路构成回路，使 KM 再次吸合，电动机立即再起动。

在正常停止时，按下停止按钮 SB2 的时间要超过 KT 的延时时间，这样电动机就会在按钮 SB2 松开时不再起动。

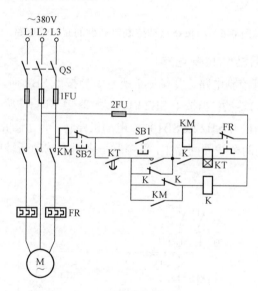

图 6-8　电动机自动快速再起动电路

### 9. 电动机间歇运行控制电路

图 6-9 所示为一种电动机间歇运行控制电路，可用于机床自动间歇润滑控制等。当合上电源开关 QS 及控制开关 SA 后，电动机并不马上起动，而要延时一段规定的时间。待 1KT 时间继电器动作后，电源接通 KM 接触器，电动机运转。同时接通了 2KT，经一段时间后，2KT 动作，K 得电吸合，断开 1KT，使 1KT 动合触点断开。

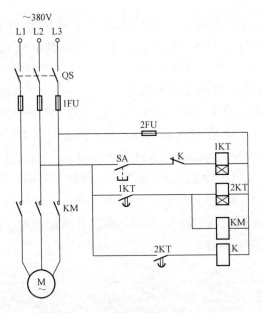

图 6-9　电动机间歇运行控制电路

## 10. 防止相间短路的正、反转控制电路

图 6-10 所示为一种防止相间短路的正、反转控制电路。它多加了一个

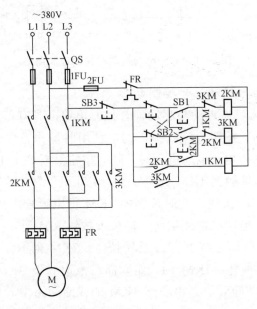

图 6-10　防止相间短路的正、反转控制电路

接触器 1KM，当电动机做正、反转换时，正转解除后 2KM 断电，接触器 1KM 也随着断开，1KM 和 1KM 两个接触器组成四断点灭弧电路，可有效地熄灭电弧，防止相间短路。

11. 多台电动机同时起动控制电路

图 6-11 所示为多台电动机同时起动控制电路。当按下起动按钮 SB1 时，接触器 1KM、2KM、3KM 同时吸合并自锁，因此三台电动机可同时起动。按下停止按钮 SB2，1KM、2KM 和 3KM 都断电释放，三台电动机同时停转（主回路未画）。图中，SA1、SA2、SA3 是双刀双掷钮子开关，作为选择控制元件。若拨动 SA1，则使其动合触点闭合，动断触点断开，这时按下按钮 SB1，只能接通 2KM、3KM。这样，经 SA1、SA2、SA3 开关的选择，可以按要求来控制一台或多台电动机的起、停。

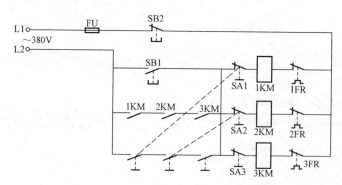

图 6-11　多台电动机同时起动控制电路

12. 可逆点动与起动混合控制电路

图 6-12 所示为可逆点动与起动混合控制电路，具有可逆点动与可逆运转功能，并设有触点、按钮双重联锁机构，使用时操作方便。当按下点动按钮 SB2 时，1KM 线圈得电，电动机正转，同时按钮又断开了 1KM 的自锁点。当松开 SB2 按钮时，接触器 1KM 失电断开，电动机停转。若需长时间使电动机运行，则可按下 SB1 按钮，此时接触器 1KM 得电吸合，1KM 自锁点自锁，松开 SB1 按钮后，电动机继续运转。在按下按钮 SB1 时，按钮 SB1 的另一组动断触点断开，这时即使按下 SB3 反转按钮，2KM 也不会得电吸合，从而组成按钮联锁机构。另外，1KM 的一组动断触点串联于 2KM 线圈回路中，接触器 1KM 的一组动断触点又串联于 1KM 的线圈回路中，从而组成接触器联锁机构。

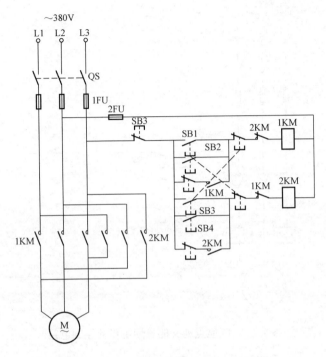

图 6-12　可逆点动与起动混合控制电路

### 13. 既能点动又能长期工作的控制电路

在实际生产工作中，有时需要手动点动操作电动机，有时也需要长时间使电动机运行。图 6-13 所示为既有点动按钮，又有正常运行按钮的控制电路。点动时，接下 SB2，接触器线圈 KM 得电，动合触点 KM 闭合，电动机运行；放开按钮开关时，由于在点动接通接触器的同时，又断开了接触器的自锁动合触点 KM，所以在 SB2 按钮松开后电动机停转。当按下长时间工作按钮开关 SB1 时，KM 得电吸合，而 KM 自锁点便自锁，故可以长时间吸合使电动机运行。应用这种电路有时会因接触器出现故障使其释放时间大于点动按钮的恢复时间造成点动控制失效。电路中，SB3 是电动机停止按钮，FR 为热继电器。

### 14. 单按钮控制电动机起、停电路

常规电动机起动与停止须用两个按钮，在多点控制时，则需按钮引线较多。利用一个按钮多点远程控制电动机的起、停，则可简化控制电路。图 6-14 所示为单按钮控制电动机起、停电路。

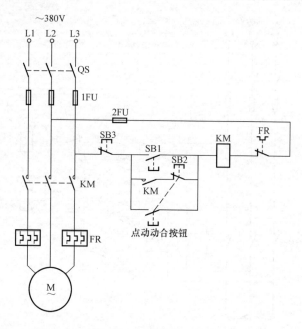

图 6-13  既能点动又能长期工作的控制电路

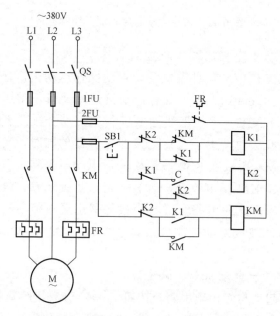

图 6-14  单按钮控制电动机起、停电路

其工作原理是：起动时，按下按钮 SB1，中间继电器 K1 线圈得电吸合，

K1 动合触点闭合，交流接触器 KM 线圈通电，KM 吸合并自锁，电动机起动。KM 的动合辅助触点闭合，动断辅助触点断开，继电器 K2 的线圈因 K1 的动断触点已断开而不能通电，所以 K2 不能吸合。松开按钮 SB1，因 KM 已自锁，所以交流接触器 KM 仍吸合，电动机继续运转。但这时因 SB1 放松而断电释放，其动断触点复位，为接通 K2 做好准备。在第二次按下按钮 SB1 时，继电器 K1 线圈通路被 KM 动断触头切断，所以 K1 不会吸合，而 K2 线圈通电吸合。K2 吸合后，其动断触点断开，切断 KM 线圈电源，KM 继电器释放，电动机停转。

### 15. 电动机多点起动/停止控制电路

由于生产的实际需要，要求在两个或两个以上地点都能对电动机进行起动/停止控制，称多点控制，即只要按如图 6-15 所示的方法连接，即可在两个或多个地方操作。多点动合按钮并联连接在电路中（多点动断按钮串联在电路中），起到多点控制电动机的作用。图中，SB1、SB1 为第一地点控制按钮，SB5、SB2 为第二地点控制按钮，SB6、SB3 为第三地点控制按钮。图 6-15 可实现在三个地点控制电动机。

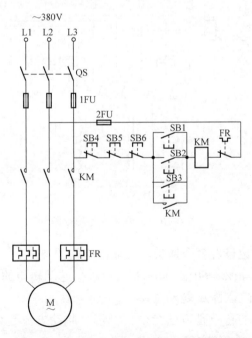

图 6-15　电动机多点起动/停止控制电路

### 6.1.2 电动机降压起动电路

**1. 自耦减压起动电路**

自耦减压起动是笼型感应电动机起动方式之一。它具有结构紧凑、不受电动机绕组接线方式限制的优点，还可按容许的起动电流和所需的起动转矩选用不同的变压器输出电压抽头，故适用于容量较大的电动机。

图6-16所示为自耦减压起动电路。起动电动机时，将刀柄推向起动位置，此时三相交流电通过自耦变压器与电动机相连接。待起动完毕后，把刀柄打向运行位置，切除自耦变压器，使电动机直接接到三相电源上，电动机正常运转。此时，吸合线圈KM得电吸合，通过联锁机构保持刀柄在运行位置。停转时，按下SB按钮即可。

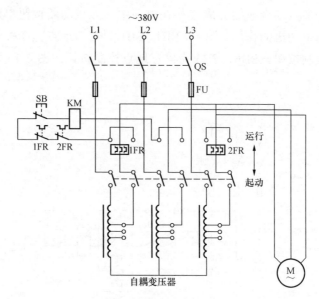

图6-16 自耦减压起动电路

自耦变压器副边设有多个抽头，可输出不同的电压。一般自耦变压器二次电压是一次电压的40%、60%、80%等，可根据起动转矩的需要选用。

**2. 手动控制丫/△降压起动电路**

丫/△降压起动的特点是方法简便、经济，起动电流是直接起动时的1/3，适于电动机在空载或轻载情况下起动。图6-17所示为OX1型手动控制丫/△降压起动电路。图中，L1、L2和L3接三相电源，D1、D2、D3、D4、D5和D6

接电动机。当手柄扳到"0"位置时，8副触点都断开，电动机断电不运转；当手柄扳到"丫"位置时，1、2、5、6、8触点闭合，3、4、7触点断开，电动机定子绕组接成星形降压起动；当电动机转速上升到一定值时，将手柄扳到"△"位置，这时1、2、3、4、7、8触点接通，5、6触点断开，电动机定子绕组接成三角形正常运行。

### 3. 手动串联电阻起动控制电路

当三相交流电动机铭牌上标有额定电压为220/380V（△/丫）的接线方法时，不能用丫/△方法做降压起动时，可采用串联电阻或电抗器方式起动。图6-18所示为手动串联电阻起动控制电路。当起动电动机时，按下按钮开关SB1，电动机串联电阻起动。待电动机转速达到额定转速后，再按下SB2，电动机电源改为全压供电，使电动机正常运行。

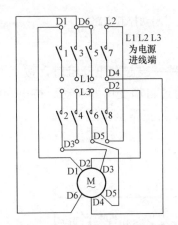

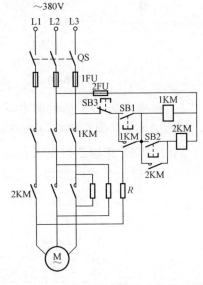

图6-17　OX1型手动控制丫/△降压起动电路　　图6-18　手动串联电阻起动控制电路

### 4. 定子绕组串联电阻起动控制电路

电动机起动时，在电动机定子绕组中串联电阻，由于电阻上产生电压降，使电动机在额定电压下运行，达到安全起动的目的。图6-19所示为定子绕组串联电阻起动控制电路。当起动电动机时，按下按钮SB，接触器线圈1KM得电吸合，使电动机串入电阻降压起动。这时时间继电器KT线圈也得电，KT动合触点经过延时后闭合，使2KM线圈得电吸合。2KM主触点闭合短接起动电阻，使电动机在全电压下运行。停机时，按下停机按钮SB2即可。

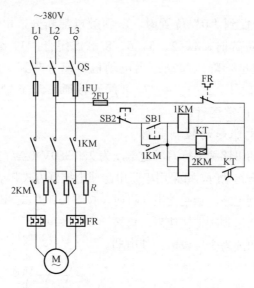

图 6-19   定子绕组串联电阻起动控制电路

## 5. 自耦变压器手动控制电路

图 6-20 所示为自耦变压器手动控制电路。当起动电动机时，按下 SB1 按钮，这时 1KM 接触器得电吸合，电动机通过自耦变压器起动。待电动机起动完毕以后，按一下 SB2 按钮，电动机即可变为正常全压运行。

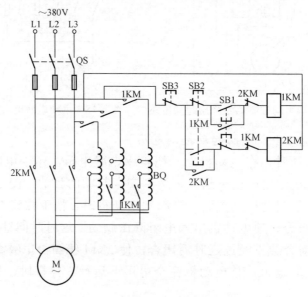

图 6-20   自耦变压器手动控制电路

6. 采用自耦变压器与时间继电器起动的控制电路

对容量较大的 380V △/丫形笼型电动机，不能用丫/△方式起动时，则可用自耦变压器与时间继电器控制起动，如图 6-21 所示。只要按下操作按钮 SB1，1KM 吸合，进行降压起动，当电动机达到额定转速后，时间继电器 KT 动作，1KM 失电，2KM 得电，电动机在全压下正常运转。按下 SB2 停止按钮，电动机便失电停止。

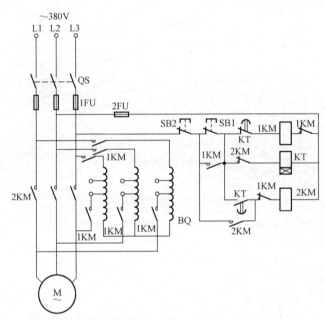

图 6-21  采用自耦变压器与时间继电器起动控制电路

7. 延边三角形降压起动电路

图 6-22 所示为延边三角形降压起动电路。按下起动按钮 SB1，1KM 得电动作，其动合辅助触点闭合自锁，电动机绕组接成延边三角形降压起动。KT 达到整定时间后，延时断开的动断触点断开，使 3KM 失电释放，3KM 动断辅助触点闭合。同时，KT 延时继电器的动合触点闭合，2KM 得电动作，其动合辅助触点闭合自锁，电动机绕组由延边三角形转换为三角形接法，起动过程结束。这种起动方式适用于要求起动转矩较大的电动机。

8. 频敏变阻器起动控制电路

图 6-23 所示为绕线式异步电动机频敏变阻器起动控制电路。它是利用频敏变阻器的阻抗随着转子电流频率的变化而变化的特点来实现的。

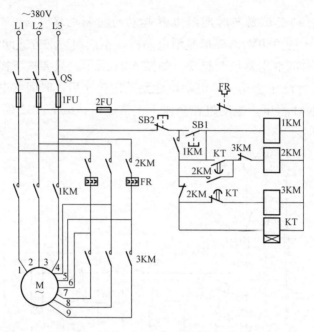

图 6-22　延边三角形降压起动电路

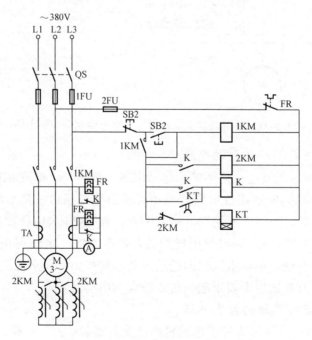

图 6-23　频敏变阻器起动控制电路

起动时，按下起动按钮 SB1，1KM 得电动作，其动合辅助触点闭合自锁，电动机转子电路串入频敏变阻器起动。当时间继电器 KT 达到整定时间后，其延时闭合的动合触点闭合，中间继电器 K 得电动作，其动合触点闭合，K 得电动作，动断触点断开，使时间继电器 KT 断电，同时动合触点闭合，将频敏变阻器短接，起动过程结束。

中间继电器 K 的作用是在起动时，由其动断触点将热继电器 FR 的发热元件短接，以免因起动时间过长造成热继电器 FR 误动作。起动结束后，K 动作把热继电器 FR 投入运行。

### 9. 自动控制补偿器降压起动电路

在需要自动控制起动的设备上，常采用 XJ01 型自动控制补偿器降压起动电路。图 6-24 所示为自动控制补偿器降压起动电路。接通电源，灯 Ⅰ 亮，按下起动按钮 SB1，1KM 线圈得电，1KM 主触点闭合，电动机降压起动，1KM1 闭合自锁，灯 Ⅱ 亮。1KM2，动断触点断开，灯 Ⅰ 灭，KT 得电，其动合触头延时闭合，K 线圈得电，动断触点 K1 断开，1KM 断电，1KM 动合触点断开。同时动合触点 K3 闭合，2KM 线圈得电，2KM 主触点闭合，电动机全压运行，其动合触点 2KM1 闭合，灯 Ⅲ 亮。

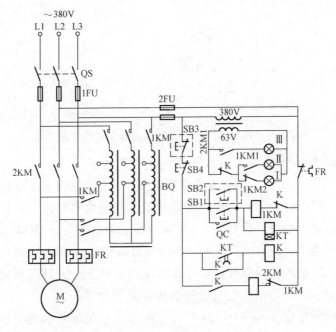

图 6-24　自动控制补偿器降压起动电路

### 10. 用三个接触器实现Y/△降压起动控制电路

用三个接触器实现Y/△降压起动控制电路，如图6-25所示。按下起动按钮SB1，1KM、KT、3KM得电动作，电动机绕组接成星形接法降压起动。时间继电器KT达到整定延时时间后，延时闭合的动合触点闭合，延时断开的动断触点断开，3KM失电释放，这时3KM动断辅助触点闭合，使2KM得电动作，电动机绕组由星形接法转换成三角形接法，起动过程结束。这种控制电路适用于13～55kW的采用三角形接法的电动机。

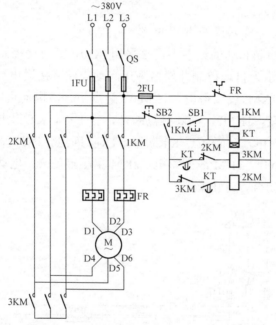

图6-25　用三个接触器实现Y/△降压起动控制电路

### 11. 用两个接触器实现Y/△降压起动控制电路

图6-26所示为用两个接触器实现Y/△降压起动的控制电路。按下起动按钮SB1，1KM、KT获电动作，1KM动合辅助触点闭合自锁，电动机绕组接成星形接线降压起动。经过一段时间，KT延时断开动断触点，1KM失电释放，其动断辅助触点闭合。同时KT延时闭合的动合触点闭合，2KM得电动作，其动断触点打开，将星形接线断开，同时其动合触点闭合，使1KT得电动作，闭合其主回路动合触点，电动机由星形接法转换为三角形接法。

这种电路仅适用于功率在13kW以下的采用三角形接法的小容量电动机。否则，由于2KM接触器动断辅助触点接在主电路中，其容量小，很易烧损。

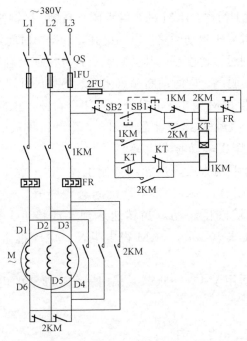

图 6-26　用两个接触器实现 丫/△ 降压起动的控制电路

## 12. 采用补偿器的起动控制电路

图 6-27 所示为采用补偿器的起动控制电路。按下起动按钮 SB1，接触器

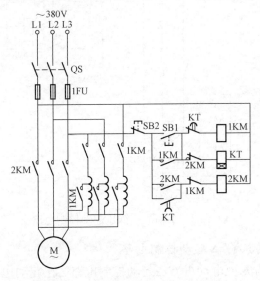

图 6-27　采用补偿器的起动控制电路

1KM、时间继电器 KT 得电，1KM 动合触点闭合自锁。接触器 1KM 主触点闭合，使补偿器投入电动机降压起动回路，电动机开始起动。时间继电器 KT 按整定时间延时，电动机达到运转速度后，其动断触点打开，使接触器 1KM 失 1KM 电，主触点打开，补偿器脱离，同时动断触点闭合。另外，时间继电器 KT 动合触点也接通，这时接触器 2KM 得电，其动合触点闭合自锁。2KM 动断触点打开，时间继电器 KT 失电，接触器 2KM 主触点闭合，电动机投入正常运转。

### 13. 手动Y/△降压起动控制电路

图 6-28 所示为手动Y/△降压起动控制电路。按下起动按钮 SB1 时，1KM 得电，其动合触点闭合，3KM 得电，动断触点断开，动合触点闭合，电动机绕组接成星形接法降压起动。当转速达到（或接近）额定转速时，按下 SB2 按钮，使 3KM 失电释放，2KM 得电吸合，电动机由星形接法转换成三角形接法。

这种控制电路适用于 13～55kW 且采用三角形接法的电动机。

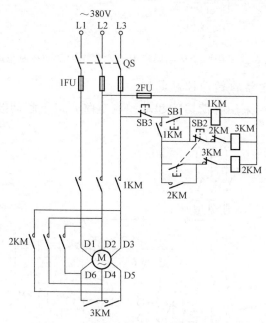

图 6-28　手动Y/△降压起动控制电路

### 14. 笼型电动机Y/△起动控制电路

图 6-29 所示为笼型电动机Y/△起动控制电路。在起动电动机时，先合上开关 QS，按下按钮 SB1，接触器 1KM 得电吸合，接触器自锁。星形起动接触器

线圈 2KM 和时间继电器线圈 KT 保持通电，动合主触点 2KM 接通，电动机接成星形起动。同时动断辅助触点 2KM 分断，使接三角形运行的接触器线圈 3KM 断路。待时间继电器延时到一定时间后（时间继电器的延时时间，可由电动机的容量和起动时负载的情况来调整），时间继电器 KT 的动断触点和常开触点分别动作，使 2KM 断电，使线圈 3KM 通电，并使其触点自锁，使电动机接成三角形运行。同时动断辅助触点 3KM 断开，使线圈 KT 和 2KM 断电。

图 6-29 中，热继电器 FR 与电动机二相绕组串联，其整定电流应为电动机相电流的额定值，在三角形接法的电动机中，热继电器按上述方法连接较为可靠。

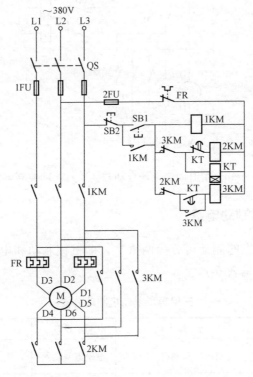

图 6-29　笼型电动机 Y/△ 起动控制电路

**15. 用时间继电器自动转换 Y/△ 起动控制电路**

用时间继电器自动转换 Y/△ 起动控制电路，如图 6-30 所示。当按下按钮 SB1 时，电动机起动后（时间继电器一般控制在 30s），时间继电器动断触点断开，使 2KM 失电释放，同时由于 2KM 的释放又接通了 3KM 线圈的电源，3KM

吸合, 电动机改为三角形运行。

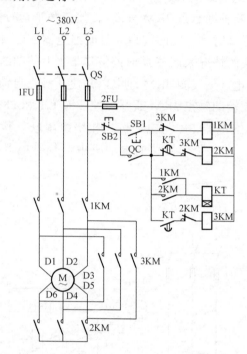

图 6-30　用时间继电器自动转换丫/△起动控制电路

### 6.1.3　电动机制动电路

三相异步电动机的制动可分为两大类, 即机械制动和电气制动, 其分类、制动原理及用途, 见表 6-1。

表 6-1　　　　　　　　　三相异步电动机制动分类

| 制动方法 | | 制 动 原 理 | 制动设备 | 用 途 |
|---|---|---|---|---|
| 机械制动 | | 抱闸摩擦制动 | 电磁抱闸装置 | 制动时冲击较大, 制动可靠, 一般用于起重、卷扬设备 |
| 电气制动 | 能耗制动 | 电源断开后, 立即使定子绕组接上直流电源, 于是在定子绕组中产生一个磁场, 转子切割这个磁场, 产生与原转向相反的转矩, 产生制动作用 | 直流电源装置 | 制动准确可靠, 电能消耗在转子电路中, 对电网无冲击作用, 应用较为广泛 |
| | 反接制动 | 改变电源相序, 电动机产生反向的电磁转矩, 产生制动作用 | 手控倒顺开关及接触器、继电器等 | 方法简单可靠, 振动冲击力较大, 用于小于 4kW 以下, 起动和制动不太频繁的场合 |

| 制动方法 | | 制 动 原 理 | 制动设备 | 用 途 |
|---|---|---|---|---|
| 电气制动 | 发电制动 | 转子转速大于异步电动机同步转速时，产生反向的电磁转矩进行制动 | | 必须使转子转速大于同步转速才能使用，一般用于起重机械重物下降和变极调速电动机上 |
| | 电容制动 | 断电时，定子绕组接入三相电容器，电容器产生的自激电流建立磁场，与转子感应电流作用，产生一个旋转方向相反的制动力矩 | 三相电阻及电容器 | 必须使用电容器，增加没备费用，易受电医波动影响，一般用于10kW以下的小容量电动机 |

### 1．三相笼型异步电动机短接制动电路

在定子绕组供电电源断开的同时，将定子绕组短接，由于转子存在的剩磁形成了转子旋转磁场，此磁场切割定子绕组，在定子绕组中感应电动势。因定子绕组已被 KM 动断触头短接，所以在定子绕组回路中有感应电流。该电流又与旋转磁场相互作用，产生制动转矩，迫使转子停转，如图 6-31 所示。

这种制动方法适用于小容量的高速异步电动机及制动要求不高的场合，短接制动的优点是无需特殊的控制设备，简单易行。

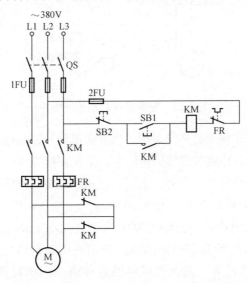

图 6-31 三相笼型式异步电动机短接制动电路

### 2．电磁抱闸制动控制电路

机械制动是利用机械装置使电动机在切断电源后迅速停转。采用比较普遍的

机械制动是电磁抱闸。电磁抱闸主要由两部分组成，制动电磁铁和闸瓦制动器。

电磁抱闸制动的控制电路与抱闸原理如图 6-32 所示。当按下按钮 SB1 时，接触器 KM 线圈得电动作，电动机通电。电磁抱闸的线圈 YA 也通电，铁芯吸引衔铁而闭合，同时衔铁克服弹簧拉力，迫使制动杠杆向上移动，从而使制动器的闸瓦与闸轮松开，电动机正常运转。当按停止按钮 SB2 时，接触器 KM 线圈断电释放，电动机的电源被切断时，电磁抱闸的线圈也同时断电，衔铁释放，在弹簧拉力的作用下使闸瓦紧紧抱住闸轮，电动机就迅速被制动停转。

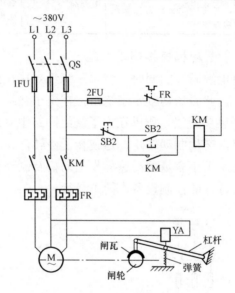

图 6-32　电磁抱闸制动控制电路

这种制动在起重机械上被广泛采用。当重物吊到一定高处，线路突然发生故障断电时，电动机断电，电磁抱闸线圈也断电，闸瓦立即抱住闸轮使电动机迅速制动停转，从而可防止重物掉下。另外，也可利用这一点将重物停留在空中某个位置。

**3. 可逆点动控制的简单短接制动电路**

图 6-33 所示为用在可逆点动控制中的简单制动电路。当按下 SB2 时，接触器 1KM 吸合，从而断开制动短接点，使电动机正转运行；当松开 SB2 时，接触器释放，主触点断开，而此时辅助触点接通，制动短接点，使电动机线圈产生制动力矩进行制动。按下 SB1，电动机反转运行；松开 SB1 按钮，电动机停电，并同时又通过接触器的辅助触点进行短接制动。

此方法应用于制动要求不高的正、反转工作场合，且电动机功率在 3kW 以下。

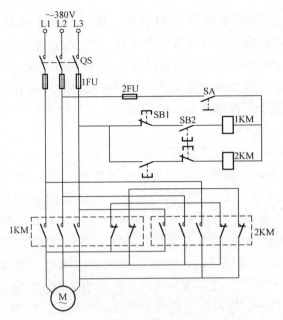

图 6-33  可逆点动控制的简单制动电路

## 4. 不对称电阻反接电动机制动电路

图 6-34 所示为不对称电阻反接电动机制动电路。当按下停止按钮 SB2 时，

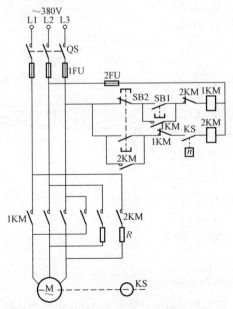

图 6-34  不对称电阻反接电动机制动电路

接触器 1KM 失电，其动断触点 1KM 接通，这时接触器 2KM 动作，电动机反接，使电动机由正转控制立即变为反转控制，使正转速度很快下降，直至零速。此时速度继电器 KS 的动合触点切断接触器 2KM 控制电源。采用不对称电阻法只是限制转动力矩，没加制动电阻的一相仍有较大的制动电流。这种制动方法电路简单，但能耗大、准确度差。此法适用于容量较小的电动机，且要求制动不频繁的场合。

5. **串电阻降压起动及反接制动电路**

图 6-35 所示为串电阻降压起动及反接制动电路。起动电动机时，按下 SB2 按钮，1KM 线圈通电，1KM 自锁触点闭合，1KM 联锁触点断开，1KM 主触点闭合，电动机降压起动。当转速 $n_2 > 100\text{r/min}$ 时，KS 速度继电器闭合。由于 1KM 也为闭合状态，K 中间继电器通电，K1 自锁触点闭合，K3 闭合，为 2KM 线圈做好通电准备，K2 闭合时，3KM 线圈通电，3KM 主触点闭合，短接电阻 R，电动机进入全压运行。当需要停止时，按下 SB2 停止按钮，1KM 线圈断电，所有动合触点均断开。这时电动机处于惯性运行状态。1KM 触点断开，3KM 线圈也断电，使 3KM 主触点断开短接的电阻。由于 1KM 联锁触点闭合，此时

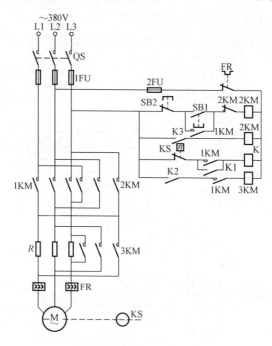

图 6-35　串电阻降压起动及反接制动电路

2KM 线圈通电，使电动机反接制动。待电动机转速迅速下降到 $n_2 < 100\text{r/min}$ 时，SDK 断开，这时中间继电器 K 线圈断电，使 K3 断开 2KM 线圈，电动机脱离电源，此时制动过程结束。

### 6. 异步电动机反接制动电路

异步电动机在改变它的电源相序后，就可以进行反接制动。这时当相序改变后，电动机定子的旋转磁场反向，则电动机产生的转矩和原来的转矩相反，因而起制动作用。

图 6-36 所示为异步电动机反接制动电路。当按下按钮 SB1，接触器 1KM 吸合，使电动机带动速度继电器 KS 一起旋转。当速度达到额定转速后，KS 动合触点闭合，做好制动准备。当按下 SB2 停止按钮后，1KM 断电，其动断触点闭合，KS 在电动机惯性作用下触点仍然闭合，这时，2KM 吸合，电动机反接制动。当电动机转速下降直至停止时，KS 断开，2KM 释放，制动完毕。

在使用操作中应特别注意，电动机在反接制动时，有时会出现短暂反向转动现象。

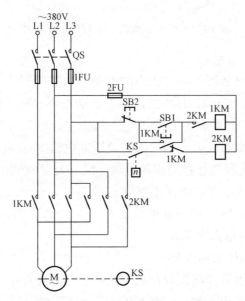

图 6-36　异步电动机反接制动电路

### 7. 断电后抱闸可放松的制动电路

当电动机经制动停止以后，机械设备有时还需用人工将工作件转动轴做转

动调整。图 6-37 所示接线可满足这种需要。当制动时，按下电动机停止按钮 SB2，接触器 1KM 释放，电动机断电，同时 2KM 得电吸合，使 FR 动作，抱闸抱紧使电动机停止。松开 SB2，2KM 失电释放，电磁铁释放，抱闸放松。

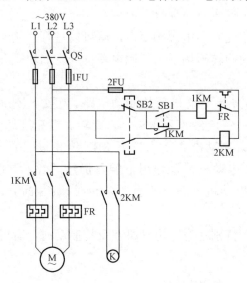

图 6-37　断电后抱闸可放松的制动电路

### 8. 直流能耗制动电路

图 6-38 所示电路适用于容量较小的电动机的能耗制动，特点是线路简单、动作可靠、维修方便。合上刀闸 QS，按下起动按钮 SB1，接触器 1KM 线圈得电，电动机转动，同时电容器 C 被充电。按下停止按钮 SB2 时，接触器 1KM 失电，电容器 C 对线圈阻值为 3kΩ 的高灵敏继电器 K 放电，使 K 吸合，2KM 接触器线圈得电，从而进行直流能耗制动。经一定时间后，C 放电完毕，继电器 K 释放，此时制动结束。选择电容器 C 的容量大小可改变制动时间的长短，整流二极管 VD1～VD4 反向击穿电压要求大于 500V，整流二极管 VD 的工作电流根据电动机的容量大小选择。

### 9. 单管整流能耗制动电路

图 6-39 所示为单管整流能耗制动电路。当电动机需要停止时，按下停止按钮 SB2，1KM、KT 失电释放，这时 KT 延时断开的触点仍然闭合，使制动接触器 2KM 得电动作，电源经制动接触器接到电动机的两相绕组，另一相经整流管回到零线。达到整定时间后，KT 动合触点断开，2KM 失电释放，制动过程结束。

这种制动电路简单，体积小，成本低，常用于 10kW 以下电动机且对制动要求不高的场合。

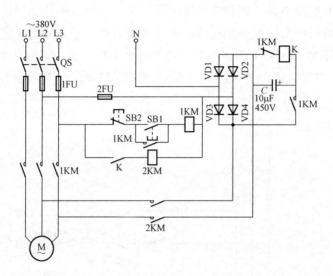

图 6-38　直流能耗制动电路

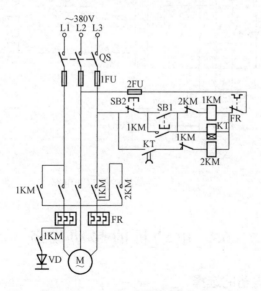

图 6-39　单管整流能耗制动电路

## 10. 简单的能耗制动电路

图 6-40 所示为简单的能耗制动电路。制动时，按下 SB$_3$，接触器 1KM 的

线圈或 2KM 的线圈失电,电动机脱离电源,动断触点 1KM 或 2KM 闭合,3KM 线圈得电,其三个动合触点 3KM1、3KM2 和 3KM3 闭合,这时在其中两相定子绕组中通入直流电流,于是定子绕组就产生一个恒定的静止磁场,转子切割这个直流磁场的磁力线而感生电流,形成制动力矩,使电动机迅速制动。在制动的同时,1KM 或 2KM 断开,使时间继电器 KT 失电,其触点 KT 延时断开后,使 3KM 线圈失电,使 3KM1、3KM2 和 3KM3 断开,切除直流电源,制动过程完毕。

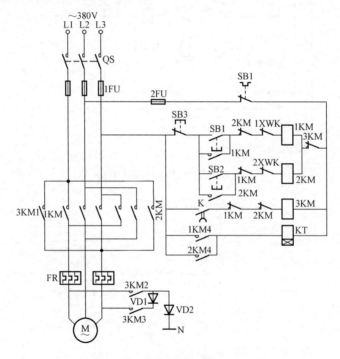

图 6-40  简单的能耗制动电路

# 6.2  电动机的起动设备

## 6.2.1  起动设备的选择

### 1. 电磁起动器（磁力起动器）

电磁起动器(又称磁力起动器),是由交流接触器和热继电器组装在铁壳内,与控制按钮配套使用的起动器,用以对笼型电动机作直接起动或正反转控制。

按控制电动机运转方向可分为可逆磁力起动器和不可逆磁力起动器两种；按其外形的防护型式又分为开启式和保护式两种；按有无热继电器又可分为有热保护和无热保护两种。电磁起动器中的热继电器起过载保护作用，接触器兼起欠压和失压保护作用，配以带熔丝的闸刀开关作隔离开关后，又有了短路保护。如果配的热继电器带有断相保护装置，则电磁起动器还起断相保护作用。这样，电磁起动器就有了较完善的保护功能。

磁力起动器可以控制 75kW 及以下的电动机作频繁直接起动，操作安全方便，还可远距离操作控制，是一种较为理想的直接起动装置，在条件许可时应尽可能采用。

2. 电磁起动器直接起动笼型电动机的选用

电磁起动器常用型号有 QC10、QC12 和 QC20 等系列。它们都可取代 QC0、QC1、QC2、QC3 等老产品。不可逆式的电路原理如图 6-41 所示，为电动机单向直接起动控制电路；可逆式的电路如图 6-42 所示，为电动机正、反转控制电路。QC12 和 QC20 都使用 JR0 型热继电器，故还具有断相保护作用。QC10 系列为全国统一设计产品，技术数据见表 6-2。QC10 系列的型号和分类见表 6-3。

电磁起动器的选择主要是额定电流的选择和热继电器整定电流的调节。由于电磁起动器是由接触器和热继电器组成，所以其选择原则与接触器和热继电器的选择相同。在选择和使用电磁起动器时，其额定电流（也是接触器的额定电流）和热继电器热元件的额定电流应略大于电动机的额定电流。

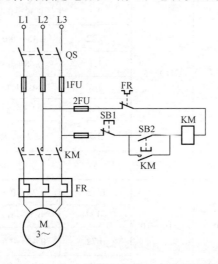

图 6-41 电动机单向直接起动控制电路

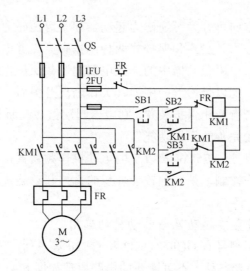

图 6-42　为电动机正、反转控制电路

表 6-2　　　　　　　　　QC10 系列电磁起动器主要技术数据

| 电磁起动器等级 | 型号 | 额定电流（A） | 所配交流接触器型号 | 所配热继电器（JR16 系列） | | 可控笼型电动机最大功率（kW） | |
|---|---|---|---|---|---|---|---|
| | | | | 热元件额定电流（A） | 整定电流调节范围（A） | 220（V） | 3380（V） |
| 1 | QC10—1 | 5 | CJ10—5 | 0.35 | 0.25～0.3～0.35 | 1.2 | 1.2 |
| | | | | 0.5 | 0.32～0.4～0.5 | | |
| | | | | 0.72 | 0.45～0.6～0.72 | | |
| | | | | 1.1 | 0.68～0.9～1.1 | | |
| | | | | 1.6 | 1～1.3～1.6 | | |
| | | | | 2.4 | 1.5～2～2.4 | | |
| | | | | 3.5 | 2.2～2.8～3.5 | | |
| | | | | 5 | 3.2～4～5 | | |
| 2 | QC10—2 | 10 | CJ10—10 | 0.35 | 0.25～0.3～0.35 | 2.2 | 4 |
| | | | | 0.5 | 0.32～0.4～0.5 | | |
| | | | | 0.72 | 0.45～0.6～0.72 | | |
| | | | | 1.1 | 0.68～0.9～1.1 | | |

| 电磁起动器等级 | 型号 | 额定电流（A） | 所配交流接触器型号 | 所配热继电器（JR16 系列） | | 可控笼型电动机最大功率（kW） | |
|---|---|---|---|---|---|---|---|
| | | | | 热元件额定电流（A） | 整定电流调节范围（A） | 220（V） | 3380（V） |
| 2 | QC10—2 | 10 | CJ10—10 | 1.6 | 1～1.3～1.6 | 2.2 | 4 |
| | | | | 2.4 | 1.5～2～2.4 | | |
| | | | | 3.5 | 2.2～2.8～3.5 | | |
| | | | | 5 | 3.2～4～5 | | |
| | | | | 7.2 | 4.5～6～7.2 | | |
| | | | | 11 | 6.8～9～11 | | |
| 3 | QC10—3 | 20 | CJ10—20 | 11 | 6.8～9～11 | 5.5 | 10 |
| | | | | 16 | 10～13～16 | | |
| | | | | 22 | 14～18～22 | | |
| 4 | QC10—4 | 40 | CJ10—40 | 22 | 14～18～22 | 11 | 20 |
| | | | | 32 | 20～26～32 | | |
| | | | | 45 | 28～36～45 | | |
| 5 | QC10—5 | 60 | CJ10—60 | 45 | 28～36～45 | 17 | 30 |
| | | | | 63 | 40～50～63 | | |
| 6 | QC10—6 | 100 | CJ10—100 | 85 | 53～70～85 | 29 | 50 |
| | | | | 120 | 75～100～120 | | |
| 7 | QC10—7 | 150 | CJ10—150 | 120 | 75～100～120 | 47 | 75 |
| | | | | 160 | 100～130～160 | | |

注　1. QC10 系列可取代 QC0、QC1、QC2、QC3 等老产品。

　　2. 等级 1 目前暂不生产，可用 2 级代替。

表 6-3　　　　　　　　　　　**QC10 电磁起动器型号和分类**

| 磁力起动器等级 | 额定电流（A） | 开　启　式 | | | 保　护　式 | | | |
|---|---|---|---|---|---|---|---|---|
| | | 不可逆的 | 可　逆　的 | | 不可逆的 | | 可　逆　的 | |
| | | 有热保护 | 无热保护 | 有热保护 | 无热保护 | 有热保护 | 无热保护 | 有热保护 |
| 2 | 10 | QC10—2/2 | QC10—2/3 | QCIO—2/4 | QC10—2/5 | QC10—2/6 | QC10—2/7 | QC10—2/8 |
| 3 | 20 | QC10—3/2 | QCIO—3/3 | QC10—3/4 | QCIO—3/ | QC10—3/ | QC10—3/7 | QC10—3/8 |

续表

| 磁力起动器等级 | 额定电流（A） | 开 启 式 | | | | 保 护 式 | | | |
|---|---|---|---|---|---|---|---|---|---|
| | | 不可逆的 | 可 逆 的 | | | 不可逆的 | | 可 逆 的 | |
| | | 有热保护 | 无热保护 | 有热保护 | 无热保护 | 有热保护 | 无热保护 | 有热保护 | |
| 4 | 40 | QC10—4/2 | QC10—4/3 | QCl0—4/4 | QC10—4/5 | QC10—4/6 | QCIO—4/7 | QC10—4/8 |
| 5 | 60 | QC10—5/2 | QC10—5/3 | QCIO—5/4 | QC10—5/5 | QC10—5/6 | QC10—5/7 | QC10—5/8 |
| 6 | 100 | QC10—6/2 | QC10—6/3 | QC10—6/4 | QC10—6/5 | QGIO—6/6 | QCIO—6/7 | QC10—6/8 |
| 7 | 150 | QC10—7/2 | QC10—7/3 | QC10—7/4 | QC10—7/5 | QC10—7/6 | QCIO—7/7 | QC10—7/8 |

注 1. 电磁起动器的等级就是额定电流的代号。

2. 电磁起动器的额定电流就是接触器主触头的额定电流，辅助触头的额定电流为5A。

3. 接触器线圈电压有36、127、220、380V 四种可选。

**3. 星形—三角形起动法的专用起动设备**

星形—三角形降压起动专用的星形—三角形起动器，常用的有 QX1、QX2、QX3 和 QX4、QX10 系列等。

QX1 和 QX2 系列为手动空气式星形—三角形起动器，用手柄操作。操作方法是：电动机停转时，手柄在"O"位置；起动时，将手柄扳到"丫"位置，电动机接成星形起动；待转速正常后，将手柄迅速扳到"△"位置，这时电动机便接成三角形运行。要停机时，将手柄扳回"O"位置即可。

QX3 和 QX4 系列为自动星形—三角形起动器，由三只交流接触器；一只三相热继电器和一只时间继电器组成，外配一只起动按钮和一只停止按钮。起动器外形结构有开启式（型号的最后一个符号为字母 K）和保护式（型号的最后一个符号为 H）两种。保护式有外壳。

起动器操作时，只按动一次起动按钮，便由时间继电器自动延迟起动时间，到事先整定的时间，便自动换接成三角形正常运行。热继电器作电动机过载保护，接触器兼作失压保护。

QX3 和 QX4 系列自动星形—三角形起动器在使用前，应对时间继电器和热继电器进行适当的调整，调整方法如下：

时间继电器的调整：调整时暂不接入电动机进行操作，试验时间继电器的动作时间是否能与所控制的电动机的起动时间一致。如果不一致，就应调整时间继电器的动作时间，再进行上述试验。但两次试验的间隔至少要 90s，以保证双金属时间继电器自动复原。

电动机的起动时间（从起动到转速达到额定值的时间）如果不知道，可用下式计算

$$t_Q = 4 + 2\sqrt{P_N}$$

式中　$t_Q$——电动机正常起动时间，s；

　　　$P_N$——电动机的额定功率，kW。

热继电器的调整：由于 QX 系列起动器的热继电器中的发热元件串联在电动机相电流电路中，而电动机在运行时是接成三角形的，则电动机运行时的相电流是线电流（即额定电流）的 $1/\sqrt{3}$ 倍，所以，热继电器的整定电流值应为

$$I_z = 1/\sqrt{3} I_N \approx 0.58 I_N$$

式中　$I_N$——电动机的额定电流，A。

根据上式的计算值，将热继电器的整定电流旋钮调整到相应的刻度即可。常用星形—三角形起动器的主要技术数据见表 6-4。热继电器中热元件的额定电流应选用略大于电动机的额定电流。

表 6-4　　　　　　　　　　常用星形—三角形起动器主要技术数据

| 型　号 | 额定电压（V） | 额定电流（A） | 可控制电动机最大功率（kW） | | 热元件额定电流（A） | 热元件整定电流调节范围（A） | 时间继电器整定近似值（s） |
|---|---|---|---|---|---|---|---|
| | | | 220（V） | 380（V） | | | |
| QX1—13 QX1—30 | 380 | 26 60 | 7.5 17 | 13 30 | | | |
| QX2—13 QX2—30 | 500 | 12 36 | | 13 30 | | | |
| QX3—12 | 500 | 12.5 | 7.5 | 13 | 11 16 22 | 6.8～11 10～6 14～22 | |
| QX3—30 | | 28 | 17 | 30 | 32 45 | 20～32 28～45 | |
| QX4—17 | 380 | 26 33 | | 13 17 | | 15 19 | 11 13 |

续表

| 型　号 | 额定电压（V） | 额定电流（A） | 可控制电动机最大功率（kW） | | 热元件额定电流（A） | 热元件整定电流调节范围（A） | 时间继电器整定近似值（s） |
| --- | --- | --- | --- | --- | --- | --- | --- |
| | | | 220（V） | 380（V） | | | |
| QX4—30 | 380 | 42.5<br>58 | | 22<br>30 | | 25<br>34 | 15<br>17 |
| QX4—55 | | 77<br>105 | | 40<br>55 | | 45<br>61 | 20<br>24 |
| QX4—75 | | 142 | | 75 | | 85 | 30 |
| QX4—125 | | 260 | | 125 | | 100～160 | 14～60 |

注　QX4 系列的热元件整定电流调节范围为近似值。

### 4. 自耦变压器降压起动的起动设备

自耦变压器降压起动所使用的设备叫自耦降压起动器（又称自耦补偿起动器或简称补偿器）。常用的型号有：QJ10、QJ01 等系列自耦降压起动器，以及 JJ1和 XQ01 系列减压起动箱等。这一类起动器只适用于笼型电动机作不频繁起动用。

QJ10 系列为空气式自耦降压起动器，是全国统一设计产品。它由箱式金属外壳、触头系统、操动机构、自耦变压器及保护装置等组成，采用了陶土灭弧室灭弧，热继电器还带有断相保护装置。有灭弧性能好、分合闸速度快等优点，且省去了过去常用的老型号 QJ3 中起灭弧作用的油箱和绝缘油。有过载、断相、欠压和失压保护。电路原理如图 6-43 所示。

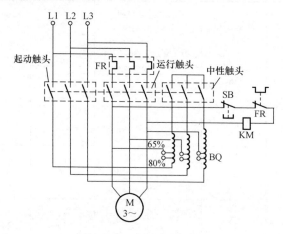

图 6-43　QJ10 系列空气式手动自耦降压起动器电气原理

图 6-44 中，BQ 为自耦变压器，KM 为失压脱扣线圈，SB 为停止按钮。起

动电动机使用起动手柄，起动时将手柄推到"起动"位置，待电动机转速接近额定转速时，把手柄拉到"运行"位置，电动机便在额定电压下正常运行。停止时，只要按动停止按钮即可。在运行过程中，当发生电压降低（降至额定电压的35%～70%）或消失时，失压脱扣器线圈中的铁芯便落下，推动连杆机构，使手柄从"运行"位置自动跳回"停止"位置，切断电源，电动机立即停止运行。QJ10系列可代替已淘汰的老型号QJ1、QJ2、QJ3和QJ4等产品。QJ10型有落地式和挂墙式两种安装方式供选择。QJ10系列的技术数据，见表6-5。

自耦变压器降压起动器在起动时，均应特别注意起动时间的掌握，不得超过规定值，连续起动不可超过两次，总的起动时间不得超过规定值，因为变压器是按短时通过起动电流设计的。

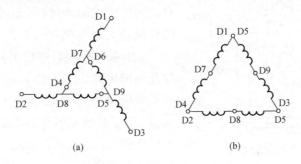

图 6-44　△起动接线

（a）△起动；（b）△运行

表 6-5　　　　　　　常用自耦减压起动器 QJ10 型的技术数据

| 型　　号 | 额定电压（V） | 额定电流（A） | 热继电器整定电流（A） | 最大起动时间（s） | 控制电动机功率（kW） |
|---|---|---|---|---|---|
| QJ10—10 | | 20.5 | 20.5 | 30 | 10 |
| QJ10—13 | | 25.7 | 25.7 | 30 | 13 |
| QJ10—17 | | 34 | 34 | 40 | 17 |
| QJ10—22 | 380 | 43 | 43 | 40 | 22 |
| QJ10—30 | | 58 | 58 | 40 | 30 |
| QJ10—40 | | 77 | 77 | 60 | 40 |
| QJ10—55 | | 105 | 105 | 60 | 55 |
| QJ10—75 | | 142 | 142 | 60 | 75 |

注　最大起动时间为一次或数次连续起动时间的总和，当达到规定时间时，则应冷却4h后再起动；如果起动时间总和少于规定值，则冷却时间可缩短。

5. XJ1 系列（延边三角形）低压起动控制箱

它是专门为有九个出线头的电动机作延边三角形起动用的。XJ1 系列控制箱主要由交流接触器、时间继电器、热继电器和电流互感器等组成。由于无自耦变压器，故体积小、质量轻、可频繁操作，它既可作九线电动机的△（延长边的三角形）—△起动器，也可用于只有六个出线头的电动机作Y/△起动器用。当作为Y/△起动器用时，XJ1 控制箱的 D7、D8、D9 三个接线端子连在一起即可，如图 6-44 所示。九个出线头的电动机要用Y/△起动法时，可将电动机的 D7、D8、D9 三个出线端分别包扎起来不用。图 6-45 所示为△形起动原理电路。

XJ1 型控制箱既可手动控制延时，也可自动延时完成起动过程。这要通过控制箱上的转换开关来实现。

XJ1 系列控制箱在使用前应对时间继电器和热继电器作如下的调整：时间继电器延时长短的调整同 QX3 系列星形—三角形起动器一样。热继电器整定电流的调整：55kW 及以下的 XJ1 系列的同 QX3 系列自动星形—三角形起动器一样；而 75kW 及以上的 XJ1系列，由于热继电器的热元件是串接在电流互感器副边电路中的，所以热继电器的整定电流值应按下式计算

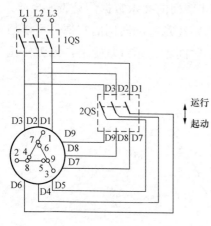

图 6-45　△形起动原理

$$I_Z = \frac{I_N}{\sqrt{3}K_{HL}} \approx 0.58\ \frac{I_N}{K_{HL}}$$

式中　$I_N$——电动机的额定电流，A；

　　　$K_{HL}$——电流互感器的电流变比。

XJ1 系列低压起动控制箱的通用性较强。将它与自耦变压器结合，可构成自耦减压起动箱，还可代替星形—三角形起动器。XJ1 系列低压起动控制箱的技术数据，见表 6-6。

表 6-6　　　　　　　　XJ1 系列低压起动控制箱的技术数据

| 型　　号 | 电动机额定功率（kW） | 热继电器整定电流（A） |
| --- | --- | --- |
| XJ1—11 | 11 | 12.7 |
| XJ1—15 | 15 | 17.3 |

续表

| 型　号 | 电动机额定功率（kW） | 热继电器整定电流（A） |
|---|---|---|
| XJ1—18 | 18.5 | 21.4 |
| XJ1—22 | 22 | 25.4 |
| XJ1—30 | 30 | 34.7 |
| XJ1—37 | 37 | 42.7 |
| XJ1—45 | 45 | 52 |
| XJ1—55 | 55 | 63 |
| XJ1—75 | 75 | 2.2 |
| XJ1—90 | 90 | 1.8 |
| XJ1—110 | 110 | 2.2 |
| XJ1—125 | 125 | 2.4 |
| XJ1—132 | 132 | － |
| XJ1—190 | 190 | － |

### 6.2.2　常用起动设备

**1.　用开启式负荷开关（闸刀开关）来直接起动笼型电动机**

胶盖瓷底闸刀开关是最简单的电动机直接起动开关，由瓷底座、闸刀、刀片和夹座、熔丝及胶盖等组成。熔丝装在闸刀的下端，直接接电动机等负载，起短路保护作用。闸刀开关结构简单，使用和维修方便，价格也便宜，能不频繁地手动接通和分断负荷电流。在小容量电动机中得到广泛应用。常用的型号有 HK1 和 HK2 系列，其有关技术数据，见表 6-7，外形如图 6-46（a）所示，接线如图 6-46（b）所示。

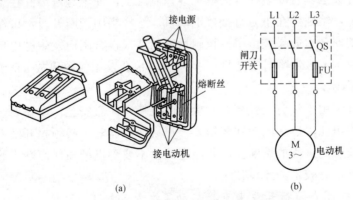

（a）　　　　　　　　　　　　　（b）

图 6-46　开启式负荷开关的外形和接线
（a）外形；（b）接线

选择闸刀开关时，开关的额定电流应为电动机额定电流的 3 倍，以避过电动机起动时的大电流，见表 6-7，可根据可控制电动机的功率范围选取。

例如，一台型号为 Y112M—4 的电动机，额定功率为 4kW，额定电流为 8.8A。选用闸刀开关直接起动，闸刀开关的额定电流应等于或大于 3×8.8=26.4（A）。查表 6-7，可选用额定电流为 30A 的 HK1—30 型闸刀开关。

表 6-7　　　　　　　　　HK1 和 HK2 系列开启式负荷开关的技术数

| 型号 | 额定电流（A） | 极数 | 额定电压（V） | 可控制电动机最大功率（kW） | 配用熔断丝规格 熔断丝线径（mm） |
|---|---|---|---|---|---|
| HK1 | 15 | 2 | 220 | 1.5 | 1.45～1.59 |
| | 30 | 2 | 220 | 3.0 | 2.30～2.52 |
| | 60 | 2 | 220 | 4.5 | 3.36～4.00 |
| | 15 | 3 | 380 | 2.2 | 1.45～1.59 |
| | 30 | 3 | 380 | 4.0 | 2.30～2.52 |
| | 60 | 3 | 380 | 5.5 | 3.36～4.00 |
| HK2 | 10 | 2 | 250 | 1.1 | 0.25 |
| | 15 | 2 | 250 | 1.5 | 0.41 |
| | 30 | 2 | 250 | 3.0 | 0.56 |
| | 10 | 3 | 380 | 2.2 | 0.45 |
| | 15 | 3 | 380 | 4.0 | 0.71 |
| | 30 | 3 | 380 | 5.5 | 1.12 |

2. 闸刀开关安装和使用

闸刀开关应垂直安装在开关板上或控制屏上，使电源进线孔在上方，合闸时手柄朝上，熔断丝在下方直接接电动机。这样当闸刀断开时，可保证换熔断丝和检修的安全。如果装倒了，拉闸后容易造成误合闸而发生触电事故；如果进出线装反了（熔断丝端接电源），换熔丝时也会发生触电事故。正确接线如图 6-46（b）所示。

闸刀开关由于没有灭弧装置，操作时要特别注意安全，动作要迅速果断，否则易产生电弧，烧坏闸刀和烧伤人，更换熔断丝时，必须拉开闸刀后才能进行，且应换上同规格的熔断丝，并注意熔丝不要受机械损伤而减小截面积。闸刀开关必须盖好胶木盖才可使用。

3. 用封闭式负荷开关来直接起动笼型电动机

封闭式负荷开关是由闸刀开关和熔断器组合而成，装在由铸铁或钢板制成的箱壳里，所以称为铁壳开关或钢壳开关。开关采用侧面手柄操作，并设有机械弹簧联锁装置，保证箱盖打开时开关不能闭合，或开关闭合后箱盖不能打开。所以，开关通断动作迅速（与操作速度无关），灭弧性能好，能切断负载电流，并有短路保护功能，使用安全，能工作于粉尘飞扬的场所。

额定电流为 60A 及以下的铁壳开关可用于电动机的直接起动，作为不频繁起动的设备。常用的型号有 HH3 和 HH4 系列，外型及内部结构如图 6-47 所示，技术数据见表 6-8。

在选用封闭式负荷开关时，开关的额定电流应选取电动机额定电流的 3 倍，以避免电动机起动时的大电流，也可参考表 6-8，根据可控制电动机最大功率范围选取。

图 6-47　HH3 系列铁壳开关

表 6-8　　　　　　　　　HH3、HH4 系列封闭式负荷开关技术数据

| 型号 | 额定电流（A） | 额定电压（V） | 极数 | 熔体主要参数 | | | 可控机电动机的最大功率（kW） |
|---|---|---|---|---|---|---|---|
| | | | | 额定电流（A） | 线径（mm） | 材料 | |
| HH3 | 15 | 380 | 2 或 3 | 6 | 0.26 | 紫铜丝 | 2.2 |
| | | | | 10 | 0.35 | | |
| | | | | 15 | 0.46 | | |
| | 30 | | | 20 | 0.65 | | 5.5 |
| | | | | 25 | 0.71 | | |
| | | | | 30 | 0.81 | | |
| | 60 | | | 40 | 1.02 | | 10 |
| | | | | 50 | 1.22 | | |
| | | | | 60 | 1.32 | | |
| HH4 | 15 | 380 | 2 或 3 | 6 | 1.08 | 软铅丝 | 2.2 |
| | | | | 10 | 1.25 | | |
| | | | | 15 | 1.98 | | |
| | 30 | | | 20 | 0.16 | 紫铜丝 | 5.5 |
| | | | | 25 | 0.71 | | |
| | | | | 30 | 0.80 | | |
| | 60 | | | 40 | 0.92 | | 10 |
| | | | | 50 | 1.07 | | |
| | | | | 60 | 1.20 | | |

安装铁壳开关时，要特别注意进出线不能接反。正常的接线是静触头一方与电源相接，动触头一方与电动机负载相接，以保证更换熔断丝时，熔断器不会带电。如果接反对更换熔断丝和检修都不安全。当需要换熔断丝或检修开关时，必须先扳动操作手柄断开电源后，才能打开箱盖；要扳动手柄接通电源时，也一定要先关好箱盖。这些操作过程都是为了使用安全。

用铁壳开关起动电动机还有一个好处，可省掉进线前的隔离开关。当需要检修电动机时，只要拔掉熔断丝瓷盖或熔丝管，就起到隔离电源的作用。

**4. 用组合开关直接起动笼型电动机**

组合开关是一种手动式转动开关。它由若干个动触头和静触头（片），分别装于数层绝缘件内，由转动手柄操作，外形如图 6-48（a）所示，接线如图 6-48（b）所示。其手柄可向任意方向旋转，每旋转 90℃，动触片就接通或分断电路。也可以由几个同时或不同时接通或分断的动静触片组合成各种系列的转换开关，如作为电动机正转或正反转直接起动。星形—三角形起动、有级变速转换、测量三相电压转换等，组合功能多样灵活。由于采用了扭簧贮能，开关动作迅速，与操作速度无关。常用的型号有 HZ3、HZ5 和 HZ10 等系列，主要的技术数据及可控制电动机功率，见表 6-9。

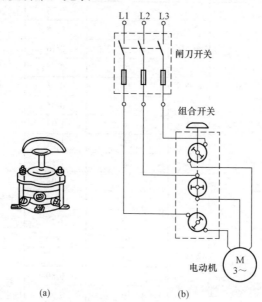

(a)                    (b)

图 6-48    HZ10 系列组合开关的外形及直接起动接线

（a）外形；（b）接线

表 6-9 常用组合开关的主要技术数据

| 型 号 | 暂定电压（V） | 额定电流（A） | 控制电动机最大功率（kW） | 备 注 |
|---|---|---|---|---|
| HZ5—10 | | 10 | 1.7 | |
| HZ5—20 | 直流 220 | 20 | | 可取代 HZ1～HZ3 系列老产品 |
| HZ5—40 | 交流 380 | 40 | 4 | |
| HZ5—60 | — | 60 | 7.5 | |
| | | | 10 | |
| HZ10—10 | 直流 220 | 10 | 2.2 | HZ10 有二级和三级可取代 HZ1、HZ2 系列老产品 |
| HZ10—60 | 交流 380 | 25 | 4 | |
| HZ10—100 | | 60 | — | |
| | | 100 | — | |

组合开关一般多用于直接起动 4kW 以下的小容量电动机。直接起动电动机的接线，如图 6-48（b）所示。组合开关不宜作频繁的转换操作。用作可逆运转转换的组合开关，也必须在电动机完全停止转动后，才允许反向接通。当负载功率因数较低时，开关要降低容量使用，否则影响开关寿命。若负载功率因数低于 0.5 时，由于灭弧困难不宜采用。

选用组合开关控制电动机时，开关的额定电流，通常应取电动机额定电流的 1.5～2.5 倍。

5. 用自动空气开关（断路器）直接起动笼型电动机

自动空气开关是空气式断路器中的一种。它是低压配电线路及电动机控制和保护线路中的一种重要的电器开关。主要由绝缘底座、灭弧室、触头、操动机构及脱扣器等组成。操动机构能使开关快速动作。热脱扣器起热继电器的过载保护作用，电磁脱扣器起熔丝的短路保护作用。

断路器都有较完善的保护装置，既有过载、欠压和失压保护，也有短路保护，但构造复杂，价格较贵，维修烦琐。在条件许可的情况下，应尽可能采用。用于电动机控制和保护的塑壳式断路器，常用型号有 DZ5 和 DZ10 系列，主要技术数据见表 6-10。图 6-49 所示为自动空气开关的外形，图 6-50 所示为自动空气开关原理。

**表 6-10** DZ5 和 DZ10 系列自动开关技术数据

| 型　号 | 额定电压（V） | 额定电流（A） | 分励脱扣器线圈电压（V） | 失压脱扣器线圈电压（V） | 热脱扣器额定电流（A） | 电磁脱扣器额定电流（A） | 操作方式 |
|---|---|---|---|---|---|---|---|
| DZ5—10 | 直流220 | 10（单极） | — | — | 0.15、0.2、0.3、0.45、 | | 按钮 |
| DZ5—20 | | 20（二或三极） | | | 0.65、1、1.5、2、3、4、5、6.5、10、15、20 | | |
| DZ5—25 | 交流380 | 25（单极） | — | — | 10、15、20、25、30、40、 | | 手柄 |
| DZ5—50 | 500 | 50（二或三极） | | | 50 | | |
| DZ10—100 | | 100（二或三极） | 直流48 110 220 交流110 220 380 （50H） | 直流110 220 交流110 220 380 （50赫） | 15、20、25、 | 15、20、25、 | 手柄 |
| | | | | | 30、40、50、60、80、100 | 30、40、50、100 | |
| DZ10—250 DZ10—250P | 直流220 交流380 500 | 250（二或三极） | | | 100、120、140、170、200、225、250 | 250 | 手柄、电动 |
| DZ10—600 DZ10—600P（P—电动机操作） | 直流220 交流380 500 | 600（二或三极） | 直流48 110 220 交流110 220 380 （50H） | 直流110 220 交流110 220 380 （50赫） | 200、250、300、350、400、500、600 | 400、600 | 手柄、电动机（220V、75W） |

注　DZ5 可取代 DZ1 等老产品，DZ10 可取代 DZ1、DZ3、DZ4 等老产品。

图 6-49　自动空气开关外形

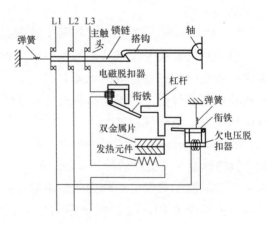

图 6-50　自动空气开关原理

对于不频繁起动的笼型电动机，只要在电网允许的范围内，都可首先考虑采用断路器直接起动。一般 22kW 以下的电动机，都可采用 DZ5 系列断路器来控制。它不但有保护性能较完善、体积小、质量轻的优点，价格也并不比闸刀开关或铁壳开关贵多少，可以取代这两种开关。功率在 75kW 以下的，可采用 DZ10 系列进行直接起动和控制。其他功率的大中型电动机也可选用新型的 DW15 系列或 DWX15 系列大容量的万能式断路器（旧称框架式自动开关）进行直接起动和控制。这两个系列的分断能力都比 DW10 系列提高了一倍多，特别是 DWX15 系列限流式断路器，一次极限分断能力高达 100kA，限流系数小于 0.6，全分断时间小于 10ms，因而能将回路中可能出现的最大峰值电流限制在 60%以下加以切断。选用断路器直接起动，不像用接触器或电磁起动器那样要耗电，从而大大节约了电能，还没有噪声。

选用断路器时除额定电压应等于或大于电动机额定电压外，主要应注意断路器额定电流的选择和整定电流的调整。

断路器的额定电流、过载保护热脱扣器的额定电流应等于或大于电动机的额定电流；热脱扣器的整定电流也应等于电动机的额定电流；短路保护电磁脱扣器的瞬时脱扣整定电流可取电动机起动电流的 1.7～2 倍，或取热脱扣器额定电流的 8～12 倍。

断路器应垂直安装在不易受振动的地方，因为振动可能引起内部零件松动。灭弧室应位于上部。DZ10 系列在闭合时已脱扣的，必须再扣好后才能重新合上开关。

新装的断路器在使用前应清除电磁铁工作面上的防锈油脂，使用中应定期检查各脱扣器的电流整定值；经常清理灭弧栅上的金属颗粒；切忌无灭弧罩或残缺灭弧罩运行。

# 实用电路的接线技巧

## 7.1 电动机的接线技巧

### 7.1.1 电动机接线盒内的接线

　　一般电动机每相绕组都有两个引出线头，一头叫做首端，另一头叫做末端。第一相绕组的首端用 D1 表示，末端用 D4 表示；第二相绕组的首端和末端分别用 D2 和 D5 表示；第三相绕组的首端和末端分别用 D3 和 D6 表示。这六个引出线头引入接线盒的接线柱上，接线方法如图 7-1 所示。

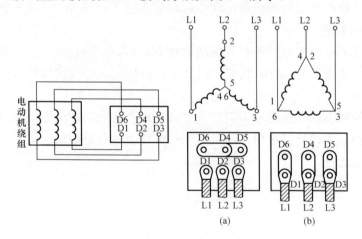

图 7-1　电动机接线盒内的接线

（a）Y接法；（b）△接法

### 7.1.2 双速异步电动机的接线

1. 双速异步电动机接线端子的接线

　　双速异步电动机是采用改变极对数来改变转速的，如图 7-2 所示。三相绕组接成△形，三个连接点接出三个引出端 D1、D2、D3，每相绕组的中点各接出一个出线端 D4、D5、D6，共有 6 个出线端，改变这六个出线端与电源的连接方法可以得到两种不同的转速。要使电动机在低速状态下工作，只需把三相电源接至电动机绕组△形连接顶点的出线端 D1、D2、D3 上，其余三个出线端 D4、D5、D6 空着不接。此时，电动机定子绕组接成△形，磁极为四极，同步转速为 1500r/min。要使电动机高速工作，把电动机绕组三个出线端 D1、D2、D3 连接在一起，电源接到 D4、D5、D6 三个出线端上，这时电动机绕组成为双丫形接法，磁极为二极，同步转速为 30 000r/min。

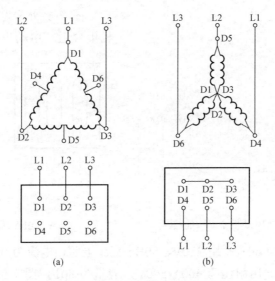

图 7-2 双速异步电动机接线端子

（a）低速—△形接法（4 极）；（b）高速—丫形接法（2 极）

### 2. 双速电动机 2丫/2丫的接线

图 7-3 所示为 2丫/2丫电动机双速定子绕组的引出线接线方式。按图 7-3（a）所示连接的是一种转速；按图 7-3（b）所示连接的可得到另一种转速。

### 7.1.3 Y100LY 系列电动机的接线

Y100LY 系列电动机具有体积小、外形美观及节能等优点。

它的接线方式有两种，一种为△形，它的接线端子 W2 与 U1 相连，U2 与 V1 相连，V2 与 W1 相连，然后接电源；另一种为丫形，接线端子 W2、U2、V2 相连接，其余三个接线端子 U1、V1、W1 接电源，如图 7-4 所示。

### 7.1.4 单相电动机的接线

**1. 单相吹风机电动机四个引出端子接线**

有的单相吹风机电动机引出四个接线端子，接线方法如图 7-5 所示。采用并联接法应接入 110V 交流电源，采用串联接法接入 220V 交流电源。

**2. JXO7A—4 型单相电容运转电动机的接线**

图 7-6 所示为 JXO7A—4 型单相电容运转电动机接线方法。

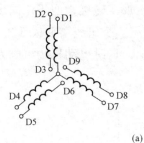
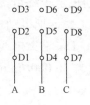

(a)

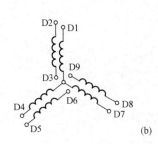
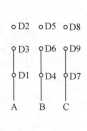

(b)

图 7-3 双速电动机 2Y/2Y 的接线

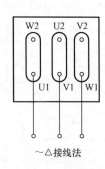
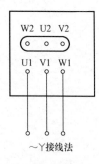

图 7-4 Y100LY 系列电动机的接线

电动机功率为 60W，用 220V、50Hz 交流电源，电流为 0.5A。它的转速为 1400r/min。电容选用耐压为 400～500V，容量为 8μF。图 7-6（a）所示为正转接线，图 7-6（b）所示为反转接线。

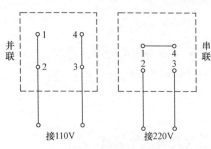
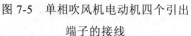
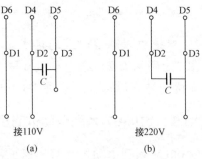

图 7-5 单相吹风机电动机四个引出端子的接线

图 7-6 JXO7A—4 型单相电容运转电动机的接线

（a）正转；（b）反转

### 3. IDD5032 型单相电容运转电动机的接线

单相电动机接线方法很多，如果不按要求接线，就会有烧坏电动机的可能。因此在接线时，一定要看清铭牌上注明的接线方法。

图 7-7 所示为 IDD5032 型单相电容运转电动机接线方法。其功率为 60W，电容选用耐压为 500V、容量为 4μF 的电容。图 7-7（a）所示为正转接线，图 7-7 所示（b）为反转接线。

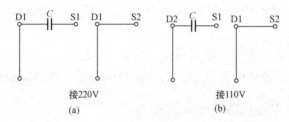

图 7-7　IDD5032 型单相电容运转电动机的接线

（a）正转；（b）反转

### 7.1.5　三相吹风机电动机六个引出端子的接线

三相吹风机电动机引出六个接线端子的接线方法如图 7-8 所示。三角形接法应接入 220V 三相交流电源，采用星形接法应接入 380V 三相交流电源，其他吹风机电动机的接线应按其铭牌上所标的接法连接。

### 7.1.6　CFG 型电动吹风机的接线

电动吹风机适用于小型熔炼、铸造及饭店、餐厅、茶室等炉灶的鼓风，具有可以节约用煤、充分利用低质煤并提高燃烧温度等优点。它的外形及接线线路如图 7-9 所示。

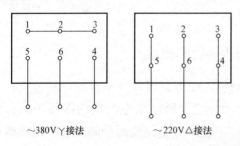

图 7-8　三相吹风机电动机六个引出端子的接线

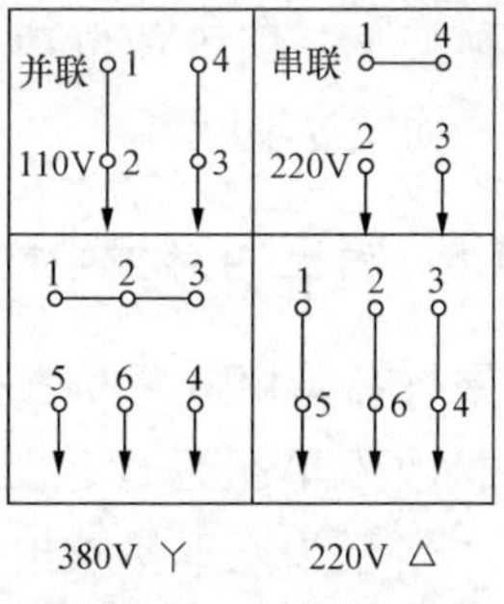

图 7-9　CFG 型电动吹风机接线

在使用、维护电动吹风机时应注意以下几方面：

（1）使用、存放或搬运时，应注意防潮、防尘、防剧震、防酸碱及一切腐蚀气体。露天使用电动吹风机时，需加装防雨棚，安装使用的环境温度不宜超过 50℃，并应将吹风机外壳进行可靠的接零或接地保护，以保证人身及设备安全。

（2）对新安装和搁置时间较长的吹风机，使用前要先用 500V 的绝缘电阻表检测线圈对外壳的绝缘情况，如果绝缘电阻低于 0.5MΩ时，则要进行烘干处理。

（3）长期频繁使用时，轴承每季度加油 1～2 次。

（4）吹风机只能做吹风使用，切勿去掉风叶做一般电动机使用。

### 7.1.7　改变电动机旋转方向的接线

由异步电动机的工作原理可知，电动机的转动方向是由转子的电磁转矩方向决定的，即电动机的转动方向是与电磁转矩方向一致的。而电磁转矩的方向又取决于定子旋转磁场的方向，即与旋转磁场的旋转方向一致。也就是说，电动机的转动方向是由定子旋转磁场的方向所决定的，两者的旋转方向相同，而旋转磁场的方向取决于通入定子三相绕组中的三相电源的相序。相序改变，旋转方向也改变。在想改变三相交流电动机的方向时，只要把三相电源线的任何两相调换一下，即可使电动机的方向得到改变，如图 7-10 所示。

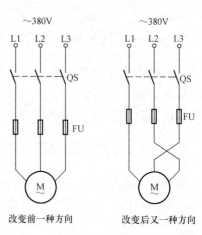

图 7-10　改变电动机旋转方向的接线

### 7.1.8　将三相异步电动机改为单相运行的接线

如果只有单相电源和三相异步电动机，则可采用并联电容的方法使三相异步电动机改为单相运行。图 7-11（a）所示为Y形接法电动机的接线方式；图 7-11（b）所示为△形接法电动机的接线方式。为了提高起动转矩，将起动电容 C 在起动时接入线路中，在起动完毕后退出。

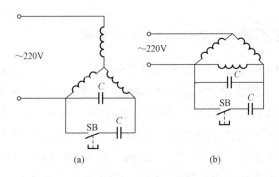

图 7-11　三相异步电动机改为单相运行方式的接线

### 7.1.9　单相电容电动机的接线

单相电容电动机起动转矩大、起动电流小、功率因数高，广泛应用于家用

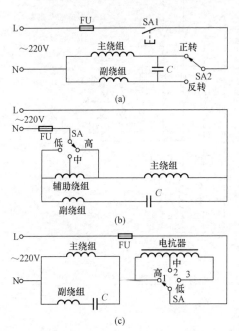

图 7-12　单相电容电动机的接线

（a）可逆控制线路；（b）带辅助绕组的线路；

（c）带电抗器调速的电容电动机线路

电器中，如电风扇、洗衣机。为了便于维修安装，以下是这种电动机常用的接线方式。

图 7-12（a）所示为可逆控制线路，操纵开关 SA2，可改变电动机的转向，这种线路一般应用于家用洗衣机上。图 7-12（b）所示为带辅助绕组的接线线路，拨动开关 SA，可改变辅助绕组的抽头，即改变主绕组的实际承受电压，从而改变电动机的转速，此接线方法常用于电风扇上。图 7-12（c）所示为带电抗器调速的电容电动机接线线路。由于电抗器绕组的串入，使其在线路中起到降压作用，调节电抗器绕组的串入量，即可改变转速。

这种方法目前广泛应用在家用电风扇线路中。在起动电动机时，一般先拨到"1"挡上，即为高挡，这时电抗器不接入线路，使电动机在全压下起动，然后再拨 2 挡或任何挡来调节电动机的转速。

### 7.1.10 使三相异步电动机低速运行的接线

有时由于工作的需要，如机床部位准确定位，需要电动机降低速度运行。图 7-13 所示为三相异步电动机反接制动后并低速运行的接线电路，图中只画了主回路。1KM 和 2KM 为电动机正常运行接触器，3KM 为电动机反接制动接触器。图 7-13（a）所示为△形接法的电动机反接制动低速运行电路。1KM、2KM 吸合，电动机正常工作，在制动时，1KM、2KM 被释放，3KM 接触器接通电源，这时电动机线圈绕组中串联二极管，电流中含直流成分，既有助于电动机制动，又能使电动机低速反转，在工作完毕时，可切断 3KM 的电源。图 7-13（b）所示为丫形接法电动机的反接制动低速运行线路。其工作原理同上。

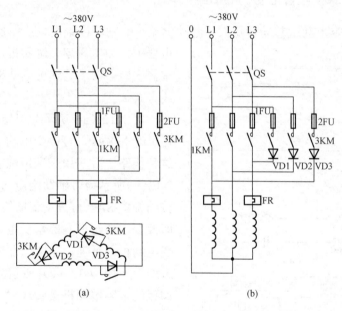

图 7-13　三相异步电动机低速运行电路

（a）△接；（b）丫接

### 7.1.11 用万用表测定电动机三相绕组头、尾

电动机三相绕组头、尾也可采用万用表来确定。首先用万用表测量出电动机六个接线端哪两个线端为同一相，然后将万用表的直流毫安挡拨到最小一挡，并将表笔接到三相线圈的某一组两端，而电池正负极接到另一相的两个线端上，

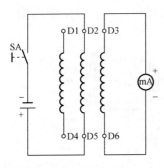

图 7-14　用万用表测定电动机
三相绕组头、尾的接线

如图 7-14 所示。当开关 SA 闭合瞬间，如表针摆向大于零，则说明电池负极所接的线端与万用表正极笔所接线端是同极性的（均可认为是头）。依次类推，便可测出另外两相的头和尾。

### 7.1.12　对他励直流电动机失磁保护的电路

他励直流电动机励磁电路如果断开，会引起电动机超速，产生严重不良后果，因此需要进行失磁保护。在励磁电路中，串联一个欠电流继电器 KA，其动合触点接在控制电路中。当励磁电流消失或减小到设定值时，KA 释放，KA 动合触点断开，切断电动机电枢电源，使电动机停转，从而避免超速现象发生，如图 7-15 所示。

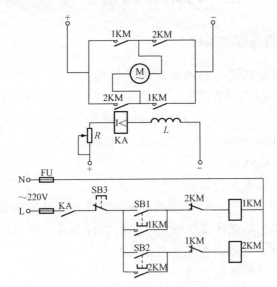

图 7-15　他励直流电动机失磁保护电路

### 7.1.13　用耐压机查找电动机接地点的接线

用耐压机查找电动机接地点，可直接观察到接地点的部位，如图 7-16 所示。当耐压机电压逐渐升高时，若绕组线圈有接地故障，线圈接地点便会起弧冒烟，只要仔细观察，就可找到接地点的具体位置。如果接地点在电动机槽内，则可根据打耐压所产生的"吱吱"声来判断接地点大概的部位，然后取出槽内的槽楔，重新打耐压，直至查出接地点的部位。

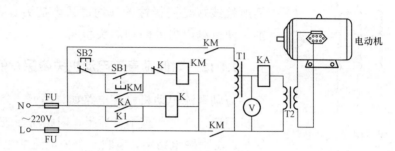

图 7-16　用耐压机查找电动机接地点线路

# 7.2　巧用变压器的接线

### 7.2.1　自耦调压器的接线

**1.　扩大单相自耦调压器调压范围的接线**

一般的单相自耦调压器调压范围是 0～250V，但有时需要高于 250V 的可调电压，可按如图 7-17 所示接线，可以得到 0～406V 连续可调的输出电压。当 SA 打在"1"挡位置时，输出电压为 0～250V；将 SA 打在"2"挡位置时，输出电压为 220～406V。

**2.　三相自耦调压器的接线**

接触式自耦调压器是一种可调的自耦变压器，它是带负载无级平滑调节电压用的设备。三相自耦调压器的线路，如图 7-18 所示。它是将三个单相自耦调压器叠装，电刷同轴转动，按星形接法接线。

**3.　单相自耦调压器的接线**

单相自耦调压器在工厂等应用极为广泛。其接线如图 7-19 所示。

**4.　双线圈变压器接成自耦变压器的接线**

有些地区的正常供电电压常低于 220V，而有些地区的供电电压则高于 220V，那么用现有的双绕组变压器接成自耦变压器来升高或降低电源电压，即可使额定电压为 220V 的用电器正常工作，如图 7-20 所示。当开关 SA 打在"升压"位置时，变压器相当于一个自耦变压器，将电源电压升高 6.3V；如将开关 SA 打在"正常"位置时，负载是直接接到电源上，输出电压仍为电源电压。

图 7-4 中的圆点表示绕组的同名端。如果将一、二次侧的连接线改为同名端相连，则输出电压将降低 6.3V。采用这种接法，负载电流不得不大于一、二次侧的额定电流。网路电压如经常比 220V 低（或高）30～40V，则可选用 220/36V 的变压器连接。

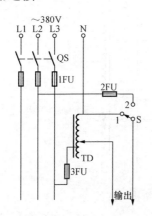

图 7-17　扩大单相自耦调压器调压范围的接线

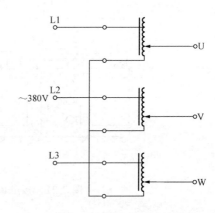

图 7-18　三相自耦调压器的接线

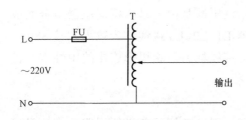

图 7-19　单相自耦调压器的接线

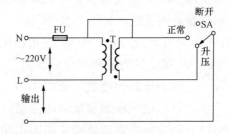

图 7-20　双绕组变压器接成自耦变压器的接线

### 5. 220V TDGC、380V TSGC 接触调压器的接线

接触调压器是一种电压比连续可调的自耦变压器。它是用于工业、农业等各个行业调节电压的通用设备。它能带负载无级平滑地调节输出电压，具有结构简单、效率高、使用方便、性能可靠等优点，也是电工常用的调压工具之一，可作为灯光控制、电热控制、转速控制等的电源。接触调压器外形结构与接线如图 7-21 所示。

调压器是由铁芯、线圈、电刷、铁架、刻度盘、手轮、外罩等组成的。它的工作原理类似于一般自耦变压器，在转动手轮时，它借助于可移动的电刷在线圈磨光表面上的接触位置的改变，使负载电压能够在一定范围内获得无级平

滑的调节。

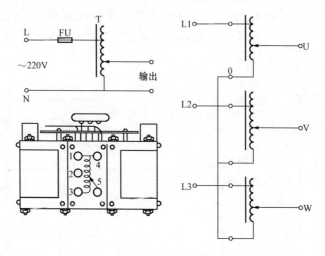

图 7-21　接触调压器外形结构与接线

调压器分单相、三相两种。单相调压器是将 220V 电压调到 0～250V，单相调压器 L1、N 接线柱为输入，接市电 220V。U、N 接线柱为输出端子接负载，单相调整器的接线，如图 7-21 所示。三相调压器是由三只单相调压器组合而成的。它的调压范围为 0～380V，三相调压器 L1、L2、L3 接线柱为输入端接 380V，U、V、W 接线柱为输出端负载，另外 N 接线柱为三相星形连接的中性点，接零线。三相调压器的接线，如图 7-21 所示。

使用单相或三相调整器时应注意：

（1）新安装的调压器或长期不用的调压器，在运行前必须用兆欧表测量线圈对地绝缘电阻，其阻值不低于 0.5MΩ 时方能通电使用；否则，应进行烘干处理。烘干后，应检查各个紧固件是否松动，如松动，则应紧固，然后用兆欧表再测绝缘电阻，达到要求后方能使用。

（2）电源电压应符合调压器铭牌上的额定输入电压值。

（3）调压器必须接地良好，以确保人身安全。

（4）使用调压器时，先将指针放在 0 位上，然后将负荷接在输出端，再把输入端接在与调压器输入电压相一致的电源上。调节输出电压时，要缓慢旋转手轮，调至所需电压。从 0 位调到最大值的时间不应少于 5s，否则易引起碳刷磨损产生火花。

（5）使用调压器时，应注意输出电流不能超过额定值，超载时间较长时，易损坏调压器。

（6）调压器不能并联使用。

（7）使用调压器应经常检查使用情况，如发现碳刷磨损严重，则应更换同样尺寸和规格的碳刷。

（8）线圈与碳刷接触表面要保持清洁，否则易引起火花，烧坏线圈表面。如发现线圈表面有黑色斑点，则可用细纱布轻轻擦拭，若不能擦除，则可用浓度较高的酒精擦拭，直到去掉黑斑，并应通风吹干酒精。

（9）调压器在搬运时，切勿利用手轮搬动，以防损坏手轮。

（10）在安装调压器时，要使周围保持一定的空间，以利于通风散热。

（11）调压器要保持清洁，防止潮气水分进入调压器内部，定期在调压器停电后进行除尘。

### 7.2.2 使用变压器"短路"干燥法的接线

把变压器的一侧绕组"短路"，另一侧用自耦变压器施加电压，使变压器绕组内流过额定电流，依靠绕组铜损（$I^2R$）产生的热量来加热变压器，即可达到干燥变压器的目的，如图 7-22 所示。本方法简便实用，干燥升温快。但需要自耦变压器容量也较大，一般比被干燥变压器的容量大 10%以上。另外，此法也容易产生局部过热，并且耗电量较大，所以，一般只适用于被干燥变压器容量不大的情况下。为了安全起见，一般都从变压器低压侧施加电压，而把高压侧短接。对三绕组变压器，只能把其中的一个绕组接电源，另一个短路接地，而第三个绕组要开路。使用短路干燥法应注意观察短路侧的电流不能超过该侧的额定电流太多。

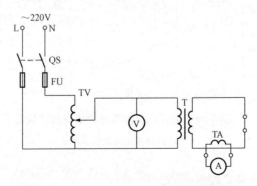

图 7-22 使用变压器"短路"干燥法的接线

### 7.2.3 使用电焊机干燥电动机的接线

如果电动机受潮，而体积又较大，很不容易拆除（放在烘箱内干燥）。此时，可将电焊机低压电通入电动机三相绕组中，用电流升温干燥电动机。此方法适用于干燥 20～60kW 的电动机，电焊机的容量应根据电动机的容量而选用。通入电动机绕组线圈的电流可由电焊机来调节，但在烘干时，应注意通入电动机的电流不能超过电动机本身额定电流太多，并且注意观察电动机和电焊机温度不能升得过高，如图 7-23 所示。

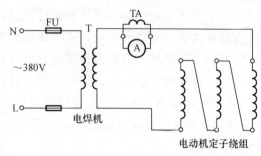

图 7-23 电焊机干燥电动机的接线

### 7.2.4 使用行灯变压器升压或降压的接线

在某些地方，因网路电压长期较低或者是由于夜间用电量减少，网路电压升高，使一些电器不能正常工作或损坏，利用行灯变压器升压或降压可满足需要，如图 7-24 所示。

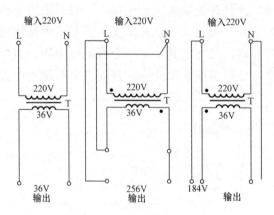

图 7-24 用行灯变压器升压或降压的线路

注：以网络电压正常为例。

采用这种接线时要注意两点：

（1）在接线前必须把行灯变压器次级一端与壳体的连接线（保护接地线）

拆除。

（2）要注意行灯变压器的一、二次侧线圈的电流都不能超过各自的额定电流值。

### 7.2.5　正确使用、安装、维修控制变压器

控制变压器是一种小型干式变压器，交流电源频率为 50Hz，一次电压为 220V（或 380V），二次电压有 6.3、12、24、36、110、127V 等。它主要用于工矿企业中做安全局部照明电源、电气设备中的控制回路电源及信号灯或指示灯电源，如图 7-25 所示。

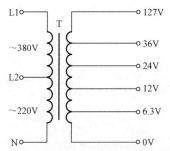

图 7-25　控制变压器的接线柱

初学电工人员在使用、安装、维修控制变压器时，要注意：

（1）控制变压器在接线前看清变压器的接线端子；一次电压为 220V 时，应接到 220V 的电源线上；一次电压为 380V 时，应接在 380V 交流电源上。绝不允许把 380V 的电源线接入 220V 的接线端子上。

（2）控制变压器的二次电压接线柱要与所控制接入的负载电压相对应。如为指示灯，则应接入 6.3V 的电压，机床低压照明灯泡则要通入 36V 电压；如果是机床交流接触器线圈，需用 127V 交流电压，就要接在 127V 电压接线柱上。

（3）控制变压器应安装在干燥处，尽量避免振动，以免损伤内部结构。

（4）控制变压器在使用中应注意负载不允许短路，负载的功率不能超过控制变压器的容量。

### 7.2.6　多功能电焊机电路

图 7-26 所示为 DW 系列多功能电焊机电路原理图，配用专用焊钳，即可进行铜管碳阻焊、金属板料点焊及其他金属件电阻焊。使用中，SA 置于"1"时，控制电路不起作用，220V 电压直接由变压器 T 降压输出；SA 置于"2"时，由晶闸管 SCR1 构成的调压电路工作。当 $C_1$ 的充电电压高于 SCR2 的导通电压时，双向晶闸管 SCR 得到触发而导通，交流电经 SCR2 加到变压器 T 的初级绕组，由 T 降压输出。调节 $R_P$、$C_1$ 的充放电时间，进而晶闸管 SCR2 的导通角发生变化，输出电压、输出功率也发生相应的变化，以适应不同的焊接需要。

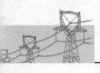

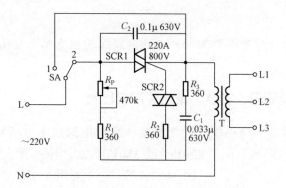

图 7-26　DW 系列多功能电焊机电路

# 农村常用电路的接线技巧

## 8.1 常用技术改造电路

### 8.1.1 水稻苗床高温报警器电路

在农村，水稻多采用育苗床育种，在稻种发芽后，苗床的温度需实行严格的控制。当水稻秧苗长到两叶一针时，苗床温度应不超过 26℃。图 8-1 所示为水稻苗床高温报警器电路。图中，T 为一个固定式电接点玻璃水银温度计，其中 T–1 控制的温度为 26℃，T–2 控制的温度为 27℃。VT1、VT2 可构成互补式振荡电路，可产生报警信号。使用时，将温度计置于育苗床上，当秧苗正好长到两叶一针时，可将转换开关 SK 打到 T–2 即 27℃，当 T 感受到的温度达到 27℃时，T–2 接点与水银柱接通，VT1 基极有偏流，电路起振，扬声器发出警报声，提醒育苗人员及时揭开苗床塑料棚布，适时通风练苗。当报警声停止时，再将塑料布盖上。当秧苗长到三叶一针时，可将转换开关 SK 打到 T–1 即 26℃，使用方法同上。

### 8.1.2 常用电动机直接起动电路

在农村，无论打麦机、打稻机、磨面机或抽水泵所使用的电动机，只要功率不超过 18.5kW，都可以采用直接起动方式。10kW 以下的电动机可用三相闸刀控制起动、停止，如图 8-2 所示。

这种电路的组成很简单，当闸刀合上后，电动机得电运转，从而带动其他农用机械工作。拉下闸刀，电动机断开电源停止运转。闸刀内装有短路熔断器，安全可靠。

### 8.1.3 果蔬冷藏保鲜温度控制器电路

温度控制电路如图 8-3（a）所示。该电路可实现温度的区间性控制，如使

温度在 0～5℃之间周而复始地上下徘徊。上限和下限温度可随意设置，由传感器夹持在温度计玻璃棒上的部位设定。温度传感器用水银温度计、光电发射及接收管制作，如图 8-3（b）所示。这里以果蔬冷藏保鲜温度控制为例，说明其工作原理。

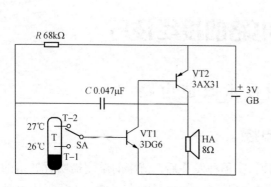

图 8-1　水稻苗床高温报警器电路　　　图 8-2　农村常用电动机直接起动电路

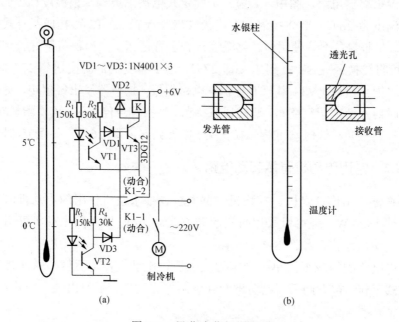

图 8-3　果蔬冷藏保鲜电路

（a）温度控制电路；（b）温度传感器

（1）当温度高于 5℃时，上限传感器 VT1 因水银柱挡光而输出高电平，三极管 VT3 导通，继电器 K 吸合，触点 K1-1、K1-2 闭合，制冷设置加电制冷。

（2）当温度降到 5℃时，上限温度传感器虽输出低电平，但由于 K1-2 闭合，VT2 截止，输出高电平，通过 VD3 使 VT3 保持导通，继续制冷降温。

（3）当温度降到低于 0℃时，上、下限温度传感器均输出低电平，三极管 VT3 截止，继电器 K 释放，K1-1、K1-2 断开，制冷停止。

（4）温度回升后，尽管温度高于 0℃，但由于 K1-2 断开，VT2 不能控制 VT3，当温度上升到 5℃时，VT1 无光照，输出高电平，VT3 驱动继电器，控制制冷设置制冷降温。如此周而复始，将温度控制在 0～5℃之间。

自制时，发光管采用 5GL，光电接收管采用 3DU11，继电器采用 JRX－13F，其他元件参数如图 8-3 所示。

### 8.1.4　光控、雨控、风控、高压灯电路

#### 1. 黑光灯诱杀害虫电路

图 8-4 所示为用黑光灯诱杀害虫，并且可自动对诱杀装置进行光控、雨控、风控的电路。因为白天、风雨天害虫活动很少，故可通过电路进行自动控制，将黑光灯电源断开，以达到节约用电的目的。

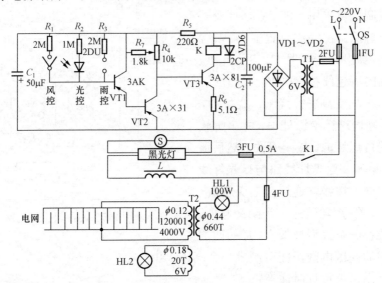

图 8-4　农村黑光灯自动光控、雨控、风控电路

该电路的工作原理是：每当到了夜晚，如果无雨、无风，则风控、雨控接触点不导通；光电二极管无光照射，内阻很大相当于开路。这时，三极管 VT1、

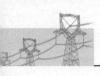
VT2 处于截止，VT3 饱和，继电器 K 动作，使 K1 触点闭合，黑光灯开始工作，同时高压电网也同时投入工作。当天亮后，光电二极管 2DU 内阻降低，VT1、VT2 导通，VT3 截止，继电器 K 释放，黑光灯和高压电网断电，停止工作。

电路中元器件的参数：继电器选用 JRX—13F，吸合电压为 6V；高压升压变压器 T2 铁心厚为 40mm，宽为 32mm，窗口为 23mm×53mm；线路无特殊要求，只要接线正确，便能正常工作。

另外，应特别注意高压安全，为了防止高压侧短路造成变压器烧坏，应经常清扫电网上堆积的死虫。

## 2. 高压灭虫灯电路

高压灭虫灯电路中的黑光灯管的四周，围着栅栏网状高压电网。电网分两组，彼此绝缘地穿插设置，并联接入 220V/4000V 变压器的高压侧。这时，黑光灯在电网的下端引诱害虫，当害虫飞进电网间隙的瞬间，由于电网电压很高，当即将害虫电死。当高压电网杀死害虫较多时，会发生短路，灯泡 HL2、HL3 会自动点亮，指示电网须清扫，如图 8-5 所示。高压灭虫灯的升压变压器可以自行绕制，可采用 100VA 行灯变压器改绕，拆除二次绕组，记下 36V 绕组的匝数，算出此变压器 1V 应绕几匝，再用较细的漆包线按 4000V 算出应绕多少匝，按此匝数进行绕制，绕好后，高、低压侧均进行绝缘处理，并串上较大功率的白炽灯泡，接上开关，然后通入 220V 电源。黑光灯线路与日光灯线路完全相同。按线路连接，把变压器、白炽灯、开关、熔丝装在一个绝缘盒内，黑光灯装在一个大型灯架上，灯的四周架设均匀的高压电网，即可制成一个高压灭虫灯。

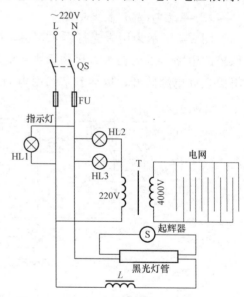

图 8-5　高压灭虫灯电路

使用高压灭虫灯时注意：

（1）高压灭虫灯周围应架设防护栏，并加有防护铁锁，通电时使人畜无法进入防护栏。

（2）高压线要求采用耐压较高的绝缘电线，杀虫灯应装在离地面 2.5m 以上的地方。

（3）高压杀虫灯开、停应有专人负责，配电箱要加锁，防止小孩误触及，周围应禁止其他人通过，通电时，灯的周围应有指示灯或明显的指示牌。

（4）雷雨天气要把高压杀虫灯收回，并防止受潮。

（5）高压灭虫灯使用一段时间后，应清除电网上的虫尸。

### 8.1.5 电篱笆电路

电篱笆电路的工作原理是：利用双向触发二极管和高压三极管构成间歇振荡器，由变压器产生高压，可用于电篱笆、高压灭虫、空气清新等场合，使用时要注意安全，必须做防护隔离网，通电时人不能靠近，并保持一定的安全距离，如图 8-6 所示。$C_1$、$C_2$、VD1、VD2 可构成倍压整流，A 点得到直流高压，该电压经 $R_2$ 向 $C_3$ 充电，充电电压经触发二极管去触发三极管做间歇式导通，从而使 $C_2$ 上的电能向升压变压器 T 的初级释放，并在二次侧感应出高压，经高压整流后，在放电极产生强烈的火花放电。

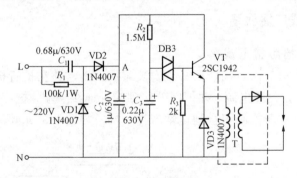

图 8-6　电篱笆电路

### 8.1.6 高压电网自控保安装置

图 8-7 所示为农村高压电网自控保安装置。电路中，VT1 组成振荡器；VT2 组成选频高放电路；VT3 组成开关电路；$C_9$ 为 VT4 的保护电容。当无人畜靠近保安圈时，开关电路导通，继电器 K 动作，其动合触点接通，高压电网的电源接通高压线路。当人畜接近保安圈时，分布电容 $C_1$ 的容量值改变，振荡频率也变化，选频高放级输出很小，开关电路 VT3、VT4 截止，继电器 K 释放，并通过触点 K 切断高压电网电源，从而保护人畜接近高压产生触电的危险。

装设高压电网主要用于消灭农村虫害，保安圈应架设在高压电网外圈以保

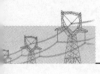

护人和牲畜误进危险区。

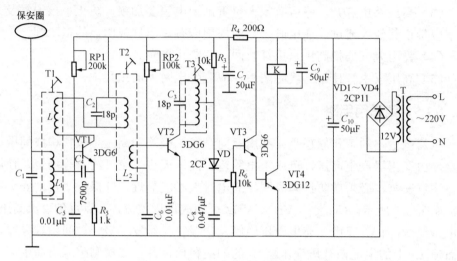

图 8-7　农村高压电网自控保安装置

### 8.1.7　有线广播线路

**1. 有线广播防雷电线路**

在雷雨较多季节，有线广播必须安装避雷设施，并在扩音机输出端加装一个闸刀，打雷时，关掉电源，并把闸刀拨到接触地线一端，把广播线直接接地，待雷雨过后，再重新把闸刀合到正常广播一端，如图 8-8 所示。

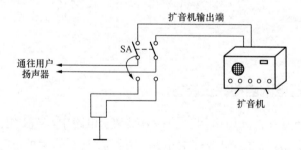

图 8-8　农村有线广播防雷电线路

**2. 有线广播的线间变压器接线**

电子管扩音机的输出阻抗与喇叭的匹配是靠线间变压器完成的。采用线间变压器后，可以用不同功率的变压器来匹配各种类型的喇叭，使喇叭达到它的应有功率。线间变压器相当于一个升降变压器，主要有三个指标，即额定功率、阻抗和变压比。线间变压器的变压比等于一次电压与二次电压的比值。一般对定压式扩音机需进行阻抗匹配，所以需选择适当变压比的线间变压器接入广播喇叭与扩音机的线路中。

在使用线间变压器时要注意：

（1）线间变压器所配接喇叭的总功率应等于或小于线间变压器的功率。

（2）使用线间变压器降压时，要注意变压器副边线圈抽头的接法。用串联或并联接法时，切勿将首端、末端接错。在线圈串联时，要首尾相接；并联时，应将两个线圈首与首相接，尾与尾相接。

（3）在使用线间变压器时，一次输入电压应等于或稍大于扩音机的输出电压。线间变压器的二次输出电压应等于或稍小于喇叭的工作电压。

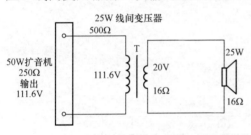

图 8-9　农村有线广播的线间变压器接线

（4）扩音机的线间变压器与喇叭的配接，如图 8-9 所示。

### 3．用户喇叭的安装线路

目前农村已广泛采用了高阻抗的舌簧喇叭。它具有灵敏度高、耗电少等优点。从有线广播站架设一根音频输出线分接到各个用户，各用户的喇叭应安装在木制喇叭箱内，以改善音质，保护喇叭。每个用户还应加装避雷器、限流电阻、广播开关和地线。把引入的音频电线，一根首先接入一个钮子开关或拉线开关，然后接避雷器和限流电阻，最后同地线一起接入喇叭，如图 8-10 所示。

阻流电阻的作用：

（1）在喇叭短路时，不致影响整个系统的工作。

（2）防止输入有害电流烧坏喇叭。

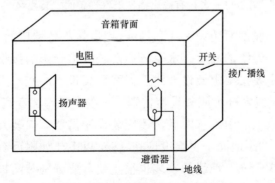

图 8-10　用户喇叭的安装线路

#### 4. 有线广播站电气设备的安装线路

有线广播室（广播站）应建立在广播覆盖面的中心地点，播音室最好与配电设备及扩音机分开，单独占一间屋。安装扩音机电源线、照明线及备用电源的配电柜设施时，要布线合理，注意安全，便于维修。配电盘内的布线首先要安装电度表、照明灯、闸刀开关、指示灯、备用的电源闸刀开关及调压器、电压表、电流表和分路刀闸、插座等，如图 8-11 所示。配电盘安装好后，可把扩音机、录音机、电唱机的电源线接在配电盘的插座上，把话筒插入扩音机音频插座上即可使用。

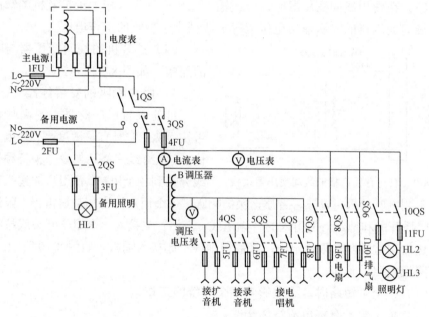

图 8-11 农村有线广播站电气设备的安装线路

农村广播站一般都要装设天线和地线，用以接收各地广播电台发送的节目。天线要安装合理，天线的高度、水平方向及长度都会影响接收电波的质量。特别是在山区，一定要按要求架设天线，天线可架设更高些，水平方向两端应加装陶瓷绝缘子，天线木杆上应装设避雷器，天线在引入播音室时，应与输出线、电源线相距 2m 以上，引入室内后，还应装设避雷器。安装天线水平方向长度最好在 20m 以上，距地面垂直高度应在 15m 以上，如附近有高大的建筑物，则应高于建筑物 3~5m。地线的安装也很重要，要分别装两根地线：一根为工作地线，利用大地作为广播线路的一根导线来传递音频信号（如果是用单线传输的话），在架设农村有线广播线路时可节省一根导线；另一根为保护接地线，作为避雷保护接地线。这两根地线安装时，要尽可能离得远些，以免产生干扰。地线的接地电阻应小于 5Ω。地线应选用多股铜线，埋设地线时，应把接地极埋得尽量深些，接地极要采用较大体积的金属体，坑内最好加放些食盐，下面最好浇些水，以保持经常潮湿，接地良好。

5. 电子管扩音机与喇叭的配接线路

目前，农村有线广播多在户外电线杆上架装高音喇叭，而扩音机多采用电子管扩音机。扩音机必须与高音喇叭合理配接，才能保障喇叭不被烧坏，取得良好的播音效果。

电子管扩音机的输出方式有定压式和定阻式两种。定压式扩音机输出电压为 20、30、45、60、240V，而定阻式输出的阻抗为 4、8、16、125、250Ω等。定阻式扩音机要求配接在输出端的负载阻抗等于扩音机标称的输出阻抗，负载阻抗不能变动。所以，喇叭在与扩音机配接时，必须满足以下三个条件：

（1）每个喇叭上所标的额定功率的总和应等于或接近扩音机的输出功率。喇叭功率的总和不够时，可以用假负载代用。假负载的功率应相当于喇叭不足的功率。假负载可用大功率电阻器，也可用白炽灯泡代替，但白炽灯泡的有效功率很难计算，这是因为当输送电压不是灯泡的额定电压时，其工作时的有效功率不是灯泡所标定的功率值了。所以这时一定要将白炽灯假负载接在扩音机的 240V 输出端子上，这样易于计算功率。

（2）喇叭经过串联或者并联后的总阻抗，要与所接的扩音机输出端所标的阻抗相等。

（3）每只喇叭所得到的功率应等于或稍小于喇叭的额定功率。

图 8-12 所示为电子管扩音机与喇叭的配接线路，其中，（a）为单只喇叭的配接方法；（b）为串联接法；（c）为并联接法；（d）为混联接法；（e）为 50W 扩音机与喇叭配接，如一部 50W 电子管扩音机，其输出端标有 4、8、16、25Ω等数值，现有 25W、16Ω高音喇叭两只；（f）为 25W 扩音机与喇叭配接，如一台 25W 电子管扩音机，其输出端标有 4、8、16、25Ω等数值，有 12.5W、8Ω高音喇叭两只；（g）为 50W 扩音机与四只喇叭配接方法，如一台 50W 扩音机，其输出端标有 0、4、8、16、64、250Ω等数值，现有 12.5W、8Ω喇叭四只。

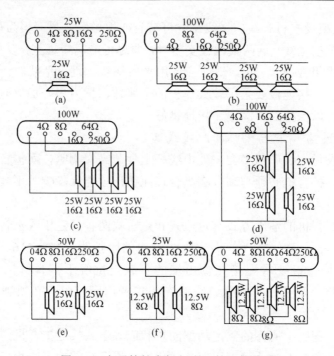

图 8-12　电子管扩音机与喇叭的配接线路

（a）单只喇叭的配接方法；（b）并联接法；（c）并联接法；（d）混联接法；（e）50W 扩音机与

喇叭配接；（f）25W 扩音机与喇叭配接；（g）50W 扩音机与四只喇叭配接

## 6. 改进扩音接假负载电路

在农村使用小型有线广播时，对于输出功率较大的定阻式扩音机来说，在突然断开喇叭时，往往会因失去负载导致输出变压器一次电压升高，以致将一次绕组击穿，晶体管扩音机有时还会把末级大功率管烧坏。为了防止此种情况的发生：一是在变换负载时须关小音量；二是把变换线路进行改进，使扩音机不受过电压的冲击。改进前和改进后的线路，如图 8-13 所示。

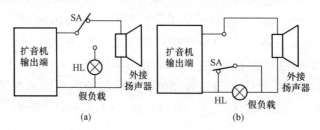

图 8-13　改进扩音接假负载电路

### 7. 有线广播与电台节目串音的消除电路

在农村有线广播播音中，有时会出现无线广播电台的声音，出现这种情况可采取以下措施解决。

（1）高阻话筒线应限制在 5m 以内。

（2）在扩音机话筒放大级输入端加入高频滤波器，如图 8-14（a）所示，虚线内为晶体管或集成电路扩音机加的滤波器；如图 8-14（b）所示，虚线内为电子管扩音机加的滤波器。

（3）将扩音机机壳良好接地。

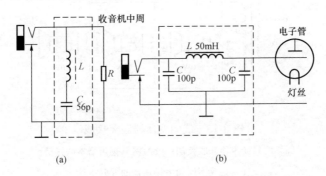

图 8-14　农村有线广播与电台节目串音的消除电路

### 8. 线间变压器的匹配接线

农村使用的高音扬声器大都不是在会场，而是利用架空电线接到乡村的街道或场院。如果用塑料电线把一只 $16\Omega$ 的扬声器接在几百米以外，电线回路电阻大约有 $32\Omega$，那么扬声器所得到的功率仅为 1/3，其余 2/3 就被线路消耗掉了。所以在架设农村有线广播的高音扬声器时，常把扩音机的高阻抗端接在有线广播的线路上，而在接扬声器的终端接一线间变压器，使阻抗进行一次变换，目的是减小线路上的功率损失。其接线方法如图 8-15 所示。图 8-15（a）为两只扬声器并联接法，图 8-15（b）为两只扬声器串联接法，图 8-15（c）为三只不同功率扬声器的并联接法。这些方法在架设农村有线广播时较为常用。

### 9. 喇叭阻抗不同的接线

在农村，有线广播中常会对不同功率、不同阻抗的扬声器相互配接，这样可充分利用现有的扩音机和扬声器，不但能节约费用，而且能达到相互配合的目的。例如，有两只 $8\Omega$ 扬声器和一只 $16\Omega$ 扬声器，在串联后就可接到 $32\Omega$ 的端子输出点上，这样扬声器的总功率就与扩音机总功率相等，如图 8-16 所示。

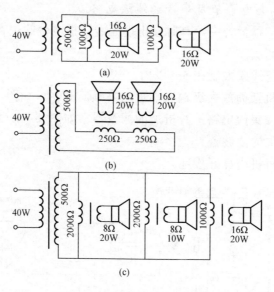

图 8-15　线间变压器匹配接线

（a）两只扬声器并联接法；（b）两只扬声器串联接法；

（c）三只不同功率扬声器的并联接法

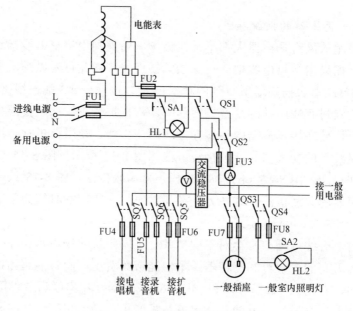

图 8-16　喇叭阻抗不同的接线

### 8.1.8 电动排灌船配电盘电路

电动排灌船在农村河网地区广泛使用，排灌船泵体一般放在船头或船尾，以便使出水管和岸上水渠连接。

农村排灌船所用的电动机要为全封闭式的，船上还有照明设施，所以配电盘上要有总开关、电压表、电流表、熔丝及电动机控制开关，还要安装控制照明的闸刀开关和熔丝。根据所控制的电动机容量选择熔丝及接触器。排灌船的电源线要采用软橡皮电缆，电缆两端各装一个 20A 四眼插头，一头插入船上配电盘上的四眼插座内，另一头插入岸上的配电箱插座内。电源线要防水浸入，从船上配电盘接到抽水电动机的一段电源线要穿过铁管，铁管须接地，以保证安全。农用电动排灌船配电盘电路，如图 8-17 所示。

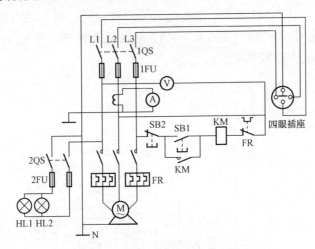

图 8-17 农用电动排灌船配电盘电路

使用排灌船时应注意：

（1）使用电动排灌船时，要把引入电源线两边的插头插上并固定绑牢，以免振动使插头松脱。

（2）岸上的电源线应用木杆撑高，严禁泡入泥水之中，以防漏电。

（3）使用电动排灌船时，要检查所有电气设备确实完好，电压正常，接地可靠时方能使用。

（4）抽水时，要经常检查水泵的运行情况，如果发现水管不出水、杂音大等情况时，应停止电动机运行，进行检查处理。

（5）船内不可积水，电气设备在运行中要保持干燥。

### 8.1.9　稿秆青饲切碎机电路

稿秆青饲切碎机主要用于切碎稿秆、秆草、麦草及青饲等，是农村加工牲畜饲料广泛使用的一种切碎机械，共有两台电动机。要求切料电动机 1M 起动并运行一段时间后，喂料电动机 2M 才能自动起动，以免来不及切料而堵死切刀。停机时，要求 2M 停机后，1M 才能自动停机。稿秆青饲切碎机的电路，如图 8-18 所示。工作时，合上三相电源闸刀 QS，按下 SB1 按钮，中间继电器 KA 得电吸合并自锁，使 KM1 吸合并自锁，1M 电动机开始运转。同时时间继电器 KT1 得电，经过 30s 延时后，使 KM2 得电吸合并自锁，2M 电动机开始运转送料，设备进入工作状态。当工作完毕停机时，按下 SB2 按钮，时间继电器 KT1 断电复位，使 KM2 断电，2M 电动机停转，同时时间继电器 KT2 开始通电延时，待 1M 电动机切料完成后，KT2 动断触点断开，使 KM1 断电，1M 停止运转，整个工作过程结束。

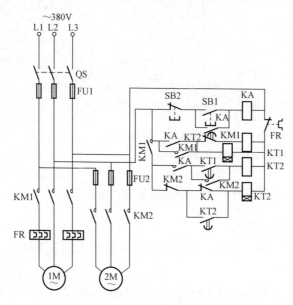

图 8-18　稿秆青饲切碎机的电路

### 8.1.10　电犁和电耙电路

农用电犁和电耙是利用电动机带动钢绳盘转动，从而不断地把钢丝绳卷入钢绳盘。钢丝绳的另一端拖着犁或耙，当犁或耙被拖到田地的一端时就移行，由另一台牵引机把犁、耙拖向另一端。犁应是双头的，两个犁头方向反向，犁再固定在犁架上，犁架下面装有两个地轮和一辅助地轮。犁架两端分别连接在两台牵引机的钢丝绳上。两台机器应是一台开，一台停，必须在一台停稳后再开另一台。在操作电犁、电耙时装上钢丝绳，将牵引钢丝绳和移动钢丝绳分别装在两个绳盘内。操作人员用右手握住电源开关手柄，用左手握住操作杆。操作杆分牵引、空挡、移动三挡。电源开关有通、断两挡，根据操作情况调节操作杆及电源开关的位置。牵引速度根据耕田的土质、田地的形状和牵引机出力的情况，选用快挡或慢挡。停车时，应关掉电源开关，并把操作杆调到空挡位置。牵引机用毕，应及时拆卸钢丝绳，并把它盘成圈状。

农用电犁和电耙的电源线必须用四芯橡胶电缆线，其中一根芯线用做接地线，牵引机外壳必须可靠接地。两台牵引机上的电源是从田头的同一配电箱中引出一根四芯电缆送到电源分支箱的。电源分支箱为一进二出（分别接到两台牵引机的电源操纵开关上），如图 8-19 所示。在分支箱内，开三个电缆引出孔，电缆在引出孔内应打结，防止插头自行脱落。电源分支箱如为金属外壳，则必须接地，并设置在两台牵引机连线方便的位置。使用完毕，电源线应及时拆除。

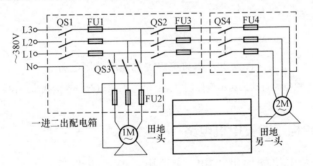

图 8-19　电犁和电耙电路

### 8.1.11　电热孵化温度控制电路

孵化需要一定的温度、湿度及空气。孵化的温度在孵化中起主要作用，一般认为孵化温度为 37.8℃较适宜。孵化机内各部位温差最好在±0.28℃的范围内，最多不能超过±0.5℃。孵化的相对湿度以 45%～70%为宜。农村电热孵化温度控制电路，如图 8-20 所示。当电孵鸡控制器开始工作时，合上开关 QS，此时，XCT－101 型动圈式温度调节仪动合触点闭合，使接触器得电吸合，电热丝通电开始对室内加热。当温度达到37.8℃时，调节仪内闭合的触点在预定按钮控制下复动释放，从而切断接触器控制回路，使电热丝停止加热，保持已有的温度。当温度下降为低于37.8℃时，调节仪动断触点又闭合，电热丝又开始加热，如此周而复始，保持恒定的温度。图8-20（a）所示为单相电源自动加热温度控制电路；图8-20（b）所示为三相电源自动加热温度控制电路。

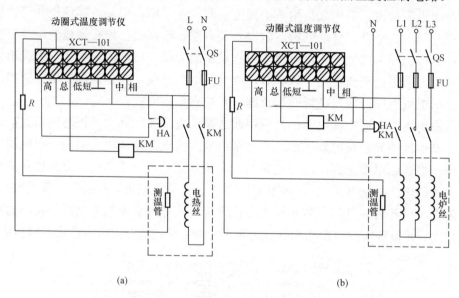

图8-20　农村电热孵化温度控制电路

（a）单相电源自动加速温度控制电路；（b）三相电源自动加热温度控制电路

## 8.1.12　单相汽油发电机电路

单相汽油发电机能提供220V交流电，既可供照明、电视机、电冰箱等做应急电源用，也可供小型220V交流电动机、鼓风机等电器做备用电源用。单相汽油发电机具有结构紧凑、使用方便、工作稳定可靠、功率规格较全等优点。它的功率可以在数百瓦至十几千瓦之间选择。单相汽油发电机的电路，如图8-21（a）所示。在使用时，必须先断开供电部分的开关，然后才能把发电机油门打开，风门调到适当位置，拉发动栓，使发电机工作发电。这种发电机开始工作以后，很快能把交流电压自动稳定在220V上，并且使频率自动调整到50Hz。

使用单相汽油发动机时应注意：

（1）使用时打开风挡和进油阀，不用时关闭油阀。

（2）在接入备用发电机线路时最好使用单刀双掷闸刀，如图 8-21（b）所示。这种开关上桩头接正常供电电源，中间接负载，下桩头接备用发电机。当正常供电停电时，把闸刀拨到备用电源即可使发电机发电。

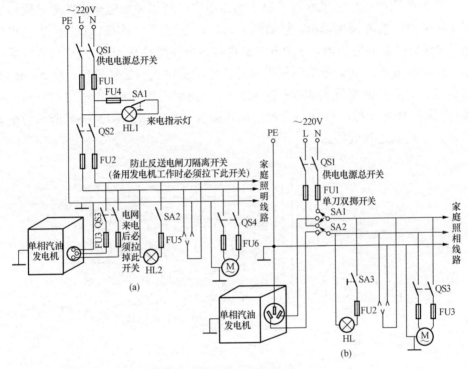

图 8-21 单相汽油发电机电路

（3）使用单相汽油发电机时机壳应有保护接地，并使发电机的地线与电源设备的保护地线连接在一起。

（4）没有安装单刀双掷开关的，应该在原电网电源断开后方能投入备用电源，并安装来电指示灯，待原电网有电时，应及时断开备用电源闸刀，合上原电源闸刀，以防反送电。备用汽油发电机的接线耐压应在 250V 以上，电线的额定电流值应大于发电机电流的额定值。接地导线应采用多股铜丝绝缘线，截面积应大于 $4mm^2$。

### 8.1.13 利用异步电动机发电的电路

目前，在有些农村偏远地区还没有接通输电线路或供电不足。使用现有的拖拉机机头、柴油机或汽油机带动异步电动机发电是可行的。

用柴油机或汽油机带动电动机转子运转，转子中的剩磁对定子线圈的切割产生电动势，加上并联电容器的作用便可得到容性电流。该容性电流磁场又在转子中产生感应电流，使转子磁场得到加强，异步电动机便能在很短的时间内达到额定的输出电压，供农村照明或动力用电。利用异步电动机发电一般可选择 17kW 以下的异步电动机，按如图 8-22（a）所示方法连接，并且配置无极性耐压 450V 以上的电容器。连接方法是将异步电动机接成Y形，把三组电容器接成△形后并联在一起。当柴油机带动异步电动机达到一定转速后，在 A、B、C 三点任意两点上便可得到 380V 的输出电压。如果需要 220V 电压时，则可在 A、B、C 上取任意一相，与 0 点之间的电压即为 220V。图 8-22（b）所示为电动机做发电机的连接线路。

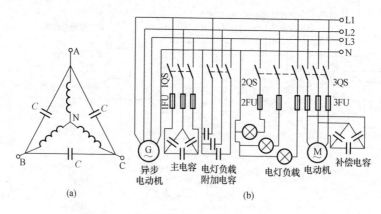

图 8-22　农村利用异步电动机发电的电路

在使用异步电动机发电时注意：

（1）所接负载的额定功率应不大于异步电动机额定功率的 80%，用 17kW 异步电动机发电，所接负载的功率应小于 13kW。

（2）采用异步电动机发电，所配置的柴油机功率要与电动机配套，使两机械在转动时能够可靠配合连接，并能达到一定的转速，工作频率应选择在 50Hz 以上。异步电动机作为发电机使用时，其输出电压的高、低与转速有很大关系，使用时应尽可能使转子速度稳定，转速的快慢还会影响到频率的大小。在使用中，如负载发生变化，就需要调整电容器容量来适应负载。发电机转子转速要比同步转速高 50%，然后投入电容器，待 5～15s 后，电压即从零升到额定值。

（3）使用异步电动机发电，应根据负载与电动机的功率，通过实验来决定电容器的大小。电动机输出电压为 380V 时，电容器耐压应选为 450V 以上，工作频率应选在 50Hz 以上，所接的每相电容容量由下列公式计算，即

$$C = \sqrt{3}I_0 \times 10^6 2nfU_L$$

式中　$C$——电容值，μF；

　　　$I_0$——电动机激磁电流，一般是电动机额定电流的 0.3 倍，A；

　　　$f$——频率，50Hz；

　　　$U_L$——异步电动机所发出的电压值，V。

在使用时，电动机转子按额定转速运转，$U_L$ 值取电动机使用时的额定电压 380V。一般 $I_0$ 为 0.3 倍额定电流 $I_e$，则由上式计算出电容 $C=4.4I_e$。如使用 JO$_{32}$—4 型异步电动机，则功率为 1kW，选择电容应为 7～15μF。使用 JO$_{41}$—4 型异步电动机，功率为 1.7kW，配置每相电容为 11～25μF。使用 JO$_{42}$—4 型异步电动机，功率为 2.8kW，配置电容为 18～35μF。使用 JO$_{51}$—4 型异步电动机，功率为 4.5kW，配置电容为 28～55μF。使用 JO$_{54}$—4 型异步电动机，功率为 7kW，配置电容为 42～75μF。选用 JO$_{62}$—4 型异步电动机，功率为 10kW，配置电容为 59～130μF。

（4）异步电动机做发电机使用是利用剩磁起动的。转子有无剩磁，将决定该发电机能否发出电来。如果在电动机的转速达到额定值后，却发不出电来，则首先应考虑的是转子无剩磁，应停机后用四节 1 号电池串联起来，对定子绕组中的一个绕组通电 2min 充磁。如果经过充磁后仍发不出电，即是电容器容量太小，可加大电容容量，一经发出电之后，要经常使用，使其发电可靠。

（5）用异步电动机发电时要注意电动机的温度不能超过允许值。要注意观察频率是否符合要求，发现问题及时解决。

（6）当发出电压升到额定值后即可接入负载，感性负载一般不应超过额定负载的 25%。

（7）在用异步电动机发电时要对电动机绕组进行绝缘测量，要求电动机绕组对外壳阻值不低于 1.5MΩ。

（8）供给发电机励磁电流的电容器为主电容，可固定在发电机绕组中，因负载变化所加投的补充电容应根据发电机输出端的电压需要投入或切除。使用时可将附加电容分成数组，以便根据需要进行投入或退出，如图 8-22（b）所示。

（9）发电机各相负载应尽可能平衡，一般发电机三相电流差额不得超过 20%，每相电流值都不允许超过额定电流。

（10）在运行中要防止发电机满负荷运行时突然失去负载，以免电压急剧升高将绝缘击穿。若遇到这种情况，则应迅速切断电容器，然后降低原动机转速。为了避免出现这种情况，可将附加电容接于负载端。

（11）如发现电容器开关损坏、保险熔断、电容器变形时，要停机，将电容器加设上灯泡放电完毕，然后更换电容器，以防电容所存电荷放电造成人员触电。

（12）电动机做发电机起动前应安装接地线。

（13）在使用 380V、1500r/min 异步电动机发电时，选择电容器容量时，可参照表 8-1 进行选择。

表 8-1　　　　　　　　　异步电动机发电电容器容量的选择

| 电动机功率（kW） | △形接法每相电容量（μF） | Y形接法每相电容量（μF） | 电动机功率（kW） | △形接法每相电容量（μF） | Y形接法每相电容量（μF） |
|---|---|---|---|---|---|
| 2.8 | 18～24 | 54～72 | 20 | 66～86 | 198～258 |
| 4.5 | 22～30 | 66～90 | 28 | 90～120 | 270～360 |
| 10 | 40～56 | 120～168 | 40 | 110～140 | 330～420 |
| 14 | 54～74 | 162～222 | 55 | 150～180 | 450～540 |

### 8.1.14　大棚应用电路

1. 大棚安全低压灯电路

农村大棚内的低压灯电路也可以安装一台控制变压器，使交流 220V 的电压变为 36V 低压安全电压，然后再接入大棚照明灯上，如图 8-23 所示。控制变压器容量的大小要根据大棚内照明设备的功率来确定，如使用八只 100W/36V 灯泡，则可选用 1kVA 的控制变压器。

2. 地膜大棚照明线路

农村地膜大棚照明线路和农村一般照明线路基本相同，但由于地膜大棚内温度较高、湿度较大，直接把 220V 照明线路架设到大棚内很不安全，因此农村地膜大棚的电源首先用电线杆把电线引入大棚头起的一间小室内，电源配电盘就安装在 1.5m 高处，进户后装有闸刀、电能表、熔断器及开关照明灯等。然后把电线架设到地膜大棚内。条件较好的农村地区可购买安装一台漏电自动跳闸开关，使电源线经过此开关后再进入地膜大棚，如图 8-24 所示。

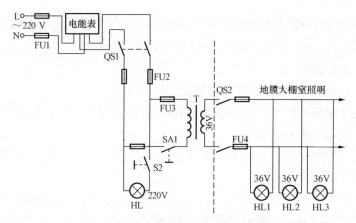

图 8-23　农村大棚安全低压灯电路

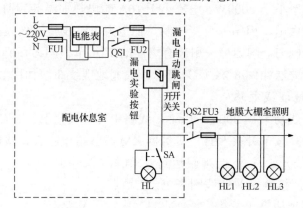

图 8-24　农村地膜大棚照明线路

### 3. 地膜覆盖技术中的电热地埋线电路的应用

利用地膜覆盖技术来种植蔬菜及大批育苗已成为我国农村普遍采用的一项新技术。它可以使不同季节的蔬菜在塑料大棚内保温高产。在地膜覆盖应用中，电热地埋线是必不可少的技术手段，特别是在寒冷的季节里育苗非常实用。

（1）地埋线的工作原理。应用地埋线来促使植物生长是一项新技术。它是利用导线通入电流后产生的热能使土壤增温。采用这种方法土地升温快，地温高，使用时间不受季节限制，并能根据不同蔬菜的种类和不同天气条件来调节控制温度和加温时间，使地温保持在一定范围内。电热地埋线是利用铁、铬、镍等金属制成的一种专用导线。导线外面是塑料绝缘层，通入额定电流后便产生 40℃左右的温度，使地温升高并可以控制。

（2）地埋线的应用。电热地埋线在撒播育苗时应埋在深为 5cm 左右的地

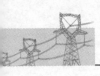

下；对分苗床培育成苗时深度应为 10cm 左右；在采用地热进行栽培时，地埋线应深埋 10～15cm。线的间距要根据地温、季节及各地区的具体情况而定，一般在 10cm 左右为宜。

例如：上海 DV 系列电热加温装置。

如选用 DV20410 型，则电压为 220V，电流为 2A，功率为 400W，长度选用 100m，使用温度为 45℃；

如选用 DV20608 型，则电压为 220V，电流为 3A，功率为 600W，使用电热长度为 80m，温度为 40℃；

如选用 DV21012 型，则电压为 220V，电流为 5A，功率可达 1000W，使用地埋线长度为 120m，使用温度大约为 40℃；

在采用功率小于 2000W、电流小于 10A 的电热加温装置时，可直接采用单相 220V 电源供电，用闸刀直接控制。把电力电源线架设到大棚作物的室内，使电源线进入闸刀。闸刀可采用装有熔丝的 15A 单相闸刀，把埋好的电热线接通电源，接线方法如图 8-25（a）所示；大棚地埋线布线如图 8-25（b）所示。

## 4. 大棚地埋线电路

如果地埋线功率在 2000W 以上，线路中可装设接触器，如图 8-26 所示。当地温较低时，按下开关 SB1，接触器 KM 线圈得电吸合，接触器主触点接通电源，使地埋线开始发热。当地温达到要求时，按下开关 SB2，接触器 KM 线圈失电，主触点断开电源，地埋线停止发热。

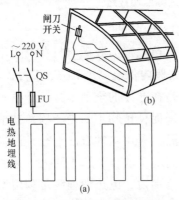

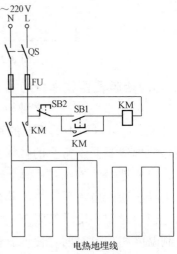

图 8-25 农村应用地膜覆盖技术中的电热地埋线电路

（a）接线方法；（b）大棚地埋线布线

图 8-26 农村大棚地埋线电路

### 5. 大棚地埋线保护电路

图 8-27 所示为带有漏电保护器、自动加热指示灯及温度自动控制的地埋电路。当地埋线功率超过 2000W 时，可采用三相四线制供电。

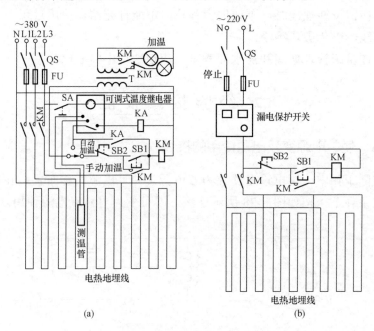

图 8-27　大棚地埋线保护电路

（a）电源为 380V 的大棚地埋线保护电路；（b）电源为 220V 的大棚地埋线保护电路

使用地埋线时注意：

（1）在安装使用地埋线时，要特别注意防止漏电触电事故的发生。导线接头要牢固并增强各个接头的绝缘，地埋线路电源进户后要加装漏电跳闸开关。

（2）计算好每一组地埋线的功率，并以此选择熔断器、开关、接触器的容量。

（3）地埋线的导线接头不能埋入土地中，以免漏电氧化，必须架空安放在无人触及的地方。

（4）地埋线不能交叉、重叠或打结，以免通电时热量集中发热粘连引起短路。

（5）在选用加热地埋线时，电热地埋线每根长度是一定的，其电阻也是额定的，每根应按规定单独接入 220V 电压。不能将两根或多根串联使用，否则达不到发热效果，更不能把规定长度的地埋线剪短使用，这样会严重发热烧坏线路。

（6）地埋线布线时，行数应为偶数。

（7）在铺设地埋线时，不要用力强拉，不能打死结。使用过程中不能用铁锨挖掘电线，以免破坏绝缘。

（8）在苗床管理期间和浇水灌溉时，应使地埋电路断电。

## 8.2 经验接线技能

### 8.2.1 使单电源变双电源使用的接线

在实际工作中，用电设备往往为双电源，并且电源对称布置。在没有双电源的供电条件下，按如图 8-28 所示连接，即可变为对称双电源使用。

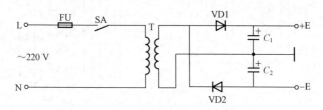

图 8-28 单电源变双电源线路

### 8.2.2 测量导线通、断的电路

图 8-29 所示为感应测电笔线路。它可方便地测出导线的断芯位置。在用来测电线断芯位置时，在电线一端接上 220V 的电源火线，然后用感应测电笔的探头栅极靠近被测电线，并沿线路移动。如果发光二极管在移动中突然熄灭，那么此处便是电线断芯位置。

### 8.2.3 检查电动机三相绕组的头、尾

在电动机六根引出线标记无法确认

图 8-29 测量导线的通、断电路

时，可利用交流电源和灯泡检查电动机三相绕组的头、尾端，以免将绕组接错。

用交流电源和灯泡确定电动机三相绕组的方法是：首先用 36V 低压灯做试

灯，分出电动机每一相线圈的两个线端，然后将两相线圈串接后通入 220V 电源，剩下的一相线圈两端接一 36V 的灯泡，线路通入电源后，灯泡发亮，说明所串联的两相是头、尾相接；灯泡不亮，则说明是头、头相接，如图 8-30 所示。然后将测出的两相线圈头、尾做一标记，再按此方法将其中的一相与原来接灯泡的一相线圈串联，另一相连接灯泡，再按同样的道理判断，电动机三相绕组的头、尾就很容易区分出来了。

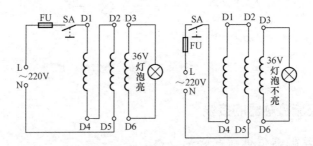

图 8-30　用两个交流电源和灯泡检查电动机三相绕组的头、尾的接线

### 8.2.4　用单线控制信号的接线

**1. 用单线向控制室发信号的接线**

图 8-31 所示为用单线向控制室发信号的接线，可使甲、乙两地都能向总控制室发联络信号。当甲地向总控制室发信号时，按下按钮 SB1，控制室的电铃告警。同理，当乙地向总控制室发信号时，按下 SB2 即可。甲、乙两地信号可用信号铃声的时间长短或次数区分。

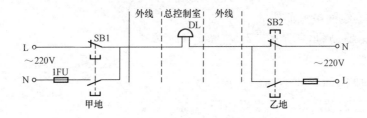

图 8-31　用单线向控制室发信号的接线

**2. 用一根导线传递联络信号的接线**

在某些生产过程中，经常需要两地的生产人员能传递简单的信息，以协调工作。图 8-32 所示为用一根导线传递联络信号的接线。两地中，各有一只双掷

开关控制信号灯联络，信号灯分别装在两地，一地一个，当甲地向乙地发联络信号时，拨动开关 SA1，乙地的指示灯亮，待乙地完成甲地所指示的任务后，乙地可把开关拨至联络位置，通知甲地工作已完成。

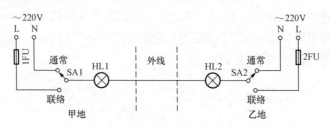

图 8-32　用一根导线传递联络信号的接线

### 8.2.5　交流接触器的接线

**1. 交流接触器低电压起动的电路**

当供电电压在交流接触器吸引线圈额定电压的 85%以下时，起动接触器衔铁将跳动不止，不能可靠吸合。在交流接触器的控制回路中串联一个整流管，改为直流起动交流运行，就可以避免上述问题。交流接触器低电压起动电路，如图 8-33 所示。按下按钮 SB1，经二极管 VD 半波整流的直流电压加在交流接触器 KM 线圈上，KM 吸合。其辅助触头将二极管 VD 短接，交流接触器投入交流运行。

因为起动电流较大，所以这种线路只适用于操作不频繁的场合。线路中，二极管的耐压应大于 400V，电流要根据交流接触器线圈电流而定。

**2. 缺辅助触头的交流接触器应急接线**

当交流接触器的辅助触头损坏无法修复而又急需使用时，可采用如图 8-33 所示的接线方法满足应急使用的要求。按下按钮 SB1，交流接触器 KM 吸合。放松按钮 SB1 后，KM 触头兼做自锁触头，使接触器自锁，因此 KM 仍保持吸

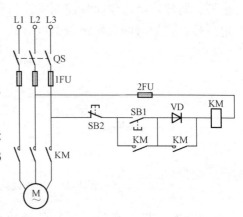

图 8-33　交流接触器低电压起动电路

合。图中，SB2 为停止按钮，在停止时，按动 SB2 的时间要长一点。否则，手松开按钮后，接触器又吸合，使电动机继续运行。这是因为电源电压虽被切断，但由于惯性的作用，电动机转子仍然转动，其定子绕组会感应电动势，一旦停止按钮很快复位，感应电动势便直接加在接触器线圈上，使其再次吸合，电动机继续运转。接触器线圈电压为 380V 时，可按图 8-34（a）所示接线；接触器线圈电压为 220V 时，可按图 8-34（b）所示接线。图 8-34（a）的接线还有缺陷，即在电动机停转时，其引出线及电动机带电，使维修不大安全。因此，这种线路只能在应急时采用，这一点应特别注意。

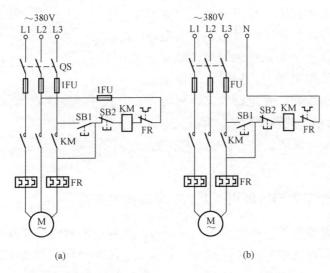

图 8-34　缺辅助触头的交流接触器应急接线

（a）接触器线圈电压为 380V 时的接线；（b）接触器线圈电压为 220V 时的接线

### 8.2.6　串联灯泡增强励磁的接线

电磁铁接通电源后，由于线圈的自感作用，限制了电流的上升率，使电磁铁吸合缓慢。为了提高电磁铁的吸合速度，可采取强励磁方法。图 8-35 所示为串联灯泡增强励磁的接线。白炽灯的热态电阻约为冷态电阻的 10～12 倍，可以利用白炽灯冷、热态电阻值变化的这一特性进行强励磁。电磁铁起动时，因冷态白炽灯电阻小，所以电磁铁线圈上分压大，被强励磁。起动

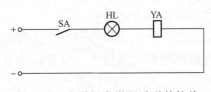

图 8-35　串联灯泡增强励磁的接线

完毕后，白炽灯被点亮，热态电阻增大，电磁铁线圈上分压小，转为正常励磁。

### 8.2.7　防止制动电磁铁延时释放的接线

采用交流电磁铁制动的三相异步电动机，有时会因制动电磁铁延时释放，造成制动失灵。造成电磁铁延时释放的原因是因接触器的主回路电源虽被切断，但电动机由于剩磁存在，定子绕组产生感应电动势加在交流电磁铁上，使电磁铁不会立即释放。解决方法很简单，只要在交流电磁铁线圈上串入一个交流接触器动合触点，使得断开电动机电源时，同时断开电磁铁与电动机绕组线圈，使电磁铁立即释放，如图 8-36 所示。线路中，YA 为制动电磁铁，在通电后，制动解除；在断电后，YA 立即制动。

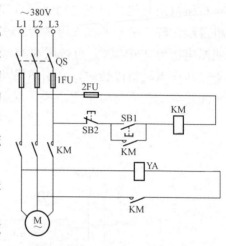

图 8-36　防止制动电磁铁延时释放电路

### 8.2.8　使电力电容器用于无功功率补偿的接线

电力电容器用于提高电网的功率因数，是利用电容电抗来减少线路中由于电感电抗的存在所造成的电压损失，起到减少线路消耗、增加线路输送容量的作用。

图 8-37（a）所示为高压电网上集中安装在 10kV 母线侧电容器组的接线线路。它的优点是维护方便，能减少主变压器及输电线路的无功负荷。图 8-37（b）所示为装在低压配电线路上的分组补偿电容器线路。其特点是能补偿配电网及配电变压器的无功损失，降低线损。但是由于这种电路安装分散、轻负荷运行时，电压过高，不能及时退出电容器运行，对用电设备和电容器不利。图 8-37（c）所示为装在电动机旁的分组补偿线路，其特点是可减少低压配电线路的导线截面积和配电变压器的容量，对于较大容量的电动机更为有利。

做无功补偿的电容器容量要根据用电负荷计算。用电力电容器补偿无功太多，会造成电容器在电网上的补偿电压过高，造成用电设备烧坏；而补偿容量过小，又起不到很好的无功补偿作用。

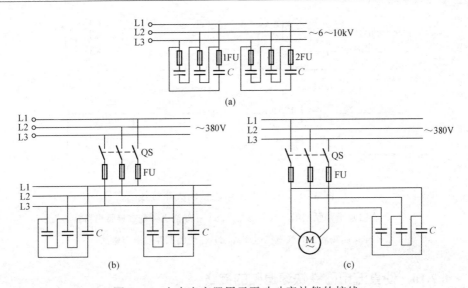

图 8-37　电力电容器用于无功功率补偿的接线

（a）安装在 10kV 母线侧的电容组线路；（b）安装在低压配电线路上的

补偿电容器线路；（c）安装在电动机旁的补偿线路

### 8.2.9　消除直流电磁铁火花的接线

直流电磁铁、直流继电器在线圈断电时，因自感电动势存在，会产生很高的过电压，它会与电源电压一起加在接点的间隙上，形成火花放电，或被通入电路中，对线路中其他元器件造成破坏。

图 8-38（a）所示为在电源接点上并联电阻、电容消除间隙火花电路。电容参数主要靠试验确定，每安负载电流至少选用 1μF。调试时，使接点上出现最大电压峰值不超过 300V，触点闭合时，电容向接点放电出现的最大电流（$U/R$）不得超过触点的允许电流值，以此来选择电阻 $R$。

图 8-38（b）所示为在线圈上并联二极管的电路，二极管额定电流 $I_N$ 由继电器线圈上的电压和继电器线圈上的电阻确定，运用欧姆定律

$$I = \frac{U}{R}$$

图 8-38（c）所示为在线圈上并联电阻的方法，一般要求电阻 $R$ 是线圈上的直流电阻的 3 倍。

图 8-38（d）所示为在线圈上并联电容消除火花的电路，电容值越大，电磁铁反电动势越小，但电磁铁释放会变慢。电容容量要根据实际情况来试验选取。

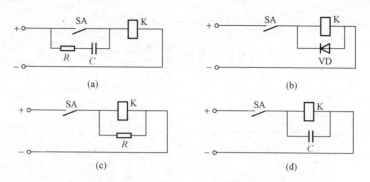

图 8-38　消除直流电磁铁的火花接线

（a）在接点上并联电阻、电容电路；（b）在线圈上并联二极管电路；

（c）在线圈上并联电阻电路；（d）在线圈上并联电容电路

### 8.2.10　使直流电磁铁快速退磁的接线

直流电磁铁停电后，因有剩磁存在，有时会造成不良后果。因此，必须设法消除剩磁。如图 8-39 所示，YA 是直流电磁铁线圈，KM 是控制 YA 起、停的接触器触头。KM 吸合时，YA 通电励磁；KM 复位时，YA 断直流电，并进行快速退磁。

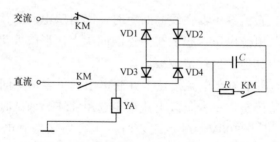

图 8-39　使直流电磁铁快速退磁的接线

快速退磁的工作原理是：直流电磁铁断电后，交流电源通过桥式整流和 YA 向电容 C 充电，随着电容 C 两端电压的不断升高，充电电流越来越小，而通过 YA 的电流又是交变的，从而使电磁铁快速退磁。电容 C 的容量要根据电磁铁的实际情况经现场试验决定。R 为放电电阻。

### 8.2.11　巧查电线短路故障的接线

低压线路上发生了短路故障，如果线路较长，线路上的灯泡和其他负载又较多，故障点又不明显时，查找故障点是非常困难的。这时，可用一只 2kW 的电炉丝代替熔丝，或接在熔丝刚接出的线路中。接上熔丝，接通电源，由于线路中有短接点，因此电源电压几乎全部降到 2000W 电炉丝的两端，从短路点到负载这段线路上便有电流流过，线路其他部分却无电流通过，可用钳形电流表小挡位去测量线路中的各处电流，测量时可分段测量，如果测出无电流，则说明故障点在测量点到电炉丝的线路上；如果测得有电流，则说明故障点还在中间位置的后面线路上，如图 8-40 所示。这样继续向后查找，逐步缩小测量范围，当测得电流在有与无的分界点时，便可顺利地找出故障点了。

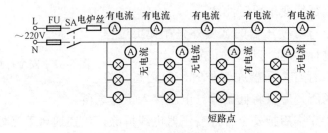

图 8-40　巧查电路短路故障的接线

按此法可查找线路较长且分支线路较多的地段。其优点是在不分段断开电线、不破坏线路整体情况下，即可快捷准确地确定故障点，对于线路较长的架空线路查找尤为优越。但在使用此法中，要把正常的负载开关断开，再查找故障点。

### 8.2.12　给接触器线圈或熔丝加装监视灯的接线

用一个 100kΩ、1/8W 的碳膜电阻串联一个发光二极管，并接到接触器线圈两端或熔丝两端做工作监视器。当接触器工作时，指示灯亮；当接触器释放时，指示灯灭；当熔丝动作熔断时，指示灯亮，指示熔丝已断，连接方法如图 8-41 所示。

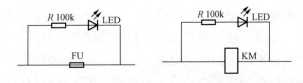

图 8-41　给接触器线圈或熔丝加装监视灯的接线

### 8.2.13　安全行灯的接线

在某些特殊的工作场所，如在金属容器中或潮湿的池子里工作，所用的照明不允许直接使用电压为220V的灯具，必须将市电接入安全行灯变压器为36V以下的低电压进行照明，以保证工作中的安全。

安全行灯变压器是一种小型降压变压器，它可供低压灯泡作为电源。安全行灯变压器线路如图8-42所示。它由铁壳、熔断丝、指示灯、接线端子、小型变压器等组成。

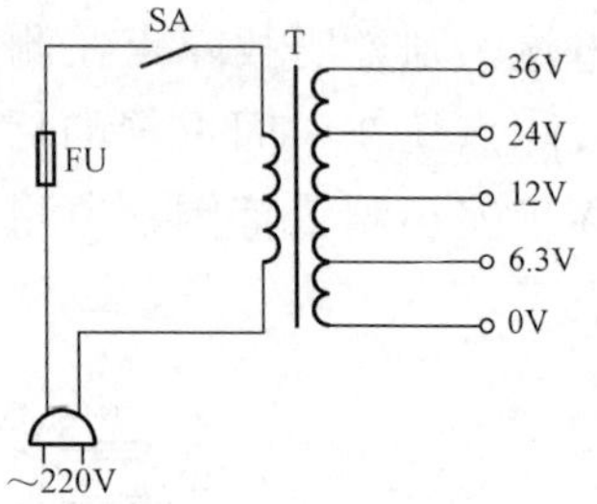

使用安全行灯变压器时注意：

（1）安全行灯变压器的金属外壳在使用过程中要用导线进行接地，以保障安全。

图 8-42　安全行灯变压器线路

（2）安全行灯变压器在工作时，应远离危险潮湿的工作场所，应只将低压行灯电线接入工作场所。

（3）工作完毕后把安全行灯变压器电线拆除，放在通风干燥处保存。

### 8.2.14　断电限位器的接线

断电限位器也称断火限位器。它广泛应用在工矿的起重行车上。在行车做上、下升降时，限制最高位或最低位的极限。它能在万一接触器动、静触点熔焊在一起时，也能起到保护限位作用。其接线如图8-43所示。

断电限位器的工作原理是上、下行程超过限位行程后，由导程器连杆推动断电限位器控制杆，使它向前或向后移动，从而将通入断电限位器里的三相电源线断开两根，迫使电动机停转。

使用断电限位器时注意：

（1）接线时，按照线路图连接进入的五根电源线后，再把电动机负荷线接在断电限位器的接线端子上。

（2）在使用断电限位器时，要调整导程器的挡板，使行车的吊钩在上到最高位或最低位时都能正好撞击导程器动作（因挡板是固定在导程器连杆上的），从而使导程器在上限或下限动作后，都能拉动或推动断电限位器连动杆，最后使断电限位器动作，断开电动机主电源。

（3）如果导程器在动作后电动机能够停转，但在换相后电动机却不能重新向反方向运转，说明断电限位器控制点接反，可任意换接一下电动机的三相电源线中的两根导线即可解决。

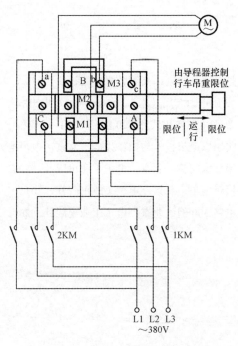

由导程器控制
行车吊重限位

限位│运行│限位

图 8-43　断电限位器的外形结构和接线

# 参 考 文 献

［1］曾祥福．电工技能与培训．北京：高等教育出版社，1997．

［2］刘宝成，刘福义．低压电力实用技术．北京：水利水电出版社，1998．

［3］王兰君，郭少勇．新编电工实用线路 500 例．郑州：河南科学技术出版社，2002．

［4］严君国，张金国．实用农电工技术与操作技能．北京：中国电力出版社，2003．

［5］葛剑青．农电工实用技术问答．北京：电子工业出版社，2005．

［6］辛长平．零起点轻松学电工．北京：电子工业出版社，2011．

［7］葛剑青．电工经典电路 300 例．北京：电子工业出版社，2011．